国家重点研发计划重点专项项目（2017YFC0601500、2023YFC2906800）
国家自然科学基金联合基金项目（U1812402）
贵州省省级地质勘查专项资金项目（520000214TLCOG7DGTNRG）
贵州省科技计划项目（黔科合平台人才-CXTD〔2021〕007）
贵州省地质矿产勘查开发局地质科研出版项目（黔地矿科合〔2021〕31号）

中国南方卡林型金矿多层次构造滑脱成矿系统

Multi-level Structural Detachment Metallogenic System of Carlin-type Gold Deposits in Southern China

刘建中　杨成富　宋威方　李俊海　王泽鹏　郑禄林　李松涛
谭亲平　谢卓君　王大福　徐良易　杨毓红　谭礼金　刘婧珂　　著

图书在版编目(CIP)数据

中国南方卡林型金矿多层次构造滑脱成矿系统/刘建中等著.—武汉:中国地质大学出版社,2024.7.
ISBN 978-7-5625-5957-3
Ⅰ.P618.510.1

中国国家版本馆 CIP 数据核字第 2024CY2586 号

中国南方卡林型金矿多层次构造滑脱成矿系统			刘建中 等著
责任编辑:张 林	选题策划:张 健		责任校对:陈德毅
出版发行:中国地质大学出版社(武汉市洪山区鲁磨路 388 号)			邮编:430074
电 话:(027)67883511	传 真:(027)67883580		E-mail:cbb@cug.edu.cn
经 销:全国新华书店			http://cugp.cug.edu.cn
开本:787 毫米×1 092 毫米 1/16		字数:352 千字	印张:13.75
版次:2024 年 7 月第 1 版		印次:2024 年 7 月第 1 次印刷	
印刷:武汉市籍缘印刷厂			
ISBN 978-7-5625-5957-3			定价:88.00 元

如有印装质量问题请与印刷厂联系调换

前　言

卡林型金矿因产于美国内华达州卡林镇而得名,其吨位大、品位低,且往往成群成带分布。中国为除美国以外最重要的卡林型金矿分布区,卡林型金矿成为中国最重要的金矿类型之一。

中国卡林型金矿主要分布于扬子陆块西北缘的陕-甘-川"金三角"和扬子陆块西南缘的滇-黔-桂"金三角"。根据兰州大学陈全功教授等基于地理信息系统(GIS)数字评估的中国南北分界研究成果,团队将位于陕-甘-川交界区的卡林型金矿称为中国北方卡林型金矿,位于滇-黔-桂交界区的卡林型金矿称为中国南方卡林型金矿。

滇-黔-桂"金三角"恰位于江南复合造山带西南段,卡林型金矿的成矿与江南复合造山带的形成演化、南盘江-右江盆地的形成演化,以及峨眉山地幔柱的形成演化密切相关。特殊的富金地壳的形成,可能是区域金大规模成矿的物质基础;南盘江-右江盆地裂陷-坳陷转换的独特沉积环境形成多层次能干性差异的地层岩石系统,是多层次滑脱构造形成的基础地质条件;太平洋板块的平板俯冲,是区域卡林型金矿得以形成的热动力条件;卡林型金矿的形成聚集,是多要素多因素耦合的结果。

成矿系统为翟裕生先生用系统观点研究矿床成因提出的概念,指在一定的地质时空域中控制矿床形成、变化和保存的全部地质要素、成矿作用过程,以及所形成的矿床系列和矿化异常系列构成的整体,是具有成矿功能的一个自然系统,简称为研究矿床的"源、运、储、变、保"。

本书所称的中国南方卡林型金矿多层次构造滑脱成矿系统,是在翟裕生先生成矿系统深入研究的基础上,基于区域卡林型金矿最主要的控矿因素的显著特点(构造滑脱、多层次)而提出的,区域卡林型金矿为同一成矿作用的产物,卡林型金矿的分布实际是该成矿系统不同层次构造的表现形式,浅部的矿点(矿化点)或者异常点有可能指示深部其他层次金矿的存在。

1992年,笔者提出"黔西南地区龙潭组地层中如果存在滑脱构造,则有望发现大型金矿床之可能",开启了区内团队卡林型金矿研究进程。

2002年,笔者在贵州水银洞金矿7线—14线1500m标高以上中间勘探报告中提出构造蚀变体的概念,指的是龙潭组与茅口组之间产出的一套强硅化灰岩、角砾状强硅化灰岩、硅化碎裂岩及角砾状黏土岩组合,由区域性滑脱构造形成并经热液蚀变的岩石,是沉积作用、构造作用和热液蚀变的综合产物,是与金矿成矿相关的蚀变岩石单元,为一跨时的地质体(以汉语拼音缩写Sbt表达,后改为SBT表示)。

2012年,SBT提出10年之期,主要研究对象限于贵州西南部三叠系台地相区,依托贵州省地质矿产局重大科研项目"黔西南'大厂层'岩石地质地球化学及金锑矿成矿作用和成矿潜力"(黔地矿发〔2009〕11号)实施,总结了10年研究成果,拙著《贵州西南部SBT研究》已有详细阐述。

10年来,随着项目的拓展和研究的深入,团队研究范围覆盖南盘江-右江成矿区,在贵州板其、大观、卡务、风堡、那郎、广西巴平、马雄、隆或、高龙和浪全,云南革档、堂上和老寨湾等金矿床的研究中,新识别出其含矿岩石均为层状硅化构造角砾岩,其矿体产出形态、围岩蚀变类型、矿物组合关系、元素组合特征、同位素组成等均与贵州定义的构造蚀变体(SBT)相似,说明含矿热液在区域上可能是通过多层次滑脱构造系统进行大规模交代作用成矿。深入研究区域卡林型金矿"源、运、储、变、保",进一步研究了区域与卡林型金矿成矿容矿有关的"沉积系统、地层系统、岩石系统、构造系统、年代学系统、物质系统、就位系统、成矿过程系统",展示了卡林型金矿"赋矿地层的多样性"和"容矿岩石的多样性"。基于构造蚀变体的核心支撑,据此构建了中国南方卡林型金矿多层次构造滑脱成矿系统。

10年来,团队基于中国南方卡林型金矿多层次构造滑脱成矿系统研究,重点研究了贵州卡林型金矿的成矿系列,构建了贵州卡林型金矿找矿预测模型,辅以团队原创的构造地球化学弱信息提取方法,开展贵州卡林型金矿成矿与找矿预测,实施工程化验证,取得贵州金矿找矿历史性突破。

10年来,研究团队获得系列基金资助。包括国家自然科学基金联合基金(NSFC-贵州喀斯特科学研究中心)项目"我国西南(贵州)喀斯特地区特色矿产成矿理论及综合利用"(U1812402)课题4"卡林型金矿成矿作用与预测",国家重点研发计划"深地资源勘查开采"重点专项项目"深部资源预测系统技术研究与示范"(2017YFC0601500)课题5"深部矿产资源三维找矿预测评价示范"(2017YFC0601505)子课题7"黔西南金矿资源潜力评价与深部找矿预测示范"(2017YFC0601505-7)、"锑多金属矿床成矿规律研究与勘查评价示范"(2023YFC2906800)课题4"南盘江-右江地区金锑矿床找矿预测与勘查示范(2023YFC2906804)",中国地质调查局项目"贵州贞丰-普安金矿整装勘查区关键基础地质研究"(12120114016301)、"黔西南矿集区找矿预测"(12120115036301)、"贵州省兴仁县灰家堡背斜矿山密集区深部金矿战略性勘查"(资〔2012〕02-024-052)、"贵州贞丰整装勘查区金-铀多金属控矿因素研究"(科〔2013〕01-055-002)、"贵州兴仁包谷地背斜矿产地质调查"(资〔2014〕01-010-004),贵州省科技计划项目"贵州省卡林型金矿成矿与找矿科技创新人才团队建设"(黔科合平台人才-CXTD〔2021〕007),贵州省省级地质勘查专项资金项目"黔西南金矿多层次构造滑脱成矿系统研究与找矿预测"(520000214TLCOG7DGTNRG),中国黄金集团科研项目"广西高龙金矿成矿规律及成矿预测"(2016),贵州省地质矿产勘查开发局地质科研出版项目(黔地矿科合〔2021〕31号),国家自然科学基金地区基金项目"硅化对右江盆地卡林型金矿成矿过程制约——以泥堡金矿床为例"(41962008),国家自然科学基金青年基金项目"黔西南架底和大麦地玄武岩中金矿床成矿过程研究"(41802088),贵州省科技计划项目"构造应力作用下金锑共生机制研究与示范——以黔西南金锑矿集区为例"(黔科合支撑〔2021〕一般408)等。

10年来,团队实施了系列勘查项目,包括贵州贞丰-普安金矿整装勘查(国家级)、黔西南金矿第一批整装勘查(省级)、贵州省贞丰县水银洞金矿(外围)详查、贵州省贞丰县水银洞金矿(外围)勘探、贵州省贞丰县簸箕田1金矿勘探、贵州省贞丰县簸箕田2金矿详查、贵州省贞丰县簸箕田2金矿勘探、贵州省贞丰县者相二金矿普查、贵州省贞丰县者相二金矿勘探、贵州省安龙县万人洞金矿普查、贵州省兴仁市紫木函金矿香巴河矿段勘探、贵州省普安县泥堡金矿储量核实及勘探、贵州省普安县泥堡南金矿详查、贵州省盘州市架底金矿详查、贵州省盘州市架底金矿勘探、贵州省三都县苗龙金矿勘查等。

10年来，团队研究成果获得系列奖项，包括"国土资源科学技术奖"二等奖1项，中国地质学会"十大地质找矿成果"1项，全国找矿突破战略行动"优秀地质找矿项目"1项，自然资源部"十三五""重大找矿成果"1项，中国地质调查局地质科技"二等奖"1项，中国有色金属地质找矿成果"二等奖"2项，中国产学研合作"创新成果奖"1项，中国科学院"科技促进发展奖团队奖"1项等。

10年来，依托国家功勋地质队——贵州省地质矿产勘查开发局一〇五地质大队，联合中国科学院地球化学研究所、贵州大学、中国地质调查局地质力学研究所等单位，构建了贵州省卡林型金矿成矿与找矿科技创新人才团队。团队立足贵州，覆盖中国南方卡林型金矿分布区开展系统研究与找矿实践，建立了热液矿床构造地球化学弱信息提取方法，有效提取了深达1000m的隐伏金矿成矿信息。

笔者系统梳理总结团队新时代10年研究与实践成果并形成此书。因作者水平有限，书中不足之处在所难免，请读者见谅。

区域上构造蚀变体(SBT)产出于郁江组/边溪组($D_1y/\epsilon_{3-4}b$)、坡松冲组/闪片山组(D_1ps/O_1s)、英塘组/融县组(C_1yt/D_3r)、龙潭组/茅口组(P_3l/P_2m)、峨眉山玄武岩组/茅口组($P_3\beta/P_2m$)不整合面、领薅组/四大寨组($P_{2-3}lh/P_{1-2}s$)、龙吟组/南丹组(P_1ly/CP_1n)、百逢组/长兴组(T_2b/P_3c)、许满组/吴家坪组(T_2xm/P_3w)、新苑组/吴家坪组(T_2x/P_3w)、新苑组/安顺组(T_2x/T_1a)能干性差异大的岩层面之间，区域地层柱上展示了从寒武系—三叠系的多层次格架，本书归并为7个层次阐述，共11章。主要完成人及分工：前言由刘建中撰写；第一章由刘建中、刘婧珂撰写；第二章由宋威方、郑禄林撰写；第三章由杨成富撰写；第四章由李俊海撰写；第五章由谢卓君、杨毓红撰写；第六章由王泽鹏、王大福撰写；第七章由谭亲平撰写；第八章由李松涛撰写；第九章由刘建中、宋威方撰写；第十章由刘建中、徐良易撰写；第十一章由刘建中、谭礼金撰写；统稿由刘建中、王大福、徐良易、刘婧珂完成。

在此对团队成长有所帮助、关心、关爱的所有同志致以崇高的敬意！对资助团队成长的所有基金(项目)机构，表示衷心感谢！

刘建中
2023年1月24日于贵州贵阳

目 录

第一章 概 述 ·· (1)
   第一节 构造蚀变体及其判别指标 ·· (3)
   第二节 卡林型金矿典型特征 ·· (6)
   第三节 区域地层特征 ·· (9)
   第四节 成矿系统研究 ·· (11)
   第五节 富金地壳的形成与演化 ··· (15)
   第六节 多层次构造滑脱成矿系统 ··· (17)

第二章 寒武系\奥陶系—泥盆系层次 ··· (19)
   第一节 层次特征 ·· (19)
   第二节 构造蚀变体 ··· (23)
   第三节 革档金矿床 ··· (24)
   第四节 马雄金(锑)矿床 ··· (29)
   第五节 老寨湾金矿床 ·· (36)
   第六节 小 结 ·· (42)

第三章 泥盆系\石炭系层次 ·· (43)
   第一节 层次特征 ·· (43)
   第二节 构造蚀变体 ··· (45)
   第三节 隆或金矿床 ··· (46)
   第四节 小 结 ·· (52)

第四章 石炭系\二叠系层次 ·· (53)
   第一节 层次特征 ·· (53)
   第二节 构造蚀变体 ··· (56)
   第三节 平桥萤石矿床 ·· (58)
   第四节 小 结 ·· (72)

第五章 台地相区中二叠统—上二叠统层次 ··· (73)
   第一节 层次特征 ·· (73)
   第二节 构造蚀变体 ··· (76)
   第三节 水银洞金矿床 ·· (79)
   第四节 泥堡金矿床 ··· (84)
   第五节 戈塘金矿床 ··· (89)

第六节　架底金矿床 ………………………………………………………………… (93)
　　第七节　堂上金矿床 ………………………………………………………………… (97)

第六章　盆地相区中二叠统—上二叠统层次 ……………………………………………… (102)
　　第一节　层次特征 …………………………………………………………………… (102)
　　第二节　构造蚀变体 ………………………………………………………………… (103)
　　第三节　卡务金矿床 ………………………………………………………………… (104)
　　第四节　乐康金矿床 ………………………………………………………………… (110)
　　第五节　小　结 ……………………………………………………………………… (114)

第七章　二叠系\三叠系层次 ………………………………………………………………… (115)
　　第一节　层次特征 …………………………………………………………………… (115)
　　第二节　构造蚀变体 ………………………………………………………………… (120)
　　第三节　板其金矿 …………………………………………………………………… (121)
　　第四节　大观金矿 …………………………………………………………………… (125)
　　第五节　高龙金矿 …………………………………………………………………… (128)
　　第六节　浪全金矿床 ………………………………………………………………… (133)
　　第七节　小　结 ……………………………………………………………………… (138)

第八章　下三叠统\中三叠统层次 …………………………………………………………… (139)
　　第一节　层次特征 …………………………………………………………………… (139)
　　第二节　构造蚀变体 ………………………………………………………………… (143)
　　第三节　风堡金矿床 ………………………………………………………………… (144)
　　第四节　小　结 ……………………………………………………………………… (151)

第九章　成矿模式与成矿预测 ……………………………………………………………… (152)
　　第一节　成矿地质背景 ……………………………………………………………… (152)
　　第二节　区域构造演化 ……………………………………………………………… (152)
　　第三节　成矿模式 …………………………………………………………………… (154)
　　第四节　综合找矿预测模型 ………………………………………………………… (160)
　　第五节　预测成果 …………………………………………………………………… (163)

第十章　贵州卡林型金矿成矿系列与找矿实践 …………………………………………… (171)
　　第一节　成矿系列 …………………………………………………………………… (171)
　　第二节　构造地球化学弱信息提取方法 …………………………………………… (183)
　　第三节　控矿构造识别关键技术 …………………………………………………… (190)
　　第四节　找矿实践 …………………………………………………………………… (191)
　　第五节　几个典型矿床找矿突破过程 ……………………………………………… (193)

第十一章　结　语 …………………………………………………………………………… (197)

主要参考文献 ………………………………………………………………………………… (199)

第一章 概 述

卡林型金矿因产于美国内华达州卡林镇而得名,其吨位大、品位低,且往往成群成带分布。中国为除美国以外最重要的卡林型金矿分布区,中国卡林型金矿主要分布于扬子陆块西北缘的陕-甘-川"金三角"和扬子陆块西南缘的滇-黔-桂"金三角"。根据兰州大学陈全功教授等(谭忠厚和陈功全,2011)基于地理信息系统(GIS)数字评估的中国南北分界研究成果,团队将位于陕-甘-川交界区的卡林型金矿称为中国北方卡林型金矿,位于滇-黔-桂交界区的卡林型金矿称为中国南方卡林型金矿(图1-1)。

中国南方卡林型金矿主要集中产于江南复合造山带西南段之南盘江—右江地区,即著名的滇-黔-桂"金三角"。江南复合造山带是指大致以师宗-松桃-慈利-九江断裂带和绍兴-萍乡-北海断裂带之间的构造单元,历经武陵期—加里东期—燕山期造山而形成的复合造山带(戴传固等,2010)。关于绍兴-萍乡-北海断裂带,新的研究认为是扬子陆块与华夏陆块中生带岩石圈边界。因此,我们更倾向于江南造山带为历经武陵期—加里东期—印支期造山而形成的复合造山带(刘建中等,2022,2023)。

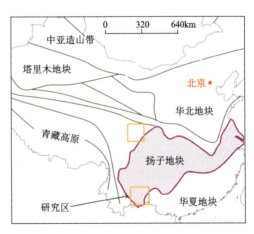

图 1-1 中国卡林型金矿分布示意图

南盘江—右江为中国 26 个重要成矿区(带)之一,总面积约 18.5 万 km^2(刘增铁等,2015)。该成矿区北紧邻扬子地块,北界为水城-紫云-南丹-宜州-永福断裂,东界为凭祥-邕宁断裂、武宣-永福断裂,西界为红河-弥勒-盘县断裂,南接为国界(图1-2),卡林型金矿为南盘江—右江成矿区最重要、最具特色的矿种。

据不完全统计,区内已探明水银洞、烂泥沟、紫木凼、泥堡、架底、戈塘、大麦地、雄武、老万场、砂锅厂、板其、丫他、央友、卡务、那郎、大观、百地、乐康、凤堡、隆或、高龙、马雄、金牙、巴平、浪全、那矿、金龙山、岩旦、明山、鸡公崖、林旺、龙塘、革档、堂上、老寨湾、下格乍、桥头、者桑、那能等大约136个卡林型金矿床,累计获得金资源量约964t,为我国最重要的金资源产地之一(刘建中等,2015,2018,2020,2023)。

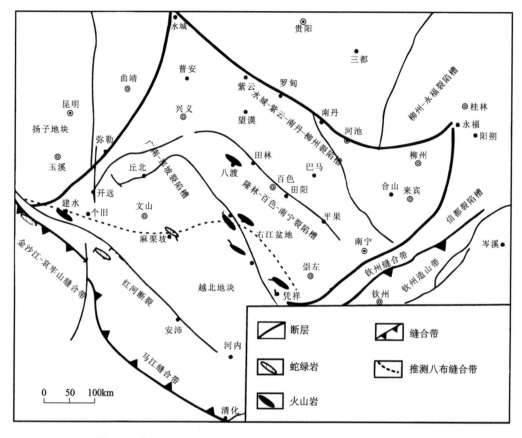

图 1-2　中国南方卡林型金矿区大地构造图(据刘增铁等,2015,修编)

尤以近年来贵州卡林型金矿找矿取得历史性突破最为典型,目前贵州卡林型金矿累计查明金资源量756t,新增近400t,其中水银洞金矿床查明金资源量295t,跃居世界同类型金矿床第十位、亚洲第一、中国第一;以峨眉山玄武岩为容矿岩石的大麦地金矿和架底金矿的新发现,突破了传统的卡林型金矿赋矿围岩为沉积岩的认识;泥堡金矿在原勘探区新识别出控矿断裂构造而新增41t,实现老矿山找矿重大突破。研究发现,区域上含矿热液沿背斜和穹隆核部附近的滑脱构造运移交代形成的构造蚀变体(SBT)为区内卡林型金矿最主要的容矿空间,SBT大多直接控制金矿的产出(刘建中等,2021,2022)。区内绝大多数矿床与SBT密切相关,以SBT控制的层控型矿体为区域卡林型金矿最主要产出形式。

据统计,贵州卡林型金矿直接赋存于SBT中的金资源量即达区域金矿总资源量的40%,加上水银洞产出于层状碳酸盐岩和架底金矿产于峨眉山玄武岩层间破碎带等顺层矿体,层控型金矿资源量占总资源量的70%。尚未发现与SBT有直接关系的金矿床资源量仅占总资源量的30%(刘建中等,2022b,2023)。

第一章 概 述

第一节 构造蚀变体及其判别指标

一、构造蚀变体

构造蚀变体原始定义为产于二叠系茅口组(P_2m)和龙潭组(P_3l)之间平行不整合面附近的一套由区域性滑脱构造形成并经热液蚀变的岩石,为一套强硅化灰岩、角砾状强硅化灰岩、硅化碎裂岩及角砾状黏土岩组合,是沉积作用、构造作用和热液蚀变作用的综合产物,是与金矿成矿相关的蚀变岩石单元,为一跨时代的地质体。构造蚀变体包含茅口组顶部灰岩和龙潭组底部黏土岩,平行不整合面向下由强硅化角砾状灰岩—强硅化灰岩—弱硅化灰岩—正常的茅口组灰岩依蚀变强度呈渐变关系,平行不整合面向上由硅化角砾状黏土岩—硅化碎裂化黏土岩向正常龙潭组黏土岩过渡,将弱硅化灰岩—强硅化灰岩—强硅化角砾状灰岩—硅化角砾状黏土岩—碎裂化黏土岩部即划入构造蚀变体,普遍具硅化、黄铁矿化、萤石化、雄(雌)黄化、锑矿化和金矿化等。金矿(化)体常产于下部的强硅化角砾状灰岩中,部分产于上部的硅化角砾状黏土岩中(刘建中等,2009,2021;苏城鹏等,2019)(图1-3)。

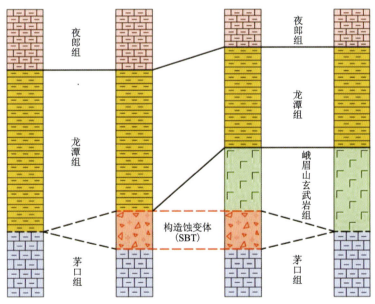

图1-3 黔西南二叠系台地相区域构造蚀变体(SBT)示意图(据刘建中等,2017)

随着贵州卡林型金矿研究的深入和找矿勘查实践的推进,构造蚀变体的内容增加表述为二叠系茅口组(P_2m)和二叠系龙潭组(P_3l)或二叠系峨眉山玄武岩组($P_3\beta$)之间,包含了$P_3\beta$底部岩石(角砾状凝灰岩、角砾状凝灰质玄武岩),同时将"Sbt"改为"SBT"(刘建中等,2014)。近年在贵州板其、大观、卡务、风堡、那郎、广西巴平、马雄、隆或、高龙和浪全、云南革档、堂上和老寨湾等金矿床的研究中,新识别出其含矿岩石均为层状硅化构造角砾岩,其矿体产出形态、围岩蚀变类型、矿物组合关系、元素组合特征、同位素组成等均与贵州定义的构造蚀变体相似,说明含矿热液在区域上可能是通过多层次滑脱构造系统进行大规模交代作用成矿(刘建中等,2018;陈发恩等,2020)。

最新研究成果表明,构造蚀变体是指含矿热液沿岩石能干性差异大的郁江组/边溪组($D_1y/\epsilon_{3-4}b$)、坡松冲组/闪片山组(D_1ps/O_1s)、龙潭组/茅口组(P_3l/P_2m)、峨眉山玄武岩组/茅口组($P_3\beta/P_2m$)不整合面和岩石能干性差异大的龙吟组/南丹组(P_1ly/CP_1n)、领薅组/四大寨组($P_{2-3}lh/P_{1-2}s$)、百逢组/长兴组(T_2b/P_3c)、许满组/吴家坪组(T_2xm/P_3w)、新苑组/吴家坪组(T_2x/P_3w)、新苑组/安顺组(T_2x/T_1a)岩层界面之间的滑脱构造运移交代而形成的构造蚀变岩石,是沉积作用、构造作用和热液蚀变作用的综合产物,为一跨时代的地质体,是与金矿成矿相关的蚀变岩石单元,是成矿作用的产物。常见斑块状及细脉状白色和绿色石英、辉锑矿及片状石膏,普遍具硅化、黄铁矿化、萤石化、雄(雌)黄化、锑矿化、金矿化等(刘建中等,2010,2014,2017,2020,2022)。

构造蚀变体产出的最根本原因在于岩石的能干性差异,由于不整合面上下岩石往往能干性差异很大,故不整合面往往为重要产出部位。根据构造蚀变体产出特征划分为不整合面型和岩性层面型两种类型:①不整合面型(平行不整合型、角度不整合型)。$D_1y/\epsilon_{3-4}b$产于云南革档、广西马雄、广西巴平金矿床;D_1ps/O_1s产于云南老寨湾金矿床;C_1yt/D_3r产于广西隆或金矿床;P_3l/P_2m产于贵州水银洞、紫木凼、戈塘、泥堡金矿床;$P_3\beta/P_2m$产于贵州架底、大麦地金矿床和云南堂上金矿床。②岩性层面型。T_2x/T_1a产于贵州凤堡金矿床和广西浪全金矿床;$P_{2-3}lh/P_{1-2}s$产于贵州卡务金矿床;T_2b/P_3c产于广西高龙金矿床;T_2xm/P_3w产于贵州板其金矿床;T_2x/P_3w产于贵州大观、那郎金矿床,P_1ly/CP_1n产于贵州平桥金矿(化)点(刘建中等,2020,2022)。

二、构造蚀变体判别指标

沿岩石能干性差异大的$D_1y/\epsilon_{3-4}b$、D_1ps/O_1s、C_1yt/D_3r、P_3l/P_2m、$P_3\beta/P_2m$不整合面、$P_{2-3}lh/P_{1-2}s$、P_1ly/CP_1n、T_2b/P_3c、T_2xm/P_3w、T_2x/P_3w、T_2x/T_1a岩性层面间形成的构造蚀变体,在大区域范围内展现了构造蚀变体空间上多层次叠置分布特点,建立构造蚀变体判别指标如表1-1所示,准确识别和判别构造蚀变体,对区域成矿和找矿至关重要(刘建中等,2021,2022)。

表1-1 中国南方卡林型金矿分布区构造蚀变体判别指标

判别指标	主要特征	典型矿床
产出背景	南盘江—右江成矿区	
产出形态	层状,与地层产状一致	
构造部位	背斜	水银洞、泥堡、卡务、大麦地、架底、紫木凼、老寨湾、隆或、大观
	穹隆	戈塘、高龙、板其、马雄、那郎

续表1-1

判别指标	主要特征	典型矿床
构造面	不整合面（角度不整合面、平行不整合面）	革档、马雄、巴平、老寨湾、水银洞、紫木凼、戈塘、泥堡、架底、大麦地、堂上
构造面	能干性差异较大的岩性层面	板其、卡务、风堡、大观、隆或、浪全、平桥、那郎、高龙
构造特征	滑脱构造	革档、马雄、巴平、老寨湾、水银洞、紫木凼、戈塘、泥堡、架底、大麦地、堂上、高龙、板其、卡务、风堡、大观、那郎、隆或、浪全、平桥
变形特征	角砾＋碎裂＋滑动＋揉皱－褶皱	
岩石特征	角砾岩＋碎裂岩	
蚀变特征	硅化＋黄铁矿化＋毒砂化＋萤石化＋雄（雌）黄化＋辉锑矿化	
元素组合	Au-As-Sb-Hg-Tl	
层序组合	泥质钙质碎屑岩系（上）＋碳酸盐岩（下）	水银洞、紫木凼、板其、卡务、大观、那郎、高龙、马雄
层序组合	峨眉山玄武岩组（上）＋碳酸盐岩（下）	架底、大麦地、堂上
界线	交代作用形成的蚀变显然是由强到弱直至趋于正常，其界线由元素增减体现，故界线起伏，难以宏观直接圈定，图面采用虚线表示	
层次	区域上岩石能干性差异大的 $D_1y/\epsilon_{3-4}b$、D_1ps/O_1s、C_1yt/D_3r、P_3l/P_2m、$P_3\beta/P_2m$ 不整合面、$P_{2-3}lh/P_{1-2}s$、P_1ly/CP_1n、T_2b/P_3c、T_2xm/P_3w、T_2x/P_3w、T_2x/T_1a 岩石能干性差异大的岩层面形成多层次 SBT，区域上多层次的构造蚀变体不等于在矿区尺度上形成多层 SBT，往往一个矿区仅形成一层构造蚀变体	$D_1y/\epsilon_{3-4}b$ 角度不整合面（革档、马雄、巴平），D_1ps/O_1s 角度不整合面（老寨湾），C_1yt/D_3r 平行不整合面（隆或），P_3l/P_2m 平行不整合面（水银洞、紫木凼、戈塘、泥堡），$P_3\beta/P_2m$ 平行不整合面（架底、大麦地、堂上），$P_{2-3}lh/P_{1-2}s$（卡务），P_1ly/CP_1n 能干性差异较大的岩性层面（平桥），T_2x/T_1a 能干性差异较大的岩性层面（风堡、浪全），T_2b/P_3c（高龙），T_2xm/P_3w（板其），T_2x/P_3w（大观、那郎）
控制因素	构造蚀变体的产出，不受时代和地层制约，而主要受控于岩石能干性的差异，厚度大于100m的厚层灰岩或白云岩或礁灰岩（下）与厚度大于50m的泥质钙质碎屑岩系或峨眉山玄武岩组（凝灰岩）（上）之间往往是构造蚀变体产出的最佳部位。薄层碎屑岩与灰岩组合的沉积系统（比如二叠系合山组、三叠系罗楼组），内部或与其上覆或下伏地层之间往往难以形成构造蚀变体	

第二节 卡林型金矿典型特征

区域金矿床点多面广,并表现出分带、分区和相对集中分布的特点(图1-4)。区域136个矿床卡林型金矿床,其中云南有32个(革档、堂上、老寨湾、底圩、者桑、下格乍等),贵州有47个(水银洞、烂泥沟、紫木凼、戈塘、丫他、泥堡、架底、老万场、板其、苗龙等),广西有57个(高龙、马雄、金牙、林旺、明山、那矿、岩旦等)。总体来看,云南地区卡林型金矿床氧化剥蚀程度高,绝大部分属于土型金矿;广西地区卡林型金矿氧化剥蚀程度次之;贵州地区卡林型金矿氧化剥蚀程度最低,但局部地段氧化剥蚀程度高,比如老万场金矿和豹子洞金矿,属于土型金矿。本书所描述的典型矿床为架底、泥堡、戈塘、水银洞、卡务、凤堡、乐康、大观、浪全、板其、马雄、隆或、堂上、高龙、格挡、老寨湾等(图1-5)。

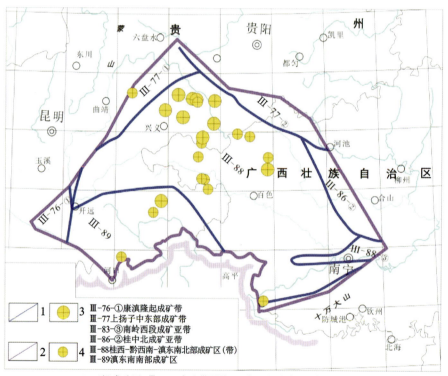

1.三级成矿区(带);2.成矿带界线;3.大型金矿床;4.中型金矿床

图1-4 南盘江—右江成矿区Au分布图(据丛源等,2013,修编)

基于团队研究成果并结合其他研究资料,从构造背景、容矿岩石、控矿构造、矿体类型、元素组合、流体特征、载金矿物、蚀变矿物及蚀变过程、矿化中—晚阶段矿物、同位素特征、物质来源、成矿机制等方面对区域金矿床进行归纳总结,虽各矿床有其自身特点,但总体非常相似,展现为同一成矿系统的产物(表1-2)。

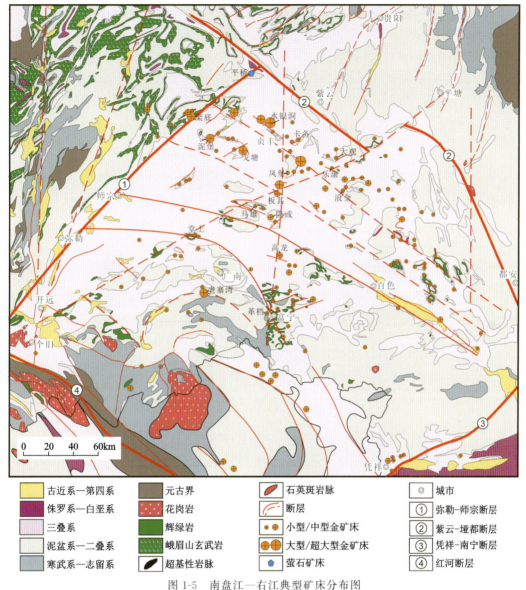

图 1-5 南盘江—右江典型矿床分布图

表 1-2 中国南方卡林型金矿床典型特征

	贵州卡林型金矿床	滇东南和桂西北卡林型金矿床
构造背景	早期拉张裂陷、沉积被动边缘海相沉积地层、后期造山及造山后伸展	早期拉张裂陷、沉积被动边缘海相沉积地层、后期造山及造山后伸展
容矿岩石	生物碎屑灰岩、钙质粉砂岩,峨眉山玄武岩、凝灰岩	生物碎屑灰岩、钙质粉砂岩,峨眉山玄武岩、凝灰岩、辉绿岩

续表 1-2

	贵州卡林型金矿床	滇东南和桂西北卡林型金矿床
控矿构造	背斜、穹隆、SBT、高角度断层	背斜、穹隆、SBT、高角度断层
矿体类型	层控、断控、复合(层控+断控)	层控、断控、复合(层控+断控)
元素组合	Au、As、Hg、Sb、Tl、Se、Cu、V、Ti、Ni、Co、Cr、W、Ag、Rb、Li	Au、As、Hg、Sb、Tl、Se、Cu、V、Ti、Ni、Co、Cr、W、Ag、Rb、Li
流体特征	低温(190~300℃)、低盐度(0.27%~12% $NaCl_{equiv.}$)、富 CO_2(6%~75%)、还原、未沸腾	中—低温(130~380℃)、低盐度(0.18%~8.55% $NaCl_{equiv.}$)、富 CO_2(6%~75%)、还原、沸腾
载金矿物	主要为黄铁矿,少量毒砂	主要为黄铁矿,少量毒砂
蚀变矿物及蚀变过程	成矿流体与含钙质地层发生水-岩反应,导致去碳酸盐化(方解石溶解)、硅化(似碧玉石英交代碳酸盐矿物)、黏土化(高岭石)、硫化和白云石化;流体主要溶解含铁矿物(黄铁矿、铁白云石等),形成载金含砷黄铁矿和毒砂,同时形成白云石	成矿流体与含钙质地层发生水-岩反应,导致去碳酸盐化(方解石溶解)、硅化(似碧玉石英交代碳酸盐矿物)、黏土化(高岭石)、硫化和白云石化;流体主要溶解含铁矿物(黄铁矿、铁白云石等),形成载金含砷黄铁矿和毒砂,同时形成白云石
矿化中-晚阶段矿物	黄铁矿、毒砂、雄黄、方解石、石英、辉锑矿、高岭石、雌黄、金红石(架底和大麦地玄武岩容矿金矿床)	黄铁矿、毒砂、方解石、石英、辉锑矿、高岭石、金红石、独居石
同位素特征物质来源	硫化物 S 同位素:-5‰~+5‰,主要集中在 0‰左右;部分矿床约为 10‰;方解石 C-O 同位素:C 同位素组成<0‰,O 同位素组成为 10‰~25‰;石英 H-O 同位素:H 同位素为-75‰~90‰,$\delta_{18}O_{H_2O}$(据石英 O 同位素计算)为 10‰~14‰;硫化物铅同位素:$^{206}Pb/^{204}Pb$:18.3~19.2,$^{207}Pb/^{204}Pb$:15.5~15.7,$^{208}Pb/^{204}Pb$:38.7~39.2;全岩汞同位素:$\delta^{202}Hg$:-1‰~0.5‰,$\Delta^{199}Hg$:-0.1‰~0.1‰	硫化物 S 同位素:-2.49‰~16.92‰,主要集中在5.39‰~11.79‰;方解石 C-O 同位素:C 同位素组成小于-9.45‰~2.22‰,O 同位素组成为10.02‰~22.63‰;石英 H-O 同位素:H 同位素为-102.1‰~67.6‰,$\delta^{18}O_{H_2O}$(据石英 O 同位素计算)为2.22‰~14.79‰;硫化物铅同位素:$^{206}Pb/^{204}Pb$:18.4~21.8,$^{207}Pb/^{204}Pb$:15.7~15.9,$^{208}Pb/^{204}Pb$:38.6~39.2
成矿机制	溶解含铁矿物(黄铁矿、铁白云石等),形成载金含砷黄铁矿和毒砂	溶解含铁矿物(黄铁矿、铁白云石等),形成载金含砷黄铁矿和毒砂

第三节 区域地层特征

研究区地壳为基底和沉积盖层的双层式结构,其中基底地层岩性主要为片岩、片麻岩和一些捕房体,在研究区内没有发现出露,该套地层为元古宙地层。盖层主要出露古生代和三叠纪地层,新元古界仅仅出露于贵州三都—丹寨地区,少量早古生代地层往往出露于背斜核部。

研究区主体的南盘江—右江盆地主要出露晚古生代和三叠纪地层及少量早古生代和第四纪地层。盆地内晚古生代地层与下伏早古生代地层呈角度不整合、平行不整合或超覆不整合接触关系(广西壮族自治区地质矿产局,1985;贵州省地质矿产局,1987)。除个别地方出露寒武纪及奥陶纪海相地层外,仅发育泥盆纪、三叠纪海相沉积地层,特别是以厚度超过5km的中三叠世浊积岩最具特色(广西壮族自治区地质矿产局,1985;贵州省地质矿产局,1987;史晓颖等,2006)。

区内发育有浅水台地相、斜坡相和海相地层,其中海相地层约占整体的95%,是分布最广泛的地层结构类型(表1-3)。显生宙以来,自加里东运动开始,南盘江—右江地区南部开始发生大面积地壳沉降和接受沉积,一直到第四纪,该区形成了超万米厚的沉积地层。其中寒武纪地层仅在研究区东北部、西北部(三都-丹寨)和少量大背斜和穹隆的顶部有少量出露,岩性主要为白云岩和浅变质砂岩等。奥陶纪地层出露相对较少,仅在研究区东北部、西北部(三都-丹寨)和滇东南的广南和文山一带有出露,岩性主要为灰岩,局部夹薄层碎屑沉积岩。志留纪地层分布更加局限,仅在研究区东北部和西北部(三都-丹寨)有少量出露,岩性主要为泥质碎屑岩类。泥盆纪地层在研究区南部出露相对广泛,岩性主要为碎屑沉积岩,以钙质砂岩为主。全区石炭纪地层发育较为完整,岩性包括碳酸盐岩和碎屑岩系统,部分地层有煤层(线)产出。二叠纪地层和三叠纪地层发育完成且分布十分广泛,发育厚度巨大,岩性类型多样,主要有生物碎屑灰岩、礁灰岩、钙质碎屑岩系统和泥质岩类岩。研究区全区侏罗系缺失。白垩纪、古近纪和新近纪地层主要分布在罗平—广南一带,岩性主要为沉积碎屑岩系统。

区内出露地层丰富,岩性多样,自寒武系顶部以上至三叠系几乎所有时代的地层均有金矿体(点)发现,大多数金矿体主要产出在二叠纪和三叠纪地层中。部分玄武岩和辉绿岩侵入体也遭受蚀变形成金矿体。最新研究发现,区内几乎所有的地层和岩性均可作为容矿岩石,包括碳酸盐岩、钙质碎屑岩系统、钙质泥岩、辉绿岩、玄武岩、凝灰岩等,展示了区域卡林型金矿赋矿地层的多样性和容矿岩石的多样性。但是具体到某一个矿区又有区别,要根据控矿构造类型和特征以及岩性配套组合进行区别和找矿勘查。

南盘江—右江地区自泥盆纪以来,处于岩石圈伸展状态,以台地沉积为核心,形成独具特色的台地-沟-槽-盆的沉积格局,三叠纪以来才形成大区域的盆地与台地格局。贵州地区的演化,可能是南盘江—右江沉积格架的缩影(图1-6)。

表 1-3 区域地层系统简表

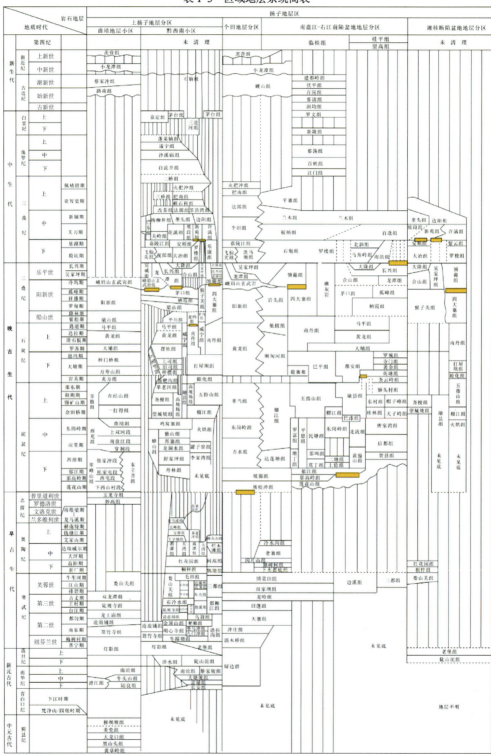

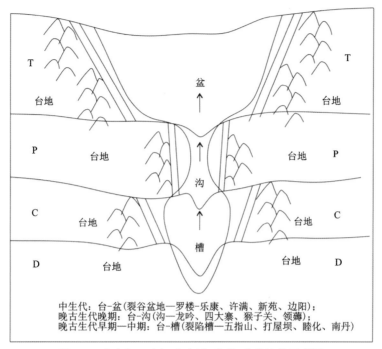

图1-6 南盘江—右江成矿区(贵州)盆地演化示意图

第四节 成矿系统研究

一、沉积系统

众多学者研究认为,南盘江—右江地区晚古生代—早三叠世处于台盆分野,以盆地深水碎屑岩为主,间夹海盆孤立碳酸盐台地(刘宝珺和许效松,1994;杜远生等,2014)。近期研究显示,板其—烂泥沟—卡务大片地区石炭系、二叠系为台地碳酸盐岩沉积,隆林—高龙大片地区泥盆系、石炭系、二叠系为台地碳酸盐岩沉积。仅仅将这两个区域投影至早期绘制的南盘江—右江沉积古地理图上,清楚地表现为区域晚古生代—早三叠世的沉积格局为以台地为主的台-槽-沟系统,区内金矿床主要分布于台地区块,而非早期所言的孤立碳酸盐台地边缘。贵州境内的北西向裂陷槽(紫云-水城裂陷槽)的演化,是南盘江—右江地区古地理格局的缩影。紫云-水城裂陷槽表现为泥盆纪为最大裂陷期,其后逐渐萎缩。泥盆纪时,贵州望谟至昭通一线为深水相沉积;石炭纪,北西段由昭通退至水城,贵州望谟至水城一线为深水相沉积;晚二叠世,北西段由水城退至关岭,贵州望谟至关岭一线为深水相沉积;区内深水槽地段极为局限,事实上裂陷作用结束(图1-7)。区域晚二叠世至早三叠世之间,因构造转换(裂陷向坳陷转换)而使得区内沉积环境变动大,大面积开阔台地沉积完整的下三叠统台地钙质泥质碎屑岩系列,原来的盆地区成为"饥饿盆地"(欠补偿盆地),深水区沉积了砂泥质钙质碎屑岩,水下隆起区则沉积物极薄,形成似平行不整合特征。贵州三都—丹寨地区则自泥盆纪以来一直处于斜坡相沉积,直至三叠纪转为盆地相,沉积了中三叠世碎屑岩。总体来看,区域盆地系统主要表现为中三叠世的深水盆地沉积物几乎广布于南盘江—右江地区一半的区域,呈现出台盆各半的展布特征,形成传统表述的盆地相区金矿和台地相区金矿。

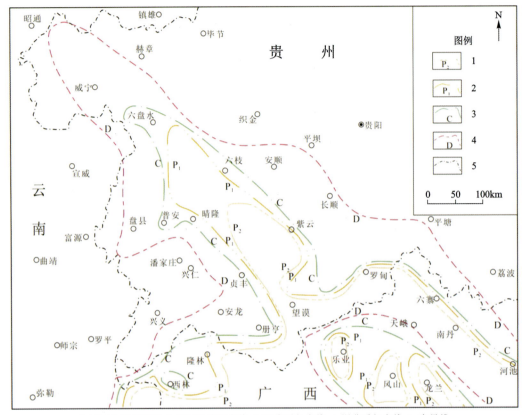

1.中二叠统相变线;2.下二叠统相变线;3.石炭系相变线;4.泥盆系相变线;5.省界线

图 1-7　贵州泥盆系—二叠系沉积演化图

二、地层系统

区域金矿就位的地层有寒武系乌训组、都柳江组、博莱田组、边溪组、三都组,寒武-奥陶系戈塘组,奥陶系闪片山组,泥盆系郁江组、坡松冲组、坡脚组、融县组,石炭系英塘组,石炭-二叠系南丹组,二叠系龙吟组、四大寨组、栖霞组、茅口组、合山组、吴家坪组、领薅组、龙潭组、长兴组、峨眉山玄武岩组,三叠系罗楼组、乐康组、石炮组、板纳组、兰木组、安顺组、夜郎组、百逢组、许满组、新苑组、边阳组。含矿地层丰富,表现为区内所有地层几乎均可以成为卡林型金矿的赋矿地层,显示了赋矿地层的多样性(刘建中等,2021)。同时代不同的地层组,大多数是不同区域地区性地层名称的差异性,部分属于相变范围。具体到矿区或矿床尺度,则往往表现为1~2套地层是主要的赋矿地层,一般而言,断裂切穿过的地层均可以成为断控型矿体的赋矿地层,而层控型矿体则往往主要由一个地层控制。

三、岩石系统

卡林型金矿被定义为主要产于沉积碳酸盐岩中的金以不可见形式赋存在含砷黄铁矿中,具有 As、Sb、Hg、Tl 等元素组合的特殊金矿类型。近年系列研究成果显示,区内金矿床容矿岩石多样性特征明显,容矿岩石有灰岩、泥灰岩、泥质灰岩、白云岩、粉砂岩、黏土岩、硅质岩、辉绿岩、玄武岩、凝灰岩。几乎所有的岩石都可以成为卡林型金矿的容矿岩石,这展现了卡林型金矿容矿岩石的多样性。当然,最主要的容矿岩石仍然是碳酸盐岩(灰岩、泥灰岩、泥质灰岩、白云岩)及钙质碎屑岩类(钙质粉砂岩)。具体到矿区或矿床尺度,则对岩石有选择性,成矿与否,主要取决于岩石与流体的交代能力,一般而言,断控型矿体的容矿岩石类型较多,而层控型矿体对岩石的选择性非常明显,灰岩、泥灰岩、泥质灰岩往往是最佳的容矿岩石。

四、构造系统

褶皱-断裂系统成为区域金矿床的成矿构造。褶皱系统主体为背斜和穹隆,断裂系统包含滑脱构造和与背斜配套的逆断层。背斜或穹隆与滑脱构造相互依存,区域($D_1y/\epsilon_{3-4}b$、D_1ps/O_1s、C_1yt/D_3r、P_3l/P_2m、$P_3\beta/P_2m$ 不整合面和 $P_{2-3}lh/P_{1-2}s$、P_1ly/CP_1n、T_2xm/P_3w、T_2x/P_3w、T_2b/P_3c、T_2x/T_1a 能干性差异大的岩层面)滑脱构造往往形成背斜或穹隆,逆断层的形成则往往与褶皱紧闭程度密切相关。滑脱构造为区域成矿最关键因素,背斜或穹隆与SBT密不可分(实为一体)。水银洞金矿以背斜为主,逆断层次之;烂泥沟金矿为逆断层;紫木凼金矿为背斜和逆断层;泥堡金矿以逆断层为主,背斜次之;架底金矿为背斜;戈塘金矿为穹隆;板其金矿为穹隆;丫他金矿为背斜+逆断层;高龙金矿为穹隆;隆或金矿为穹隆;马雄金矿为背斜;堂上金矿为背斜+逆断层;大观金矿为背斜+逆断层;林旺金矿为逆断层;金牙金矿为逆断层;张家湾金矿为背斜。褶皱过程中形成的滑脱构造和陡倾斜断裂构造实为同一体系,因具体地区地层系统特别是岩石组合的差异性,导致一些地区可以形成背斜+断裂的成矿系统(紫木凼、泥堡等),一些地区主要形成单一背斜(穹隆)的成矿系统(水银洞、戈塘、高龙、架底等),一些地区形成单一断裂的成矿系统(烂泥沟、丫他、金牙、林旺等)。

五、年代系统

区域卡林型金矿的年代学研究方面,著述颇丰(彭建堂等,2003;皮桥辉等,2016;Hu et al.,2017;董文斗,2017;高伟,2018),大多数数据集中于 $172\sim97$Ma,主体显示为 $225\sim205$Ma 和 $148\sim130$Ma 两个区间,表现出成矿时代既有印支期又有燕山期的成矿特点(高伟,2018)。南盘江地区中三叠统与上三叠统之间整合接触,沉积了中三叠世的边阳组和晚三叠世的黑苗湾组,贵州沉积了晚三叠世至早侏罗世的二桥组地层,二桥组以后为陆相沉积,表明印支运动在区内影响甚微,区域发现的金资源量的80%集中于贵州,显然影响微弱的印支运动难以形成金的超常聚集和大规模成矿。南盘江—右江地区的主体构造格架中,侏罗系卷入褶皱系统,而控矿断裂均与褶皱相伴而生。区内金矿体均产于背斜-穹隆及与期相伴的逆断层,宏观年代学证据显示成矿年龄应该晚于中侏罗世早于晚白垩世($160\sim130$Ma)(Zheng et al.,2019;刘建中等,2021)。当然,滇东南地区地层特征表现为存在中三叠世和早白垩世两期大规模板块运动和地壳升降事件(云南省区域地质志,1990)。故也不完全排除局部地段存在印支期成矿,但区域卡林型金矿主要成矿期应为燕山期(Zheng et al.,2019;刘建中等,2021;Wang et al.,2021;Jin et al.,2022)。

六、物质系统

成矿物质来源研究方面,主要认识有沉积地层、变质基底、深部岩浆、基性超基性岩、花岗岩、地层与深部岩浆混合源、峨眉地幔热柱等(朱赖民和段启杉,1998;谢卓熙,2000;王登红,2000;贾大成和胡瑞忠,2001;夏勇,2005;刘建中等,2006;聂爱国,2007;陈懋弘等,2007;Hou et al.,2016;靳晓野,2017;董文斗,2017;高伟,2018;曾国平,2018)。最近越来越多的证据表明,成矿物质来源于深部地壳花岗岩岩浆作用(刘建中等,2017,2020;Jin et al.,2020;Li et al.,2021;Song et al.,2022;李松涛等,2022),大规模成矿作用与大区域构造关系密切。相对于黔西南地区,滇东南和桂西北地区的金矿床具有更高的成矿温度、盐度,结合热液成因矿物组合及原位微量元素和同位素组成与变化规律,推测滇东南和桂西北地区的金矿床更靠近成矿中心,成矿流体具有大致从南向北的演化趋势。在演化过程中存在不同温度、盐度和比例的变质水、大气水、地层水的灌入(李松涛等,2022),最终成矿时的流体具有多来源特点,但核心部分可能更应该是隐伏花岗岩体释放的岩浆热液含金流体(宋威方,2022)。成矿期的构造运动很可能是含矿流体运移的主要动力。

七、就位系统

矿体就位空间是找矿核心。从区域上看,卡林型金矿台地相区、盆地相区、斜坡相区,没有一个相区不成矿。但从找矿勘查角度来看,金矿体与背斜及与其伴生的逆断层密切相关,当然,最核心部分仍然是构造蚀变体。最新研究成果显示,矿体产出往往与背斜紧闭程度、枢纽起伏、穹隆、背斜同生逆断层密切相关。金矿体往往产于背斜轴部附近800～1500m狭窄范围。翼间角小于80°或大于160°的背斜则不利于成矿,翼间角在100°～160°之间的背斜有利于成矿。背斜枢纽倾伏角10°～15°的地段,见多层叠置金矿体产出;背斜枢纽倾伏角小于5°的地段,金矿体往往仅产于构造蚀变体。穹隆周缘2000m范围内构造蚀变体是金矿体产出的最有利空间;与背斜轴平行展布的同生逆断层往往是金矿的控矿断层,断层下盘的背斜核部及构造蚀变体是金矿体产出的有利部位(刘建中等,2019,2020)。

八、动力学系统

基于获得的同位素年代学数据认为,第一期成矿作用可能与沿松马缝合带印支期碰撞造山后的伸展作用相关,而第二期成矿作用可能与燕山期华南板块内大规模伸展作用相关(Hu et al.,2017;靳晓野,2017;高伟,2018)。燕山期太平洋板块向欧亚板块发生平板俯冲过程中,华夏与扬子拼贴带西南段(江南复合造山带)历经武陵—加里东—印支多次碰撞以及受峨眉地幔柱的影响而形成的特殊富金地壳(始富金地壳-古富金地壳-新富金地壳)发生重熔,形成与隐伏花岗岩有关的含矿热液,可能是区内金成矿最主要的动力学过程(刘建中等,2015,2016,2020)。成矿过程可以简述为在燕山期区域大地构造运动(板块俯冲)的大背景下,区内

第一章 概　述

岩石圈减薄,深部地幔上涌,地壳发生重熔形成花岗岩基并释放含金流体,与此同时,由于构造运动、地幔上升和深部地壳重熔作用下导致深部的地壳发生不同程度的变质作用并释放变质流体,这种变质流体部分混入含金流体并继续向地壳前部迁移,流体到达地壳浅部后沿区域构造运动和应力释放形成的构造滑脱面、断层等通道侧向和垂向运移并在有利的构造-地层-岩性耦合配套条件下与地层发生水岩交代反应并发生金矿化,在这个过程中可能不同程度地混入了沿不整合面、断裂构造带和节理裂隙带下渗的大气降水,水岩反应和流体混合时导致金卸载成矿的重要控制因素(宋威方,2022)。

第五节　富金地壳的形成与演化

所谓富金地壳是指在多期多阶段和板块构造演化过程中由于扬子地块、华夏地块多次"开-合"、深部地幔的反复上升导致岩石圈减薄以及深部岩石圈的多次重组形成的富金地壳(图1-8～图1-10)。

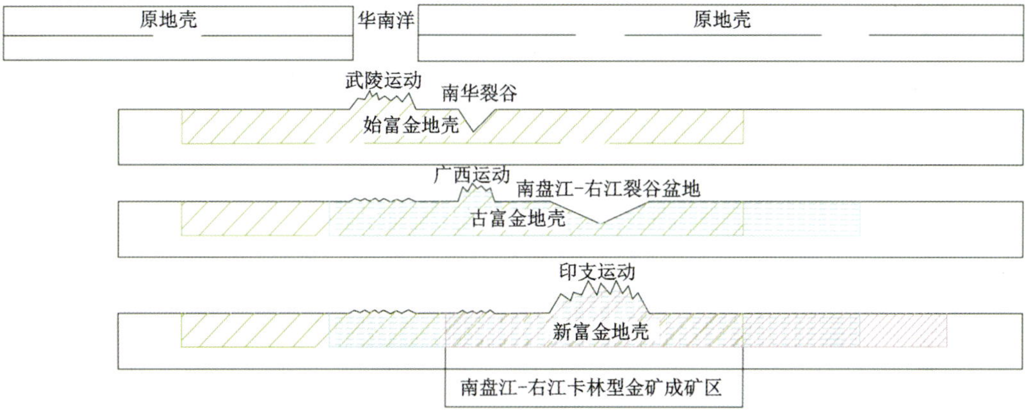

图 1-8　区域碰撞-裂解-拼贴-富金地壳形成示意图

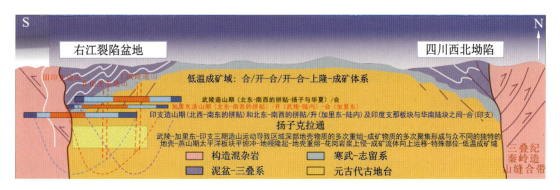

图 1-9　南盘江—右江地区富金地壳演化过程示意图

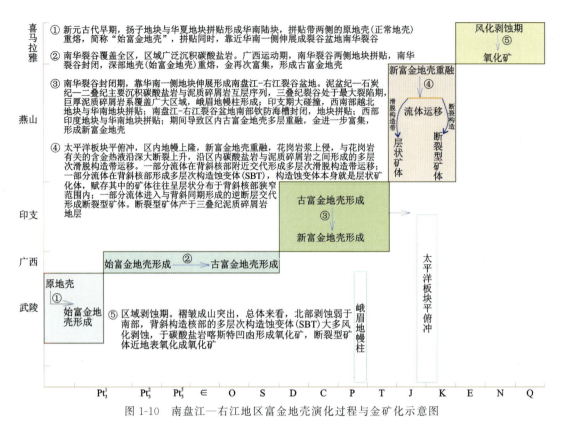

图 1-10 南盘江—右江地区富金地壳演化过程与金矿化示意图

原地壳:扬子地块和华夏地块形成演化中各自独立形成的地壳,分别为扬子原地壳和华夏原地壳。

始富金地壳:新元古代早期,扬子地块与华夏地块拼贴而成华南陆块,华南窄大洋关闭,拼贴带两侧的原地壳(正常地壳)重熔,金相对富集形成原始富金地壳,简称"始富金地壳",与拼贴同时,靠近华南一侧伸展成裂谷盆地——南华裂谷。

古富金地壳:南华裂谷覆盖全区,区域广泛沉积碳酸盐岩。加里东运动(广西运动)期,南华裂谷两侧地块拼贴,南华裂谷封闭,深部地壳(始富金地壳)重熔,金再次富集,形成古富金地壳。与此同时,钦防海槽继续发育。

新富金地壳:加里东运动以后,钦防海槽演化加剧及峨眉地幔柱形成的影响,使得南盘江—右江地区地壳伸展,形成泥盆纪—石炭纪—二叠纪(早)南盘江—右江裂陷盆地,区域形成槽-沟-台沉积格局,主要沉积碳酸盐岩与泥质碎屑岩互层序列;中晚二叠世—早三叠世,则大部处于台地沉积系统;印支期大碰撞,南盘江—右江地区转换为前陆坳陷盆地,中三叠世巨厚泥质碎屑岩系覆盖广大区域。峨眉地幔柱形成;印支期大碰撞,西南部越北地块与华南地块拼贴;南盘江—右江裂谷盆地南部钦防海槽封闭,地块拼贴;西部印度地块与华南地块拼贴(哀牢山洋关闭);其间导致区内古富金地壳多次重熔,金进一步富集,形成新富金地壳。

新富金地壳的形成是区域卡林型金矿大规模成矿的关键物质基础。

第六节 多层次构造滑脱成矿系统

南盘江—右江地区在燕山期构造作用下,沿 $D_1y/\epsilon_{3\text{-}4}b$、$D_1ps/O_1s$、$C_1yt/D_3r$、$P_3l/P_2m$、$P_3\beta/P_2m$ 不整合面、$P_{2\text{-}3}lh/P_{1\text{-}2}s$、$P_1ly/CP_1n$、$T_2b/P_3c$、$T_2xm/P_3w$、$T_2x/P_3w$、$T_2x/T_1a$ 能干性差异大的岩层面之间形成滑脱构造,区域地层柱上展示了构造形成的多层次,含矿流体交代形成的含矿体的多层次。

太平洋板块向西俯冲过程中,华夏地块与扬子地块拼贴带西南段(江南复合造山带西南段)历经武陵—加里东—印支多次碰撞(戴传固,2010;刘建中等,2022)、印支板块碰撞以及峨眉地幔柱的影响而形成的特殊富金地壳发生重熔,形成了与隐伏花岗岩有关的 Na^+-Cl^--H_2O-F^--S^{2-}-Au^+-As^{3+}-Hg^{2+}-Sb^{3+}-Tl^{3+} ± CO_2^- ± N_2 ± CH_4 含矿热液(Hu et al.,2002,2017;彭建堂等,2003;刘建中等,2014,2017,2017,2020;Peng et al.,2014;靳晓野,2017;Jin et al.,2020),在燕山期构造作用下沿深大断裂上涌,一部分热液在背斜核部附近沿不整合面或能干性差异大的岩层面($D_1y/\epsilon_{3\text{-}4}b$、$D_1ps/O_1s$、$C_1yt/D_3r$、$P_3l/P_2m$、$P_3\beta/P_2m$ 不整合面、$P_{2\text{-}3}lh/P_{1\text{-}2}s$、$P_1ly/CP_1n$、$T_2b/P_3c$、$T_2xm/P_3w$、$T_2x/P_3w$、$T_2x/T_1a$ 能干性差异大的岩层面)之间形成的滑脱构造侧向运移,因温度-压力-酸碱度-氧逸度及流体不混溶而与围岩交代形成构造蚀变体,往往在背斜核部附近一定范围内富集形成赋存于构造蚀变体中的层控型金矿体,一部分热液沿与背斜同期形成的逆断层上升并交代形成断裂型金矿体。区域多层次层控型矿体和断裂型矿体的有机组合,构成了中国南方独具特色的卡林型金矿多层次构造滑脱成矿系统(图1-11)。

区域上碳酸盐岩区大面积分布的土型金矿,则是金矿体或者金矿化体以及构造蚀变体的风氧化产物,土型金矿的产出往往预示着该区矿体的剥蚀殆尽或矿化体在风氧化时的相对次生富集;金矿体在地表呈环状产于构造蚀变体中,则往往显示了矿床剥蚀程度高,矿床保存少,本层次的深部找矿潜力可能很有限。是否存在另外一个层次的找矿潜力,则一方面取决于该层次深部是否具备产生构造蚀变体的岩石地层组合,另一方面该区矿化强度的强弱。

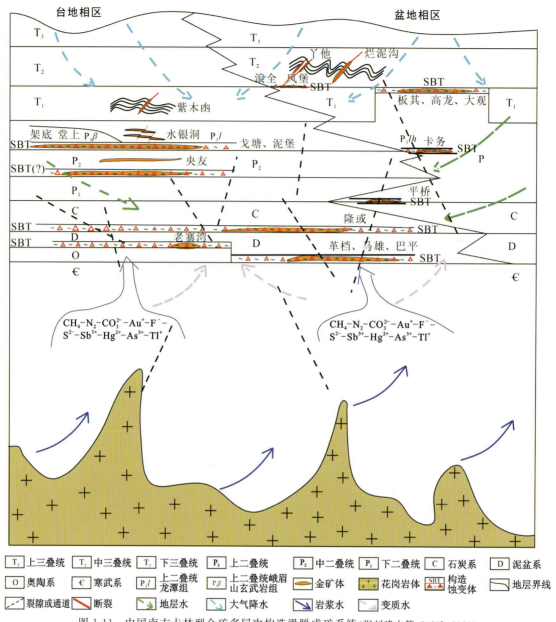

图 1-11　中国南方卡林型金矿多层次构造滑脱成矿系统(据刘建中等,2020b,2023)

第二章　寒武系*奥陶系—泥盆系层次

中国南方卡林型金矿多层次构造滑脱成矿系统之寒武系\\奥陶系—泥盆系层次主要分布于南盘江—右江成矿区南段之滇东南和桂西北地区。其中,寒武系—泥盆系层次主要分布于南盘江—右江成矿区南段之滇东南和桂西北地区,区域上沿∈\\D不整合面形成的SBT为该区金矿产资源的主要含矿地质体,产出在该层次SBT中的典型矿床为滇东南富宁县革档金矿床和桂西北隆林县的马雄金矿床。区域上沿O\\D不整合面形成的SBT为该区金等矿产资源的主要含矿地质体,已发现的产出在O\\D之间SBT中的典型矿床有滇东南广南县的老寨湾金矿床。

第一节　层次特征

一、地层

以上两个层次与成矿有关的地层主要包括中上寒武统边溪组—下泥盆统郁江组层次、上寒武统唐家坝组—下泥盆统坡脚组层次和下奥陶统闪片山组—下泥盆统坡松冲组。中上寒武统边溪组仅在南盘江—右江东北部、少量大背斜和穹隆的顶部有少量出露,岩性主要是白云岩和浅变质砂岩等;上寒武统唐家坝组仅在南盘江—右江南部的滇东南地区有少量出露,岩性主要是泥质灰岩、泥质砂岩、白云质灰岩等;下奥陶统闪片山组出露相对较少,仅在南盘江—右江东北部和滇东南地区的广南和文山一带有出露,岩性主要为灰岩,局部夹薄层碎屑沉积岩;下泥盆统郁江组在南盘江—右江南部出露相对广泛,岩性主要为碎屑沉积岩,以钙质砂岩为主;下泥盆统坡松冲组在南盘江—右江南部局限分布在滇东南地区,岩性主要为钙质石英砂岩、硅质石英砂岩,上部常夹有薄至中厚的粉砂岩和粉砂质泥岩等(广西壮族自治区地质矿产局,1985;云南省地质矿产局,1990;宋威方,2022)。

1. 边溪组

本组仅在广西全州、兴安、临桂一带出露较全,下部产出一套以灰黑色页岩为主,局部夹碳质页岩、砂质页岩、砂岩、灰岩和泥质灰岩;中上部地层主要为一套灰绿色块状砂岩、长石石

---

* \\表示"下老""上新"的地层内容。

英砂岩、异粒砂岩等,夹少量灰黑—灰绿色页岩。边溪组在龙胜、寿城以西未见顶,下部以页岩为主,中上部以砂岩和页岩为主。地层总厚度638~1220m。到滇东南地区相变为博莱田组、唐家坝组、歇场组、龙哈组、田蓬组和大丫口组。

在区域上,边溪组与上覆下奥陶统白洞组灰岩及白云岩地层整合接触,与下伏清溪组厚层灰岩整合接触。

2. 唐家坝组

本组地层在滇东南地区广泛分布,其中,在富宁及麻栗坡一带岩性主要为泥质或白云质灰岩夹砂、泥质岩等呈不等厚互层;在富宁—广南一带,地层中碎屑岩夹层减少,往西至文山一带岩性均为白云质灰岩夹泥质灰岩;再往西到屏边、蒙自地区全部相变为白云岩。厚度210~1582m,在云南省广南县杨柳井上寒武统剖面上揭露厚度为295.7m。以富宁、麻栗坡一带最厚,向西和向北逐渐变薄。上寒武统唐家坝组为泥质条带灰岩、白云质灰岩和泥质岩等,主要为碳酸盐岩沉积岩序列,地层中产出较多三叶虫和腕足类化石。

该套地层与上覆上寒武统博莱田组灰—灰黑色中厚层白云质灰岩夹少量白云岩地层和下伏地层上寒武统歇场组灰色中层泥质灰岩与泥质砂岩互层均为整合接触。

3. 闪片山组

该组地层仅在文山地区有出露,为一套古生物化石丰富的灰色、深灰色中层块状生物碎屑灰岩和鲕粒灰岩,厚度15~374m,以西畴附近出露最厚,文山—屏边一带出露最薄。

此组与上覆下奥陶统老寨组灰白色中层块状石英砂岩夹少量粉砂岩、页岩和下伏下奥陶统独树柯组浅黄色块状石英砂岩、灰绿色中至薄层粉砂岩夹页岩地层整合接触。

4. 郁江组

郁江组广泛分布于柳州—百色—南宁—钦州—玉林地区,为一套褐灰色、灰黄色、灰绿色泥岩、粉砂质泥岩、泥质粉砂岩及砂岩,局部夹泥灰岩和灰岩等。武宣县二塘一带,本组下部相变为以砂岩为主,往北砂岩逐渐增加,常被误认为那高岭组;象州县大乐以北上部几乎全为砂岩。

该组地层与上覆坡脚组整合接触,与下伏地层为平行不整合接触。

5. 坡松冲组

该组为一套陆相—滨海相碎屑岩系统。在昭通—武定一带,岩性为黄灰色、棕黄色中厚层石英砂岩,局部夹粉砂质泥岩,厚度8~165m。在广南县杨柳井—马关一线东南为泥岩、粉砂质泥岩、碳质页岩,局部夹细砂岩和粉砂岩,厚度35~192m;在该线以北的广南、砚山、蒙自、建水等地为砂岩和泥岩,至元江县东立吉为灰白色细粒石英砂岩、含磷石英砂岩及泥岩,厚度90~1334m。

该组与上覆和下伏地层平行不整合接触。

6. 坡脚组

该组在整个滇东南地区广泛分布,岩性主要为灰绿—灰黑色页岩、泥岩及砂岩,局部夹多层扁豆状碳酸盐岩地层。该套地层广泛分布于文山、昆明、昭通一带。厚度8~937m。在区域上其层位相当于广西那高岭组加郁江组的大部分。

该组地层与上覆地层和下伏地层均为整合接触,仅在丘北县局部地区超覆于寒武系或奥陶系之上。

二、沉积相特征

在滇东南地区,中寒武世广南—屏边以北,主要发育滨海潮坪及微咸化潟湖白云岩,古生物化石稀少,沉积层厚度达1000~1400m;富宁—马关一带为正常浅海陆棚砂泥岩及灰岩交互层,氧气充足,盐度正常,古生物化石发育,沉积厚度达2000m。进入晚寒武世,海陆轮廓有较大变化,逎车—会泽一线以南的滇东地区皆已露出水面,川滇古陆与牛头山古岛连成一片,切断南北海途,使得晚寒武世的海域面积大幅缩小,沉积盆地零星孤立分布,海水更加闭塞、滞流、咸化。此时,广南—屏边地区主要发育咸化潟湖相白云岩,沉积厚度300~1000m,该时期形成局限分布的泥质或白云质灰岩夹砂、泥质岩等地层。奥陶纪,文山地层分区沉积相主要为浅海陆棚相,沉积一套砂岩、页岩和灰岩互层;到晚奥陶世,文山地层分区古陆扩大,沉积区缩小,该区已升出海面,相应的沉积地层缺失。文山地层分区在志留纪遭受剥蚀,故志留系缺失。泥盆纪文山地层分区为陆相—滨海相沉积环境,沉积一组砂岩、页岩组合,沉积厚度变化较大,薄者仅有3m,最厚位置可达1300m;中泥盆世发生显著的岩相分异,开远—屏边—马关一带为浅海台地相碳酸盐岩,厚度200~680m,富宁—广南一带为台盆相,沉积硅质岩、黏土岩为主地层,厚度41~290m;晚泥盆世该区除局部因隆起为接受沉积外,均为浅海台地相碳酸盐岩,沉积层厚度200~620m,其中,广南一带为半深海相沉积环境,沉积一套硅质岩、黏土岩及扁豆状灰岩,厚度60~410m(云南省地质矿产局,1990)。

在桂西地区,泥盆系是在区域性强烈的广西运动后随着泥盆纪海侵而逐步沉积的,总体反映为海进序列,形成的沉积地层自下而上为砾岩—砂岩—泥质岩—碳酸盐岩,表现为一个较大的沉积旋回;相应的沉积相序列也显示类似的特征,一般下部为浅水环境的三角洲相或滨海滩相,上部为浅海相或开阔海台地相。由于该时期地壳运动较为强烈,地壳升降频繁,导致沉积韵律十分发育,特别是靠近古陆地带最为明显。

广西泥盆纪各阶段的沉积相和古地理格局演化既存在一定差异性,也表现出明显的继承性,主要显示为沟台交错、相间分布的沉积环境,具体演化过程如下:在早泥盆世早期,最初除了南部钦州海槽外,广西全境均遭受不同程度剥蚀作用,该时期并未形成沉积岩;而后随着海侵作用由南向北依次推进,沉积环境逐渐演变为滨海陆屑滩相碎屑沉积为主,江南古陆南缘仍存在局限三角洲沉积相,整个大区域上展示为北高南低的地势特征。早泥盆世晚期,海侵面积和范围进一步扩大,那坡和南丹地区出现海槽,古地理环境转变为滨海至浅海陆棚相,桂中地区局限海台地相大面积分布。中泥盆世早期,海侵进一步向北推进,海水深度继续加深,江南古陆等遭受剥蚀地区面积进一步减少,地壳不均衡活动导致桂西和南丹地区转化为台沟环境,钦州槽盆在向北扩张的同时南部有所抬升,由浅海—半深海变为浅海环境,桂中则由局限海台地沉积过渡为以开阔海台地沉积为主。中泥盆世晚期,海侵活动持续进行,但强度有所降低,钦州海槽有所扩大,但桂西和南丹地区的海槽相规模基本未发生大的变化,该时期由于陆源风化碎屑减少,主要表现为海相碳酸盐岩沉积,开阔海和局限海台地相十分发育。此外,该时期在开阔海台地相带内的局部高能地带和台地边缘相区局部地段发育生物礁。晚泥盆世是整个泥盆纪海侵范围最大的阶段,除了江南古陆为剥蚀区外,广西全区均被海水淹没,桂西和南丹地区仍为台沟相,桂林、象州一带形成了新的台沟;此时区域上以台地边缘相和开阔海台地相为主,局限海台地相分布区有所缩小。到晚泥盆世末期,各相区泥质条带灰岩发育,显示了局限海沉积的特征,暗示此时海水变浅,局部地区出露海面,遭受剥蚀,有逐步海退的趋势(广西壮族自治区地质矿产局,1985)。

三、岩石组合特征

1. 边溪组

上寒武统边溪组自下而上岩性特征:浅灰绿色厚层砂岩夹灰绿色页岩,厚度50m;灰绿色页岩,局部夹砂岩,厚度52m;灰绿色泥质细砂岩夹页岩,厚度51m;浅绿色块状细砂岩夹页岩,厚度68m;浅灰绿色页岩夹砂岩,厚度45m;灰绿色泥质砂岩夹页岩,厚度68m;浅绿色块状细砂岩夹扁豆状页岩,厚度81m;灰绿色厚层砂岩夹页岩,厚度55m;浅灰绿色页岩,厚度28m;浅灰绿色砂岩夹页岩,厚度113m;灰黑色、黑色碳质页岩,厚度29m(主要参照临桂县东岭剖面;广西壮族自治区地质矿产局,1985)。在区域上,边溪组与上覆下奥陶统白洞组灰岩及白云岩整合接触,与下伏清溪组厚层灰岩整合接触。

2. 唐家坝组

上寒武统唐家坝组自下到上岩性主要包括:灰色中层泥质灰岩与黄色泥质砂岩互层,厚度48.2m;灰色、灰黑色白云质灰岩及泥质条带灰岩夹砂岩,厚度64.3m;灰色中至薄层泥质条带灰岩,局部夹鲕状灰岩,厚度188.2m。该组与上覆上寒武统博菜田组灰—灰黑色中厚层白云质灰岩夹少量白云岩地层和下伏地层上寒武统歇场组灰色中层泥质灰岩与泥质砂岩互层均为整合接触。

3. 闪片山组

下奥陶统闪片山组自下而上主要岩性为深灰色中厚层鲕状生物碎屑灰岩,厚度33.3m。本组与上覆下奥陶统老寨组灰白色中层块状石英砂岩夹少量粉砂岩、页岩和下伏下奥陶统独树柯组浅黄色块状石英砂岩、灰绿色中至薄层粉砂岩夹页岩地层整合接触。

4. 郁江组

下泥盆统郁江组从底部至顶部岩性主要为灰色、深灰色中厚层泥质灰岩,厚度约5m;深灰色中层生物碎屑灰岩,厚度约3m;黄绿色钙质泥岩、泥灰岩,厚度约21m;黄绿色钙质泥岩夹泥灰岩透镜体，厚度约15m；深灰色中层状含泥质生物碎屑灰岩，厚度35m；灰绿色粉砂质泥岩夹灰岩透镜体，厚度15m；黄绿色泥岩夹泥灰岩、钙质粉砂岩，厚度12m；黄绿色泥岩夹钙质粉砂岩，厚度22m；灰色中层含泥质灰岩与钙质粉砂岩、粉砂质泥岩互层，厚度16m；浅黄褐色粉砂质泥岩，厚度19m，底部有一层厚度约1m的粉砂岩；灰绿色泥岩，厚度约12m；浅紫红色夹白色粉砂岩，厚度3m；浅棕褐色泥岩夹粉砂质泥岩，厚度20m；浅棕褐色中厚层粉砂岩，厚度18m。下部与下泥盆统莫丁组整合接触，上部与下泥盆统那高岭组整合接触（主要参照横县六景中下寒武统剖面；广西壮族自治区地质矿产局，1985）。

5. 坡松冲组

下泥盆统坡松冲组自下而上岩性组成：灰色、灰绿色薄至中层黏土岩，厚度199.8m；深灰色薄、中层泥质粉砂岩、细砂岩，厚度145m（主要参照广南县达莲塘泥盆系剖面；云南省地质矿产局，1990）。该组与上覆下泥盆统坡脚组整合接触，与下伏上寒武统博莱田组平行不整合接触。

6. 坡脚组

下泥盆统坡脚组自下而上岩性组成：灰色、灰绿色风化面为黄灰色泥岩，厚度62.2m；深灰色、灰绿色泥岩与深灰色中厚层灰岩互层，厚度53.1m；灰色、灰绿色泥岩，厚度60m。该组与上覆和下伏地层假整合接触（主要参照广南县达莲塘泥盆系剖面；云南省地质矿产局，1990）。

7. 构造蚀变体产出特征

该层次构造蚀变产于中上寒武统边溪组—下泥盆统郁江组层次、上寒武统唐家坝组—下泥盆统坡脚组层次、下奥陶统闪片山组—下泥盆统坡松冲组之间，该套地质体上部为细碎屑岩系统，下部为不纯的碳酸盐岩系统，构造蚀变体中的硅化角砾来源于其顶底板围岩，厚度在背斜/穹隆核部厚度最大，向两侧逐渐减薄。

第二节 构造蚀变体

寒武系/奥陶系层次构造蚀变体分布于闪片山组白云岩与坡松冲组碎屑岩系统之间的区域不整合面之间，构造角砾岩成分主要为白云岩、石英砂岩和泥质岩（老寨湾金矿床）。寒武系/奥陶系层次构造蚀变体分布于唐家坝组泥质岩、碳酸盐岩和坡脚组碎屑岩（革档金矿床）以及边溪组细碎屑岩与郁江组泥岩、粉砂质泥岩等碎屑岩（马雄金矿床）。

构造蚀变体产出位置主要在碎屑岩与碳酸盐岩岩性界面和不整合界面附近，该套地质体的硬度和能干型存在明显差异，一般为上部为较软弱的碎屑岩系统，下部为较硬切能干型强的碳酸盐岩地层系统。构造蚀变体形态上成面状展布，局部有增厚和变薄，在整个大区域上整体发生蚀变，但是往往在背斜和穹隆构造的近核部一定范围内发生金（锑）矿化，远离背斜和穹隆核部矿化减弱，蚀变强度也相应减弱。

第三节 革档金矿床

革档金矿床位于滇东南富宁县城以西 10km 处,是该区典型的卡林型金矿床之一,容矿地层主要为上寒武统和下泥盆统坡脚组碎屑岩系统之间的 SBT,已知矿体数量有 6 个,矿石金品位 1.00~14.6g/t,平均值介于 1.87~3.26g/t,矿床规模达中型,矿石类型有原生型和氧化型两种(张宏宾等,2010)。

一、矿区地层

矿区出露的地层主要有寒武系、泥盆系、石炭系、二叠系、三叠系、新生界和松散沉积物。各沉积地层的岩性变化特征和含矿性等主要结合李连生等(1992)、魏震环等(1993)、周余国(2009)和张宏宾等(2010)总结归纳。

矿区出露地层的岩性特征自下而上包括中寒武统龙哈组是矿区出露的最老的地层,岩性主要为白云质灰岩,局部产出泥质条带灰岩;上寒武统歇场组岩性为白云岩、白云质灰岩和泥质粉砂岩;上寒武统唐家坝组为泥质条带灰岩、白云质灰岩和泥质灰岩等,主要为碳酸盐岩沉积岩序列;下泥盆统翠峰山组主要为黑色粉砂质泥岩,该层位相对较薄,在本区主要呈透镜状产出;下泥盆统坡脚组岩性主要为含碳质的钙质泥岩、泥质粉砂岩和粉砂质泥岩等,为一套海陆过渡的斜坡相沉积序列;下泥盆统芭蕉箐组则主要是黄绿色的含碳质泥岩。其他矿区出露地层的岩性特征未见报道。

二、矿区构造

革档金矿区域构造整体上显示为一系列 NW 向展布的断层和褶皱带构成,矿区内发育 SN 向和 EW 向褶皱和穹隆构造以及 SN 走向的断层。革档金矿床处于 SN 向旧腮穹隆西翼,旧腮穹隆是矿区的主干褶皱构造,该穹隆位于滇东南 NW 向展布的富宁断裂带西南侧,矿区 SN 向展布的理达断裂横贯旧腮穹隆,使得穹隆东侧部分消失(图2-1)。区内压扭性的 NW 向展布的那桑圩-董堡断裂切穿旧腮穹隆,该断层以西为革档金矿的主要分布区。

三、矿体特征

根据前人报道和详细的野外调查,革档金矿床的矿体均受到上寒武统和下泥盆统坡脚组之间区域不整合面上由构造滑脱与热液交代形成的 SBT 中,该地质体中蚀变角砾岩成分主要为白云岩、白云质灰岩、泥质粉砂岩、泥质条带灰岩、泥质粉砂岩、深色粉砂质泥岩、钙质泥岩和粉砂质泥岩等,主要来源于该地质体下伏和上覆的沉积地层。此处 SBT 沿 SN 向呈带状分布,延伸长度近 3km,宽数米至 150m 不等,矿区所有的矿体均产出在该地质体中,矿体产状与 SBT 产状相似,矿体主要呈透镜状和似层状,局部位置有增厚和减薄现象。矿区共圈定金矿体 6 个,单矿体长数十米至 1025m 不等,厚度变化大,介于 0.51~55m 之间,金品位为 1~14.6g/t,平均 1.87~3.26g/t。矿石类型包括原生矿石和氧化矿石。

第二章 寒武系\奥陶系—泥盆系层次

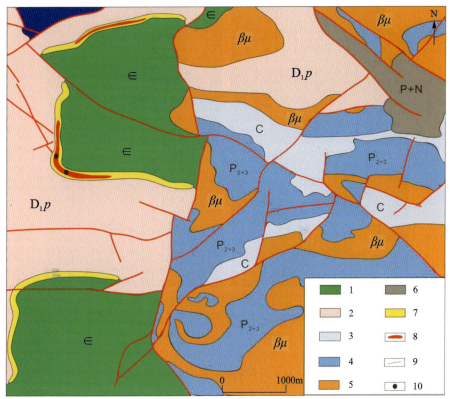

1.寒武系；2.下泥盆统坡脚组；3.石炭系；4.中—上二叠统；5.辉绿岩系；6.第三系（古近系＋新近系）；
7.构造蚀变体（SBT）；8.金矿（化）体；9.断层；10.采样点位置

图 2-1 革档金矿地质图（据张宏宾等，2010，修编）

四、蚀变及矿物特征

革档金矿床的容矿围岩为沉积岩，容矿岩石发生的蚀变类型主要包含去碳酸盐化、去硫化物化、硅化、硫化物化、金红石化和磷灰石化、辉锑矿化、碳酸盐化（方解石化、白云石化）和高岭土化等，主要矿物有黄铁矿、毒砂、辉锑矿、石英、方解石、白云石等（图 2-2）。

去碳酸盐化：该蚀变类型主要发生在沉积岩容矿金矿床中，热液流体进入容矿围岩首先使围岩中的方解石、白云石溶解，拓宽了流体运移通道，同时伴随硅化作用的发生形成石英团块或者似碧玉岩。前人研究认为，这种去碳酸盐岩过程除了增大流体通道空间，还会向流体中释放部分铁和碳酸根，为后来硫化物化和碳酸盐化蚀变的发生提供物质基础。

去硫化物化：去硫化物化作用就是容矿岩石（主要来自沉积岩）中硫化物（主要为沉积岩中的黄铁矿），该作用使得围岩中的硫化物被大量溶解，为后来硫化物化蚀变过程提供 Fe 和 S。

硅化：硅化作用几乎贯穿整个金矿化过程。该成矿早期，随着去碳酸盐化作用持续发生，在原来碳酸盐矿物的位置上会形成大量的石英矿物，形成团块状石英或形成似碧玉岩。到金主要沉淀阶段，硅化作用会形成大量乳白色石英，并与黄铁矿和毒砂等主要载金矿物共生。

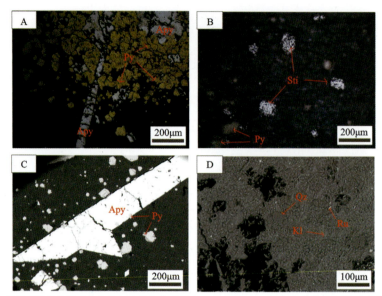

A. 热液成因的黄铁矿集合体与碎裂状毒砂共生（EM 图像）；B. 热液成因他形和椭圆形黄铁矿和辉锑矿（EM 图像）；C. 热液成因的大小不一的自形—半自形黄铁矿与长柱状—碎裂状毒砂共生（SEM 图片）；D. 片状和粒状石英颗粒与高岭石和细粒半自形金红石共生（SEM 图像）。矿物缩写：Py. 黄铁矿；Qz. 石英；Ru. 金红石；Sti. 辉锑矿；Kl. 高岭石；Apy. 红电气石；EM. 电子显微镜；SEM. 扫描电镜

图 2-2　矿物类型和组构特征

硫化物化：硫化物化作用在整个金矿化过程均有发生。在矿化早期便随着硅化作用，会形成一定量的黄铁矿和毒砂，这些硫化物随着矿化作用的继续推进而部分被溶解，形成后来的细粒黄铁矿和毒砂以及环带状结构的黄铁矿。到成矿晚期阶段，热液中残余的铁会继续消耗形成产于成矿晚期石英和方解石脉中孤立状分布的细粒黄铁矿。

金红石化和磷灰石化：革档金矿床伴随硫化物化和金沉淀作用的发生，会形成硫化物矿物和金红石，同时形成少量磷灰石矿物，这些金红石和磷灰石与热液成因的硫化物和碳酸盐矿物共生。

辉锑矿化：辉锑矿化在革档金矿床分布较为局限，仅在成矿晚期的石英脉的裂隙中有少量发现，形成半自形—他形孤立状分布的辉锑矿颗粒。

碳酸盐化：碳酸盐化蚀变的产生主要来源于成矿早期去碳酸盐化过程进入热液系统中的碳酸盐矿物沉淀。该蚀变类型主要发生在金矿化过程的中期到晚期阶段，在成矿中期阶段主要形成面状和团块状白云石，方解石矿物甚少在此阶段沉淀。在成矿晚期阶段碳酸盐矿物从残留热液流体中大量析出，形成方解石（网）脉，同时沉淀少量的细粒黄铁矿颗粒产出在方解石脉中。

高岭土化：该蚀变类型在金矿化的中期到晚期阶段都有形成，产出位置多在石英和方解石脉的裂隙和缺陷中，形成的高岭石颗粒较小，呈孤立分布。

黄铁矿：为金矿最主要的载金矿物，约占金属矿物总量的 60%，单晶呈立方体半自形—他形和几何体状，金属光泽，不透明，镜下可以发现解理面。反射光显微镜下呈浅黄色或黄白色,与毒砂呈共生关系。黄铁矿主要分为3类:一类为半自形—他形粗粒黄铁矿,具碎裂结构和反应边结构,半自形至他形结构,约占黄铁矿的60%,长轴长45~250μm;第二类为颗粒细小的黄铁矿,具自形—他形粒状结构等,约占黄铁矿颗粒的30%,长轴长10~80μm;第三类为颗粒较小的浸染状黄铁矿,约占10%。黄铁矿在矿石中主要呈条带状、浸染状和团块状分布于基质中,部分以粒状和浸染状产于石英脉中或被其他金属矿物包裹。

毒砂:为革档金矿床较重要的赋金矿物,属单斜或三斜晶系,为不透明矿物,金属光泽。镜下呈亮白色,亮度高于黄铁矿,能见到解理面,主要呈菱形、针状和放射状与黄铁矿共生,单矿物颗粒细粗,碎裂结构和溶蚀结构发育,粒径50~1200μm,在矿石中含量较多,约占10%。

辉锑矿:为较重要的矿石矿物,不透明、具金属光泽,属斜方晶系。镜下呈银白色,未见解理面。辉锑矿在革档金矿的矿石中较少见,晶型分为半自形—他形粒状和浸染状,常见于区域构造蚀变体(SBT)中,在其他层位较少见,粒径30~150μm。

石英:与金成矿具密切关系,主要表现为无硅化就不成矿,强硅化也不成矿。石英主要为硅化作用的产物和沉积成因,然而沉积成因石英普遍颗粒细小或呈隐晶质。热液成因石英呈乳白色,断面具油脂光泽,透明矿物,无解理。热液成因石英颗粒主要呈浸染状产于基质中或以石英脉的形式沿层理或切穿层理产出,脉中常包含少量微细粒半自形—他形黄铁矿。

方解石:主要包括沉积成因和热液成因方解石,属三方晶系,宏观观察呈灰黑色或灰白色,为透明矿物,具玻璃光泽,镜下可见三组极完全解理。镜下观察显示,基质中方解石颗粒较小,热液成因方解石或方解石脉中颗粒较粗,半自形—他形结构,脉中常见雄雌黄等呈共生关系。

白云石:白云石属三方晶系,宏观观察白云石呈灰白色,为透明矿物,具玻璃光泽,解理发育。镜下观察显示白云石与方解石无法区分,借助扫描电镜(SEM)结合能谱分析(EDS)发现,矿石中白云石少于方解石,晶体颗粒小于方解石,晶粒以自形—半自形产出,粒径一般小于60μm。

五、赋存状态

革档金矿床采集的矿石和近矿围岩样品采自矿区下泥盆统坡脚组粉砂质泥岩、泥质粉砂岩与寒武系唐家坝组泥质灰岩、白云质灰岩不整合面之间的SBT。电子显微镜下岩相学研究和扫描电镜下矿物形貌特征观察显示,革档金矿床仅发育两种类型的黄铁矿,分为孤立状分布的自形—半自形黄铁矿(Py1)和集合体状黄铁矿(Py2),上述两种类型的黄铁矿在SEM下均具有很高的亮度(图2-3),EDS半定量分析显示出它们均具有一定的砷含量,表明热液成因特征,在SEM下未发现沉积成因的黄铁矿。该矿床矿石中的黄铁矿和毒砂普遍发育碎裂结构,可能说明在金矿化同时或者金成矿之后矿床经历了构造变形事件,同时造成上述硫化物矿物破碎变形。

革档金矿床两种类型黄铁矿的LA-ICP-MS原位分析数据显示,成矿期的黄铁矿具有较高含量的Au、As、Sb、Ti和W元素,说明含金流体富含Au、As、Sb、Ti和W等元素(表2-1)。元素相关性图解显示各类型黄铁矿的Au含量均落在Au在黄铁矿中的溶解度曲线之下,说明了Au基本未达到在黄铁矿中的饱和值,同时,暗示老寨湾金矿床中Au主要以晶格Au的

A. 成矿期孤立状分布的自形—半自形黄铁矿(Py1)与长条碎裂状毒砂共生；B. 成矿期的集合体状黄铁矿(Py2)包裹自形—半自形—他形碎裂状毒砂；图中黑点为激光烧蚀点

图 2-3 革档金矿床中黄铁矿类型及组构特征

形式赋存在载金矿物中。此外 Au 与 Cu、As 等元素的相关性图解显示出较好的正相关关系，说明影响 Au 溶解和沉淀的因素可能对 Au、As、Sb 和 W 等元素也具有相似的或一定程度的影响。S 和 As 的负相关关系说明黄铁矿中 As 含量的增加会导致 S 含量的降低，这是由 As 以类质同象形式替代 S 进入黄铁矿晶格造成的，而这种替代效应会使得形成的黄铁矿的晶格发生错位，为其他微量元素和 Au 进入黄铁矿提供了必要的空间条件。革档金矿床 Au 和 Ti 显示为负相关关系，可能存在两种解释：其一，本次测试的样品点较少，没有正确地展示出两种元素之间的相关关系；其二，在 Au 发生沉淀的时候 Ti 也在沉淀，但是影响两者沉淀的因素不同，导致两者之间不具有明显的正相关性。

表 2-1 革档金矿床黄铁矿 LA-ICP-MS 原位微量元素含量

黄铁矿类型	点位编号	S	Fe	As	Co	Ni	Cu	Sb	Ti	Au	Tl	W	V
Py1	GD2-05-04	31.1	55.7	5.7	214.6	1 040.5	64.1	119.8	2 204.7	28.1	0.2	3.9	4.7
	GD2-01-03-03	32.4	54.2	4.6	22.6	129.0	60.2	118.0	3 866.8	21.2	0.4	6.4	6.9
	GD2-01-03-05	31.6	55.9	5.6	45.7	256.0	74.5	94.4	1 745.8	43.8	0.2	2.1	4.6
Py2	GD2-01-03-06	32.1	55.5	5.5	33.1	221.8	45.6	85.5	2 375.3	31.5	0.2	6.8	3.4
	GD2-01-03-07	32.1	55.5	5.3	68.7	250.0	44.8	95.9	4 460.6	23.0	0.1	7.7	12.1
	GD2-01-03-08	29.2	60.3	4.5	20.7	73.7	30.2	60.0	2 977.7	25.4	0.2	3.4	4.1

注：S、Fe、As 为％，其他元素 $\times 10^{-6}$。

六、地球化学特征

前人针对革档金矿床开展了部分地质地球化学研究，包括矿石和围岩元素地球化学（李连生等，1992；魏震环等，1993；宋威方，2022）、石英流体包裹体（张宏宾等，2010；宋威方，2022）、主要载金硫化物单矿物和微区同位素地球化学（李连生等，1992；宋威方，2022）研究，结果显示，成矿期的黄铁矿具有较高含量的 Au、As、Sb、Ti 和 W，说明含金流体富含 Au、As、Sb、Ti 和 W 等元素。元素相关性图解显示各类型黄铁矿的 Au 含量均落在 Au 在黄铁矿中的溶解度曲线之下,说明了 Au 基本未达到在黄铁矿中的饱和值,同时暗示革档金矿床中 Au 主要以晶格 Au 的形式赋存在载金矿物中。此外 Au 与 Cu、As 等元素的相关性图解显示出较好的正相关关系,说明影响 Au 溶解和沉淀的因素可能对 Au、As、Sb 和 W 等元素也具有相似的或一定程度的影响。S 和 As 的负相关关系说明黄铁矿中 As 含量的增加会导致 S 含量的降低,这是由 As 以类质同象形式代替 S 进入黄铁矿晶格造成的,而这种替代效应会使得形成的黄铁矿的晶格发生错位,为其他微量元素和 Au 进入黄铁矿提供了必要的空间条件。黄铁矿原位 S 同位素值为 15.05‰～16.92‰,明显低于围岩。矿床石英的 δD_{V-SMOW} 值为 -85.3‰～-72.3‰,$\delta^{18}O_{V-SMOW}$ 值为 22.04‰～24.82‰,换算 $\delta^{18}O_{H_2O}$ 值为 12.01‰～14.79‰,革档金矿床石英中流体包裹体的 H 同位素值略高于革档地区的大气降水的 H 同位素值,向正值方向漂移,证实了本次研究数据的真实性,同时可能暗示有岩浆水或者变质水参与成矿过程。革档金矿床的包裹体几乎均为水溶液包裹体和气相 CO_2 与液相 H_2O 的构成的两相包裹体两种类型,包裹体一般沿着石英的生长环带成群成带分布,包裹体直径处于 2～10μm 之间,其中绝大部分包裹体的直径集中在 5～8μm 之间,形态主要呈负晶型,少数为不规则状,而不规则状包裹体在进行测温实验时容易发生破碎。上述气液两相包裹体,气液比值介于 15%～30%,在进行升温实验时,几乎所有的包裹体都均一到液相。而水溶液包裹体在降低测试冰点温度时常常会出现小气泡,小气泡的成分推测主要是 CO_2。包裹体测温结果显示,革档金矿床石英中流体包裹体的均一温度介于 156～327℃,主要集中在 156～246℃ 之间,均一温度平均值为 228℃。石英中水溶液包裹体的冰点范围为 -4.3～-4.2℃,含 CO_2 的气液两相包裹体的 CO_2 的初融温度为 7.1～9.5℃,计算的该矿床流体包裹体盐度值为 1.02%～6.88%,又主要集中在 5%～7% 和 1%～1.5% 两个主要区间之内。从流体包裹体均一温度和盐度关系图中可以看出,相对来说该矿床流体包裹体的均一温度较为集中而言,其盐度范围则相对集中的分布在两个主要区间范围内,可能暗示了革档金矿床的含金流体在发生金矿化作用的过程中主要经历了热液沸腾和冷却降温过程,而其他流体混入现象不明显。革档金矿床成矿流体主要来源于岩浆流体,在成矿过程中存在变质水和大气降水的混入,成矿物质主要来源于岩浆水,矿床成因为与深部隐伏岩体有关的岩浆热液成因。

第四节 马雄金(锑)矿床

马雄金矿床位于桂西北地区百色市隆林县,是桂西北地区典型的卡林型金矿床之一。该矿床主要分布在 NW 走向的新州背斜的东南倾伏端,另外在新州背斜西南侧产出了桂西北地区最大的锑矿床——马雄锑矿,金-锑是一个成矿体系,显示出该区成矿的特殊性。马雄地区的金、锑矿体均赋存在中寒武统与下泥盆统郁江组不整合面之间 SBT 中,矿石分为氧化矿石和原生矿石,其中氧化矿石主要分布在新州背斜核部的风化壳中,SBT 中的矿石主要是原生矿石,矿石平均品位 0.98～2.70g/t(卢光辉,2007),矿床规模为小型,而锑矿床达中型(陆尚游等,2008)。

一、矿区地层

马雄金矿区地表出露的地层主要包含寒武系水口群,泥盆系郁江组、东岗岭组、榴江组、石炭纪碳酸盐岩地层,中二叠统茅口组和下三叠统罗楼组,由 NW 向展布的新州背斜和外围分布的小褶皱构造核部向周缘地层逐渐变新,矿区出露的最新地层为三叠系(图 2-4)。区内出露的岩浆岩主要为晚二叠世的基性辉绿岩墙和岩脉,主要分布在矿区西南部。该区金矿体以及锑矿体均产出在中寒武统与下泥盆统郁江组之间不整合面上的 SBT 中。相关各时代的地层岩性及其分布特征主要参考陈翠华等(2004)、陈大经和谢世业(2004)、庞保成等(2005)、陈宏毅等(2011,2012)、张长青等(2012)、秦凯(2018)和黄世财(2021)等的文献总结而来。

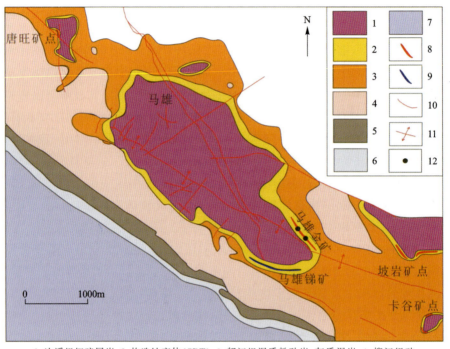

1.边溪组细碎屑岩;2.构造蚀变体(SBT);3.郁江组泥质粉砂岩、灰质泥岩;4.榴江组硅质岩和中泥盆统东岗岭组灰岩、泥灰岩、白云质灰岩;5.生物碎屑灰岩;6.茅口组灰岩夹薄层硅质岩;7.罗楼组条带状泥灰岩夹燧石条带;8.金矿(化)体;9.锑矿体;10.断层;11.背斜轴;12.采样点位置

图 2-4 马雄金矿区域地质略图(据宋威方,2022)

矿区出露的中寒武统主要分布在控矿构造新州背斜及其他小型背斜(穹隆)构造的核部,大区域上沿 NW 方向展布,岩性主要为块状薄至中厚层的白云岩建造,在该套地层的顶部夹薄层硅质岩、硅质白云岩和白云质灰岩,在主要含矿地质体的下部分布较广泛。下泥盆统郁江组主要沿 NW 方向出露,分布相对较窄,与下伏中寒武统呈角度不整合接触,岩性上主要为泥质粉砂岩、碳质泥岩和泥质灰岩,地层厚度相对较薄,可能是在区域滑脱构造作用下部分被揉皱破碎卷入中寒武统与下泥盆统郁江组之间不整合面上的 SBT 中,形成蚀变角砾岩含矿体。中泥盆统东岗岭组为厚层灰岩、白云质灰岩等,与郁江组相似,沿 NW 方向分布。上泥盆

统榴江组的岩性主要为条带状硅质岩夹薄层碳质、锰质和硅质页岩,地层厚度小于150m,分布局限。石炭系主要为生物碎屑灰岩和灰岩等厚层块状岩石类型,该套地层顶部的碳酸盐岩地层中常夹薄层含燧石团块和燧石条带的硅质岩,分布在新州背斜SW翼,沿NW向呈带状分布。中二叠统茅口组的中下部主要为厚层块状灰岩夹薄层硅质岩组合,上部为厚层灰岩夹硅质泥岩、泥岩和泥质粉砂岩,该地层仅在新州背斜SW翼有极少量出现。下三叠统罗楼组与其下部的二叠系呈平行不整合接触,岩性主要为浅绿色和浅黄色的泥岩与钙质泥岩,局部地层夹有薄层泥灰岩和页岩,该地层底部发育薄层状的沉凝灰岩,该套地层广泛分布在矿区西南侧。

二、矿区构造

马雄金矿区发育的构造类型主要有以新州背斜为主的褶皱系统和NW、NE向展布的两组断裂系统。新州背斜是矿区的主干控矿构造,背斜轴向走向NW,两端倾没,背斜轴部出露该区最老的中寒武世碳酸盐岩地层。背斜SW翼较陡,倾角50°~75°,NE翼的倾角相对较小,为15°~25°。褶皱构造除新州背斜外还存在数个小背斜或穹隆构造,构造核部同样出露寒武纪地层,同时有金矿点产出在这些小构造周缘或风化壳上。矿区发育的断裂构造主要包括NW向、NE向和NWW向3组断裂系统,其中NW向断层普遍延伸较长,而另外两则断层相对较小,但NE向和NWW向正断层均切断NW走向的断层和金矿体,新州背斜轴线被这两组断层切断成长短不一的数段,说明它们形成于金矿化之后。矿区的主要含矿构造为中寒武统与下泥盆统郁江组之间不整合面上的SBT,该地质体的成因和赋存空间限制了金矿体的产出,新州背斜核部的矿体由于地壳运动被抬升剥蚀,在背斜核部的寒武纪地层风化壳的低洼区有风化壳型氧化矿体产出。SBT中残余的原生金矿体的延伸方向背离背斜核部向外延伸。

三、矿体特征

马雄金矿床的矿体主要分布在新州背斜的东南部背斜倾伏端两侧,产于中寒武统与下泥盆统郁江组之间不整合面上的SBT控制着马雄金矿区几乎所有金矿体的产出。金矿体主要以似层状、层状、囊状等形态分布在所谓的环形构造带内,矿体在不同的位置和深度上厚度、形态和品位等特征具有显著的差异性,但总体上产状与SBT一致(图2-5)。

在主干控矿构造核部出露的边溪组碳酸盐岩地层上的地形低洼处产出积窝状的氧化矿体(SBT),而原生矿体的展布则背离新州背斜核部向外伸展。此外,在新州背斜南翼产出中型的马雄锑矿床,在该矿区金锑伴生成矿,显示出该区成矿条件的特殊性。在NW向新州背斜的东南倾伏端两侧揭露两条金矿段,即背斜东南倾伏端SW侧的Ⅰ号矿带和NE侧的Ⅱ号矿带,其中Ⅰ号矿带长约1350m,矿体呈似层状,局部有膨胀增厚,矿体走向SW,倾角18°~50°。该矿带主要由两条矿体组成,单矿体长约755m,厚度变化大(0.54~8.24m,平均3.83m),矿石品位0.98~2.70g/t,平均2.08g/t。NE侧的Ⅱ号矿带长约869m,由一条主要矿体构成,矿体连续展布且品位变化较小。矿体走向NW,倾角38°~50°,矿体厚度介于0.66~3.39m之间,平均2.02m,矿石平均品位约2.15g/t。

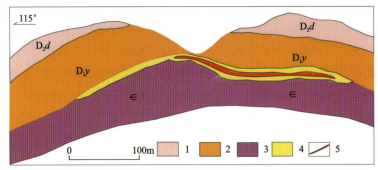

1. 东岗岭组灰岩、泥灰岩、钙质灰岩；2. 郁江组碳、泥质粉砂岩；3. 边溪组细碎屑岩；
4. SBT；5. 金矿体

图 2-5 马雄金矿床Ⅰ号矿带剖面图（据卢光辉，2007，修编）

四、蚀变及矿物特征

马雄金矿床的容矿围岩为沉积岩，容矿岩石发生的蚀变类型主要包含硅化、去碳酸盐化、黄铁矿化、毒砂化、金红石化、磷灰石化、辉锑矿化、独居石化、碳酸盐化（方解石化、白云石化）和高岭土化等（图 2-6）。

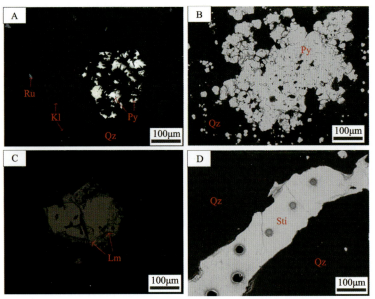

A. 热液成因的金红石和高岭石产出在面状硅化的石英间隙中，发育交代残余结构的沉积黄铁矿（EM 图像）；B. 热液成因的细粒自形—半自形黄铁矿颗粒及其集合体（SEM 图像）；C. 热液黄铁矿半风化后形成的核部为黄铁矿外部为褐铁矿的特殊结构（SEM 图片）；D. 石英裂隙中产出的脉状辉锑矿（SEM 图像）。图中黑点为激光剥蚀坑，深色是同位素测试点位，浅色为原位微量元素测试点位。矿物缩写：Py. 黄铁矿；Qz. 石英；Ru. 金红石；Sti. 辉锑矿；Kl. 高岭石；Lm. 褐铁矿；EM. 电子显微镜；SEM. 扫描电镜

图 2-6 马雄金矿床矿物类型及组构特征

硅化：矿石普遍具硅化现象，颜色多为乳白色，呈层状、脉状和团块状产出，主要可分为3期：第一期主要呈粗粒脉状和浸染状，含少量结晶程度较好的黄铁矿；第二期石英主要为细粒脉状、层状和团块状产于沉积地层层理面、地层节理和裂隙以及早期形成的粗粒石英脉中，其中包含大量黄铁矿、毒砂和少量辰砂等含金矿物；第三期石英基本与方解石同时形成，主要呈脉状，少部分呈结晶程度较好的粗粒为方解石脉和部分晚期热液矿物（如辉锑矿）包裹。

去碳酸盐化：即富含SiO_2的弱酸性含矿流体与容矿地层发生交代，使得碳酸盐岩矿物溶解的过程。一般认为该过程可以为含矿流体提供Fe，为接下来金沉淀成矿创造条件。

黄铁矿化：具含砷环带和热液成因的黄铁矿是金矿床中的主要载金矿物，载金黄铁矿一般颗粒较细小或呈浸染状分布于矿石中，具环带结构的黄铁矿的环带一般很窄，而金均赋存于该环带中。

毒砂化：作为金矿床中除黄铁矿外最重要的载金矿物（百地金锑矿床中毒砂为最主要载金矿物），毒砂主要呈针状、放射状、长条状产出，颗粒较细小。

辉锑矿化：为金矿床次要的含金矿物，可分为两期，早期形成的辉锑矿较少，但结晶程度较好，主要呈针状和放射状产出，晚期辉锑矿主要呈脉（网）状与雄（雌）黄等共生。

碳酸盐化：主要形成于金、锑成矿晚期，一般呈脉状产出，颜色为灰白色，颗粒较粗且结晶程度较好，脉中常产出辉锑矿、雄雌黄等成矿晚期矿物。

萤石化：是金矿石中较重要的脉石矿物，主要产于构造蚀变体（SBT）中，颜色主要呈紫色、浅绿色和浅黄色等，产于成矿晚期的石英和方解石脉中。

黏土化：金矿石中黏土化现象在扫描电镜下才能有所发现，矿物颗粒细小，主要是绿泥石和伊利石，主要分布在其他矿物颗粒间或脉体裂隙等空间内。

高岭土化：该蚀变类型在金矿化的中到晚期阶段都有形成，产出位置多在石英和方解石脉的裂隙和缺陷中，形成的高岭石颗粒较小，呈孤立分布。

五、赋存状态

马雄金矿区采集的近矿围岩和矿石样品产出在郁江组碳质泥岩和边溪组白云岩之间不整合面上SBT中的蚀变角砾岩型矿石，该套SBT是马雄金矿床重要的控矿空间。系统的镜下鉴定和SEM矿物形貌学观察显示，马雄金矿床矿石中的黄铁矿按照形貌、结构、矿物生成顺序和化学成分可以划分为3种类型，包括成矿前沉积或成岩期形成的集合体状表面粗糙的黄铁矿Py1，孤立状分布的表面粗糙且SEM下亮度较低的Py2，表面光滑成孤立分布的自形—半自形黄铁矿Py3。Py1在矿石中大量出现，部分发育碎裂结构，集合体内部包裹少量黏土矿物。Py2在矿石和围岩中分布十分广泛，形状上成自形和半自形结构，在显微镜下与成矿期的Py3极容易弄混淆。Py3在矿石中产出较多，形状较为规则，表面光滑且在SEM下亮度较高并区分于Py2。上述热液成因的Py3常与金红石、独居石和高岭石共生（图2-7A、图2-7B）。

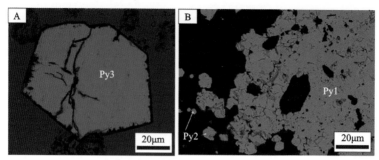

A. 主成矿阶段形成的发育碎裂状结构的 Py3；
B. 成矿前表面粗糙的集合体状和孤立状分布的 Py1 和 Py2

图 2-7　马雄金矿床中黄铁矿类型及组构特征

马雄金矿床产出 4 种类型的黄铁矿，但是由于实验时未找到岩矿鉴定和 SEM＋EDS 矿物形貌以及结构观察时圈定的预备做微区分析的黄铁矿，导致最后仅获得了载金黄铁矿的 18 组微区微量元素数据。载金黄铁矿的 LA-ICP-MS 原位分析数据显示，成矿期的黄铁矿具有较高含量的 Au、As、Sb、Tl、Co、Ni、Cu、Ti 元素，说明含金流体富含 Au、As、Sb、Tl、Co、Ni、Cu、Ti 等元素。元素相关性图解显示黄铁矿的 Au 含量基本均落在黄铁矿中的溶解度曲线之下，说明了 Au 基本未达到在黄铁矿中的饱和值，同时暗示马雄金矿床中 Au 主要以晶格 Au 的形式赋存在载金矿物中。此外 Au 与 Cu、Sb 等元素的相关性图解显示出较好的正相关关系，说明影响 Au 溶解和沉淀的因素可能对 As、Sb、Tl、Co、Ni、Cu、Ti 等元素也具有相似的或一定程度的影响。S 和 As 的负相关关系说明黄铁矿中 As 含量的增加会导致 S 含量的降低，这是由 As 以类质同象形式代替 S 进入黄铁矿晶格造成的，而这种替代效应会使得形成的黄铁矿的晶格发生错位，为其他微量元素和 Au 进入黄铁矿提供了必要的空间条件。此外，在马雄金矿区是金矿床和锑矿床均有产出，同时，金矿床中显示锑矿化，这种现象与黔西南地区的锑矿床和金矿床及其相似，暗示整个区域上的金-锑可能是同一成矿系统。本次获得的载金黄铁矿的原位微量元素中 Au 和 Sb 具有明显的正相关性，但是部分点的相关性不明显，可能说明金-锑之间既有共生也有分异，而马雄金-锑矿床就是一个研究区域上金-锑共生分异机制及其控制因素的天然实验室，更多的科学问题需要更多的矿床学家开展更加丰富细致系统的工作来阐明（表 2-2）。

表 2-2　马雄金矿床黄铁矿 LA-ICP-MS 原位微量元素含量

类型	点位编号	S	Fe	As	Co	Ni	Cu	Sb	Ti	Au	Tl	W	V
Py3	MX9-01-01	34.1	59.2	30 479.4	13.6	32.8	15.2	3.1	28.4	6.2	bdl	0.01	bdl
	MX9-01-02	33.9	57.3	40 651.4	68.4	227.1	73.4	1.4	5.2	47.7	0.02	0.01	bdl
	MX9-01-03	33.4	57.6	42 443.7	18.5	43.0	57.1	0.3	2.9	37.6	0.04	0.01	bdl

续表 2-2

类型	点位编号	S	Fe	As	Co	Ni	Cu	Sb	Ti	Au	Tl	W	V
Py3	MX9-01-04	32.1	58.8	38 686.3	43.5	66.3	20.3	4.2	35.4	12.2	0.01	0.04	0.07
	MX9-01-05	31.1	59.6	43 273.9	18.0	27.9	29.3	8.9	87.3	12.7	0.04	0.80	bdl
	MX9-01-06	28.5	60.6	52 080.3	2.4	16.9	39.9	1.0	7.1	23.5	0.01	0.04	bdl
	MX9-02-01	23.8	47.2	104 313.1	33.7	459.6	250.4	109.3	242.9	90.7	0.37	0.29	3.18
	MX9-02-02	32.8	57.4	470 91.9	4.8	17.5	41.4	1.7	5.8	21.1	0.02	0.09	bdl
	MX9-02-03	32.7	58.9	39 316.3	25.9	64.4	59.9	10.1	4.4	14.0	0.10	0.02	0.95
	MX9-02-04	30.3	57.0	33 680.1	16.1	133.1	123.3	23.6	60.5	7.1	0.26	0.14	0.49
	MX9-02-05	37.5	54.9	35 708.6	13.6	12.8	11.7	0.2	4.7	10.2	0.02	0.04	1.61
	MX9-02-06	37.7	53.5	41 387.3	3.2	2.4	13.9	2.0	24.3	9.2	0.01	bdl	0.72
	MX9-02-07	37.7	54.1	37 817.0	12.93	30.3	15.1	1.6	9.5	8.2	bdl	bdl	bdl
	MX9-03-01	30.4	52.5	76 924.8	92.3	371.7	56.1	40.6	382.9	11.3	0.07	0.14	bdl
	MX9-03-03	36.7	55.9	33 619.1	19.7	88.0	28.6	21.4	27.6	4.7	0.06	0.18	bdl
	MX9-03-04	35.2	51.2	60 575.9	90.5	179.5	49.1	32.5	3 167.0	21.1	0.07	9.02	6.16
	MX9-03-05	33.5	49.7	43 214.6	33.4	184.3	53.1	25.5	63.6	4.1	0.35	0.20	6.92
	MX9-03-06	39.2	49.7	49 719.9	1.8	36.0	42.7	2.4	113.1	7.4	0.01	0.57	bdl

注:bdl 为低于检测限;在数据计算时低于检测线用"0"代替;S、Fe 为%,其他元素×10^{-6}。

六、地球化学特征

马雄金矿床是桂西北重要且具有成矿特殊性的金矿床,矿区除了广泛的金矿化作用之外,还发育明显的锑矿化事件,形成马雄锑矿床。前人对于马雄金锑矿进行了大量的研究工作,矿床含砷黄铁矿的原位 S 同位素值为 6.65‰~10.33‰,辉锑矿的原位 S 同位素值为 9.40‰~10.37‰。矿床石英的 δD_{V-SMOW} 值为 −93.5‰~−75.0‰,均值为 −83.93‰; $\delta^{18}O_{V-SMOW}$ 值为 19.54‰~20.55‰,均值为 19.91‰, $\delta^{18}O_{H_2O}$ 值为 10.97‰~11.98‰,均值为 11.34‰。马雄金矿床的包裹体几乎均为水溶液包裹体和气相 CO_2 与液相 H_2O 构成的两相包裹体两种类型,包裹体一般沿着石英的生长环带成群成带分布,包裹体直径处于 2~11μm 之间,形态主要呈负晶型,少数为不规则状,而不规则状包裹体在进行测温实验时容易发生破碎。上述气液两相包裹体,气液比值为 10%~40%,主要集中在 20%~40% 之间。在进行升温实验时,几乎所有的包裹体都均一到液相。而水溶液包裹体在降低测试冰点温度时常常会出现小气泡,小气泡的成分推测主要是CO_2。包裹体测温结果显示,马雄金矿床石英中流体包裹体的均一温度为137~365℃,均一温度平均值为258℃,冰点范围为-4.3~-4.7℃,含CO_2的气液两相包裹体的CO_2的初融温度为8.8~9.1℃,计算的该矿床流体包裹体盐度值为1.81%~7.45%,又主要集中在6.88%~7.45%和1.81%~2.39%两个主要区间之内。从流体包裹体均一温度和盐度关系图中可以看出,该矿床流体包裹体的均一温度较为分散,其盐度范围则相对集中地分布在两个主要区间范围内,根据分布特征认为马雄金矿床含金流体经历了沸腾作用,同时可能暗示了含金流体在发生金矿化作用的过程中混入的其他流体,两种或多种流体的温度和盐度等方面显示巨大的差异性。以上研究认为,马雄金锑矿的成矿物质和成矿流体主要来源于岩浆流体(姚野等,2015;宋威方,2022),流体包裹体和包裹体H、O同位素数据显示矿床的成矿流体中有变质水和大气降水参与成矿过程。

第五节 老寨湾金矿床

老寨湾金矿床位于滇东南文山州广南县,矿床规模达大型,是滇东南具有代表性的矿床之一。该矿床主要包含椿树湾矿段、老鹰山矿段和袁家坪矿段,矿体主要产出在闪片山组坡松冲组之间的SBT和坡松冲组钙质石英砂岩、辉绿岩脉侵入体以及部分断层破碎带中,矿石品位较低(赵德坤等,2019),是滇东南地区最重要的低品位卡林型金矿床之一。

一、矿区地层

矿区出露的地层主要包括唐家坝组和博莱田组、闪片山组、坡松冲组和坡脚组以及矿区局部出露的辉绿岩脉。其中大部分金矿体产出在SBT中,下泥盆统也是重要的容矿地层,部分辉绿岩脉中产出金矿体。各时代的地层、岩性特征及其展布特征的描述主要参考姚娟等(2008)、赵德坤等(2012,2019)、赵德坤(2013)、陈翠华等(2014)和赵晖等(2016)等的资料。

唐家坝组岩性主要是块状灰岩,厚度巨大。博莱田组岩性主要为巨厚层的块状白云岩,主要分布在矿区南部。下奥陶统闪片山组岩性相对复杂,主要包含厚层白云岩、白云质灰岩、生物灰岩等,主要就位在矿区含矿地质体和含矿层位下部,在矿区分布很广。坡松冲组岩性主要有钙质石英砂岩、硅质石英砂岩,上部常夹有薄至中厚的粉砂岩和粉砂质泥岩,是老寨湾矿区最重要的容矿地层,但矿石品位也很低。坡脚组岩性较为简单,主要是薄层泥岩和粉砂质泥岩,为矿区的重要盖层。

二、矿区构造

矿区处于近EW向的那洒短轴背斜北翼,由于矿区受到区域上多期构造运动的影响,主要构造(断层和褶皱构造)的展布和叠加也显示出多期特征,具体表现为,除了加里东期导致矿区地层发生隆升外,之后的构造主要在该区形成多期、展布特征各异的断裂构造。矿区断裂系统主要分为近EW向、近SN向和NW向3组断裂系统,其中近EW向的F_7断裂构造被认为与金成矿关系密切。值得一提的是,沿F_7断层侵入一条辉绿岩脉,该岩脉的局部发生矿化蚀变形成金矿(化)体,说明 F_7 断层与深部深切地壳的区域大断裂连通,可能是老寨湾金矿区的主要导矿构造(图 2-8)。

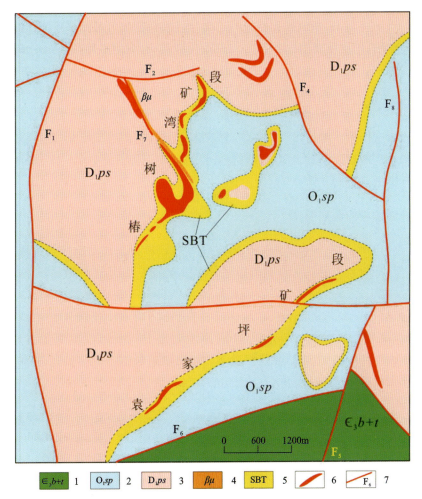

1.博莱田组和唐家坝组;2.闪片山组;3.坡松冲组;4.辉绿岩脉;5.构造蚀变体(SBT);
6.金矿体;7.断层及编号

图 2-8　老寨湾金矿地质图(据宋威方,2022,修编)

三、矿体特征

1. 坡松冲组中的金矿(化)体

该金矿(化)体产出在坡松冲组钙质石英砂岩和硅质石英砂岩中的层状、似层状矿体品位较低,为 0.52~4.62g/t,矿体产状与容矿地层一致,矿体长约 60m,倾向 NW,倾角约 15°,平均厚度约 10m,矿体主要为原生矿体,局部位置被氧化,氧化矿石的品位相对有所提升。

2. 断层中的金矿体

矿区出露的 F_7 断层是主要的含矿断层，控制着 V3 矿体的产出，而 V3 矿体是矿区的主要矿体之一。该矿体与 F_7 断层具有相同的产状，呈似层状产出，走向 NW，倾向 NWW，倾角介于 20°～25°之间，矿体厚度为 0.98～37.27m，平均 13m，金的平均品位约 1.57g/t，是矿物重要的金矿体之一。

3. 辉绿岩中的金矿体

辉绿岩为老寨湾矿区唯一出现的岩浆岩类型，位于 NW 向展布的 F_7 含矿断裂中，岩体的延伸和展布严格受断层控制。岩脉的局部位置发生蚀变作用形成金矿化体，同时岩脉中产生的裂隙等小构造被含金石英脉充填。

4. 构造蚀变体中的金矿体

该矿区 SBT 的产出位置为下奥陶统闪片山组白云岩与下泥盆统坡松冲组碎屑岩系统（钙质石英砂岩、硅质石英砂岩夹中厚的粉砂岩和粉砂质泥岩）之间的区域不整合面之间，构造角砾岩成分主要为白云岩、石英砂岩和泥质岩。产于 SBT 中的金矿体均为氧化—半氧化矿体，矿体呈似层状等大部分暴露在地表，局部存在多层小矿体上下叠置，单个矿体延伸较局限，最大延伸长度和宽度分为 120m 和 70m，厚度为 1.5～15m，厚度变化大，矿石品位为 0.5～8.68g/t，平均值为 3.15g/t，品位相对于上述因素控制的金矿体偏高，应该是受矿石普遍发生氧化作用的影响（图 2-9）。

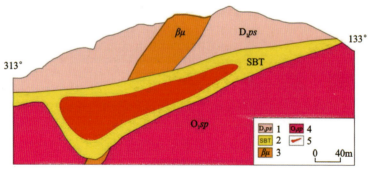

1. 坡松冲组碎屑岩；2. 构造蚀变体（SBT）；3. 辉绿岩脉；4. 闪片山组白云岩；5. 矿体

图 2-9 老寨湾金矿区 257 号勘探线剖面图（据宋威方，2022）

四、蚀变及矿物特征

老寨湾金矿区仅采集了 SBT 中的矿石和顶底板围岩样品，辉绿岩中的矿体已被开采殆尽并回填，无法再采样。老寨湾金矿床由于容矿岩石相对简单，地层中矿物种类较少和矿石被广泛氧化，相较于其他沉积岩容矿的卡林型金矿床发生的围岩蚀变类型简单。容矿岩石发生的蚀变类型主要包含去碳酸盐化、硅化、硫化物化、褐铁矿化、金红石化、磷灰石化、辉锑矿化等(图2-10)。

通过使用高精度电子显微镜(EM)、扫描电镜(SEM)、能谱(EDS)和电子探针(EMPA)研究老寨湾金矿床的矿相学特征和矿石组构特征,并根据矿物穿插和共生关系总结出同时金矿床的成矿期、成矿阶段和相应的矿物共生序列如下:①成矿前,围岩中的石英、黄铁矿、方解石和黏土矿物等共生;②主成矿期,石英-硫化物(黄铁矿、毒砂、方铅矿等)白云石、黏土矿物等共生;③成矿晚期,方解石-石英-黄铁矿-白云石、辉锑矿等共生,详见图2-10。

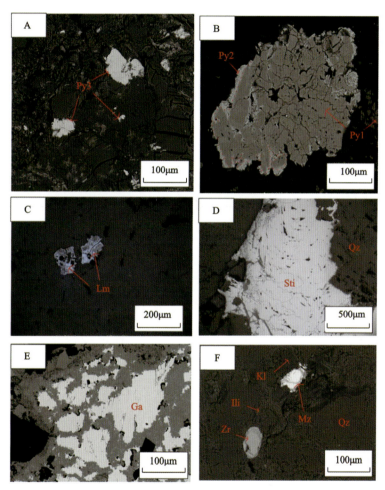

A. 热液成因的颗粒大小悬殊的他形褐黄铁矿(SEM图像);B. 成矿前的碎裂状黄铁矿及其围绕边缘生长的热液黄铁矿(SEM图像);C. 氧化矿石中的他形褐铁矿颗粒(SEM图片);D. 石英裂隙中产出的辉锑矿脉(SEM图像);E. 石英脉中产出的方铅矿团块,部分被氧化后亮度降低(SEM图像);F. 面状硅化的石英间隙中产出的独居石、锆石、高岭石和伊利石矿物(SEM图像)。矿物缩写:Py. 黄铁矿;Qz. 石英;Ru. 金红石;Ap. 磷灰石;Lm. 褐铁矿;Sti. 辉锑矿;Ga. 方铅矿;Kl. 高岭石;Ili. 伊利石;Mz. 独居石;Zr. 锆石;SEM. 扫描电镜

图2-10 矿物类型和组构特征

五、赋存状态

老寨湾金矿床采集的矿石和近矿围岩样品采自矿区坡松冲组细粒石英砂岩、钙质泥岩与闪片山组生物屑灰岩不整合面之间的 SBT。电子显微镜下岩相学研究和扫描电镜下矿物形貌特征观察显示,老寨湾金矿床共发育 3 种类型的黄铁矿,分别为成矿前普遍发育碎裂结构的黄铁矿(Py1)、成矿期围绕碎裂状黄铁矿形成的次生环带黄铁矿(Py2)和成矿期孤立状分布的颗粒大小不一的半自形—他形黄铁矿(Py3)。上述成矿前的碎裂状黄铁矿在围岩和矿石中普遍分布,但是需要指出的是,矿石中的碎裂状黄铁矿或黄铁矿碎块并不是都发育环带结构,这些黄铁矿颗粒在扫描电镜下亮度较低且表面粗糙,环带结构在老寨湾金矿床并不十分发育,也暗示了矿石中 Py2 较少,但该类黄铁矿在扫描电镜下亮度很高,围绕 Py1 呈环带状产出,形状不规则。然而,矿石中 Py3 的分布却十分广泛,且该类黄铁矿在扫描电镜下亮度很高,但是绝大多数颗粒较细(1~50μm),不具有分析测试意义(图 2-11)。上述热液成因的黄铁矿常常与黄铜矿、方铅矿及其氧化物、闪锌矿和金红石等矿物共生。

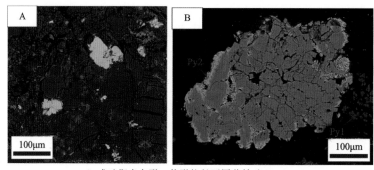

A. 成矿期半自形—他形粒径不同黄铁矿(Py3);
B. 成矿前的碎裂状黄铁矿内核(Py1)和外部生长的成矿期黄铁矿环带(Py2)

图 2-11 老寨湾金矿床中黄铁矿类型及组构特征

老寨湾金矿床各类型黄铁矿的 LA-ICP-MS 原位分析数据显示,相对于成矿前的黄铁矿,成矿期的黄铁矿具有更高含量的 Au、As、Sb、Tl、Cu、Ti、W 和 V 元素,Ni 的含量基本未发生变化,而 Co 的含量明显降低,说明含金流体富含 Au、As、Sb、Tl、Cu、Ti、W 和 V 等元素,而贫 Co(表 2-3)。元素相关性图解显示各类型黄铁矿的 Au 含量大部分落在 Au 在黄铁矿中的溶解度曲线之下,说明了 Au 基本未达到在黄铁矿中的饱和值,但是有一个点落在曲线上边,说明在老寨湾金矿床可能存在金以自然金的形式存在,同时也暗示老寨湾金矿床中 Au 主要以晶格 Au 的形式赋存在载金矿物中。此外 Au 与 Cu、Ti 等元素的相关性图解显示出较好的正相关关系,说明影响 Au 溶解和沉淀的因素可能对 As、Sb、Tl、Cu、Ti、W 和 V 等元素也具有相似的或一定程度的影响。S 和 As 的负相关关系说明黄铁矿中 As 含量的增加会导致 S 含量的降低,这是由 As 以类质同象形式代替 S 进入黄铁矿晶格造成的。

表 2-3 老寨湾金矿床黄铁矿 LA-ICP-MS 原位微量元素含量

黄铁矿类型	点位编号	S	Fe	Au	Co	Ni	Cu	Sb	Ti	As	Tl	W	V
Py1	LZW-5-12	52.03	47.58	0.01	875.56	1 069.15	310.01	0.02	16.05	77.90	0.01	0.07	1.89
Py1	LZW-5-13	50.71	49.13	0.01	824.27	37.50	227.25	0.00	13.12	117.51	0.01	0.05	0.32
Py1	LZW-5-14	54.20	45.71	bdl	338.90	44.90	75.98	0.01	11.01	21.19	0.01	0.01	0.00
Py2	LZW-10-1-2	46.91	49.24	2.91	11.22	91.34	419.31	15.10	9.83	29 125.37	421.74	0.28	4.11
Py2	LZW-10-1-5	48.36	49.44	1.91	122.17	210.58	147.79	2.42	48.40	19 126.31	211.77	0.45	3.06
Py3	LZW-10-1-1	46.17	47.96	5.22	2.01	6.23	189.97	5.49	13.32	52 189.72	393.93	0.10	5.92
Py3	LZW-10-1-3	46.68	45.88	5.59	21.78	136.33	469.46	8.96	7.94	55 889.50	512.13	0.19	6.74
Py3	LZW-10-1-4	46.26	46.24	5.89	27.81	137.23	369.49	6.67	16.66	58 917.97	362.64	1.48	23.69
Py3	LZW-10-1-6	46.17	48.86	4.79	2.29	6.54	150.98	0.87	5.38	47 904.61	248.17	0.23	1.90

注：S、Fe、As 单位为%，其他元素 $\times 10^{-6}$。

六、地球化学特征

老寨湾金矿床是滇东南资源储量最大的金矿床，具有明显的代表性。前人对该矿床开展了一定的研究工作，姚娟等(2008)、王明聪(2011)、赵德坤等(2012)、赵德坤(2013)、陈翠华等(2014)、张静等(2014)、赵晖等(2016)、李治平和皮桥辉(2021)、宋威方(2022)针对老寨湾金矿床流体包裹体、多元同位素等开展了细致的研究，结果显示，老寨湾金矿含砷黄铁矿的原位 S 同位素值为 7.31‰～15.18‰，黄铜矿的原位 S 同位素值为－2.49‰～1.54‰。老寨湾金矿床石英的 $\delta D_{V\text{-}SMOW}$ 值为－102.1‰～－92.9‰，均值为－95.46‰；$\delta^{18}O_{V\text{-}SMOW}$ 值为 14.73‰～15.72‰，均值为 15.05‰；$\delta^{18}O_{H_2O}$ 值为 7.03‰～8.03‰，均值为 7.35‰。堂上金矿床的包裹体几乎均为水溶液包裹体和气相 CO_2 与液相 H_2O 构成的两相包裹体两种类型，包裹体一般沿着石英的生长环带成群成带分布，包裹体直径在 2～17μm 之间，其中绝大部分包裹体的直径集中在 5～10μm 之间，形态主要呈负晶型，少数为不规则状，而不规则状包裹体在进行测温实验时容易发生破碎。上述气液两相包裹体，气液比值为 15%～40%，主要集中在 30%～35% 之间，在进行升温实验时，几乎所有的包裹体都均一到液相。而水溶液包裹体在降低测试冰点温度时常常会出现小气泡，小气泡的成分推测主要是 CO_2。老寨湾金矿床石英中流体包裹体的均一温度为 154～373℃，主要集中在 157～210℃ 和 290～350℃ 两个区间，均一温度平均值为 280℃。石英中水溶液包裹体的冰点范围为－3.6～－3.2℃，含 CO_2 的气液两相包裹体的 CO_2 的初融温度为 5.7～7.2℃，计算的该矿床流体包裹体盐度值为 5.26%～7.87%，分布范围非常集中。该矿床流体包裹体的均一温度较为分散，而盐度范围相对较为集中,可能暗示了老寨湾金矿床的含金流体在发生金矿化作用的过程中流体混合或不混融现象不明显,或者解释为混入的其他流体的量较小,不足以改变含金流体的温度和盐度等物理化学参数。以上研究认为老寨湾大型金矿床的成矿物质和成矿流体主要来源于岩浆流体,同时存在变质水和大气降水参与成矿过程。

第六节 小 结

产于构造蚀变体中的矿体,其形态、规模、产状、品位等特征严格受该地质体控制。根据前期研究成果,认为构造蚀变体在整个南盘江—右江地区呈面状产出,分多个层次分布,空间上既存在多层次构造蚀变体叠置产出,又广泛存在不同地区、不同时代地层、不同岩性组合等之间产出的单层次的构造蚀变体。整个南盘江—右江地区大量的金(锑)矿床产出在构造蚀变体中,但并不是存在构造蚀变体就意味着有金矿床就位,造成金矿床就位的关键因素除了存在构造蚀变体外,还要求有背斜和穹隆构造控制,在背斜或穹隆构造核部及两翼一定范围内才能形成金矿体,否则仅表现为矿化。

在寒武系\奥陶系—泥盆系层次产出的金矿床主要有滇东南地区的老寨湾金矿和革档金矿,以及桂西北地区的马雄金(锑)矿,在矿区尺度上,老寨湾金矿受东西向展布的那洒背斜影响下的下奥陶统闪片山组碳酸盐岩系和下泥盆统碎屑岩系之间不整合面上产出的构造蚀变体控制;革档金矿床受矿区南北向展布的旧腮穹隆核部寒武系唐家坝组白云岩和下泥盆统坡脚组碎屑岩系不整合面之间的构造蚀变体控制;马雄金(锑)矿受矿区北西走向的新洲背斜影响下的寒武系边溪组碳酸盐岩系和下泥盆统的碎屑岩系之间构造蚀变体控制。

从典型矿床研究以及构造蚀变体的产出特征可知,卡林型金矿床就位对于地层没有严格的选择性,几乎所有的岩石类型都可以作为容矿岩石,但是构造蚀变体的形成和产出对于顶、底板岩石的硬度和能干型具有明显的选择性,这就导致只有在上部为相对较厚的泥质碎屑岩系统、下部为不纯的碳酸盐岩系统才能形成层间滑脱面,在含矿热液进入该滑脱面发生广泛的交代蚀变才能形成构造蚀变体。这一关键因素就约束了区域上卡林型金矿的找矿位置主要为受背斜和穹隆构造,且存在碎屑岩系统和碳酸盐岩系统上下配套条件下,才能形成卡林型金矿床的有利就位空间,背斜和穹隆构造是卡林型金矿成矿的关键控制因素,构造蚀变体是卡林型金矿的就位空间,也是最直接的找矿标志。

第三章　泥盆系\石炭系层次

第一节　层次特征

泥盆系\石炭系层次分布于南盘江—右江成矿区桂西北地区。沿 D_3r\C_1yt 岩层界面形成的构造蚀变体(SBT)为该区金等矿产的主要含矿地质体。赋存于该层次的典型矿床主要为隆或金矿。

一、地层

1. 融县组(D_3r)

该组最早由田奇㻪(1938)创名"融县灰岩",命名于原融县(今融水苗族自治县)县城附近,并认为此层是广西泥盆系最高岩层的代表。广西壮族自治区区域地质调查研究院(1963)称该组为融县组。《中国的泥盆系》(1964)中"融县灰岩"岩性以灰白色、浅灰色厚层状灰岩为主,具鲕状结构,时夹白云质灰岩,厚约200m,下伏地层是含 *Cyrtospirifersinensis* 等的"桂林灰岩",并位于早石炭世泥灰岩层之下。此组现指整合于唐家湾组或东岗岭组或桂林组之上,平行不整合于英塘组或整合于额头村组之下的一套以浅灰色、灰白色中—厚层状球粒—砂屑灰岩、藻砂屑(球粒)灰岩夹蓝藻微晶灰岩、鲕粒灰岩、砾屑灰岩等组成的地层。

融县组在广西分布十分广泛,除钦州-玉林地层分区和云开地层分区外均有分布。区域上该组岩性以浅灰色、灰白色中厚层块状灰岩、鲕粒灰岩、生物碎屑灰岩、藻灰岩、砾屑灰岩为主,部分地区夹白云质灰岩、白云岩,生物藻礁发育。桂西南地区的陇宣、个乐、个更—百鸡、峒忠等处的融县组中部有一层粗面岩和粗面质凝灰岩,厚0.4~9m;在崇左市驮卢镇、渠多一带局部地区底部为角斑岩《广西壮族自治区区域地质志》(2018)。

2. 英塘组(C_1yt)

该组原称英塘段,广西壮族自治区区域地质调查研究院(1976)创名于罗城县东门镇天水,创名时仅在表格中列示英塘段位于尧云岭段之上、黄金段之下,代表岩关阶之上部,未阐明具体含义。创名前,研究者分别用"燕子系下部""十字圩层""十字圩组"及"岩关阶"等名称描述桂北地区的下石炭统下部。广西壮族自治区区域地质调查研究院(1976)首次使用"英塘段"一名,《广西壮族自治区岩石地层》(1992)、《广西的石炭系》(1999)改段为组《广西壮族自治区区域地质志》(2018)。

层型定义是指位于尧云岭组与黄金组之间的岩石序列,岩性为灰—灰黑色泥岩、砂岩、泥灰岩、泥质灰岩、灰岩、燧石灰岩等。下以砂页岩的出现或泥质灰岩的消失与尧云岭组分界;上以灰岩的消失或砂岩出现与黄金组分界,上、下均为整合接触。地质时代属杜内晚期,局部跨入维宪早期,代表广西壮族自治区早石炭世滨海至浅海碳酸盐岩台地相沉积组合。

英塘组主要分布在桂东北地层分区,钦州地层分区的合浦地层小区亦有少量出露。岩性下部为灰黑色泥岩、页岩、碳质页岩、细砂岩,灰黄色细粒石英砂岩,局部夹灰岩透镜体。上部深灰—灰黑色中厚层灰岩、含燧石团块灰岩及泥质灰岩、泥灰岩,少量白云岩。

该组岩性及厚度在横向上变化较大。东门往龙岸,英塘组下部以灰—灰黑色页岩夹泥灰岩透镜体为主;中上部夹灰白—浅灰色石英细砂岩,厚85m;上部为深灰—灰黑色中层燧石灰岩夹泥灰岩,厚80m。

综上所述,英塘组为一完整的海侵层序,往北靠古陆海水变浅,砂岩增多,灰岩减少;往南远离物源区,陆源碎屑减少,砂页岩逐渐尖灭,全部相变为灰岩,局部因环境局限而发育少量白云岩《广西壮族自治区区域地质志》(2018)。

二、沉积相特征

研究区融县组主要是指碳酸盐岩台地及台地相区的边缘与浅海陆棚过渡地带的沉积序列,为泥盆纪最为发育的相型。岩石组合主要有各种粒级的内碎屑灰岩、生物灰岩、生物屑灰岩、礁灰岩、生物屑云灰岩、礁屑角砾岩等。在沉积序列上,往往体现了台地边缘与台地或浅海陆棚、次深海槽盆等相带的频繁交替。沉积构造以波状层理、平行层理、条带状构造为主,常见滑塌构造。组内生物化石丰富,既有底栖类的层孔虫、珊瑚、腕足类、双壳类,也有浮游的菊石、牙形石、竹节石等。局部地区各种粒级的内碎屑富集形成砾屑灰岩、砂屑灰岩、鲕粒灰岩、生物屑灰岩、团粒灰岩及过渡类型,内碎屑含量大于50%,填隙物有泥晶方解石或亮晶方解石。各类生物局部富集形成生物碎屑滩、生物层、生物立和生物礁。孤立台地相区融县组与上覆地层间可能存在小的沉积间断,如与下石炭统英塘组、都安组或隆安组为平行不整合接触,组间岩性变化十分明显《广西壮族自治区区域地质志》(2018)。

英塘组主要为沿古陆边缘呈带状分布的滨海沼泽相及滨海陆屑滩相沉积序列,局部地区包括三角洲相。岩石组合主要为砂岩-页岩(含煤)组合与砂页岩夹灰岩组合及细粒石英砂岩夹砂质泥岩、含砾砂岩、泥质灰岩,局部夹碳质泥岩、砂质灰岩。砂岩-页岩(含煤)组合主要见于靠古陆边缘一侧,以浅色薄—中层石英砂岩、粉砂岩、杂色砂质泥岩、页岩为主,夹碳质页岩及煤线或煤层。含煤层段砂泥岩中以植物化石为主,灰岩、泥质灰岩中发育腕足类、珊瑚以及少量苔藓虫、双壳类、藻类等化石。以陆相化石为主,间夹海相化石,反映海陆交替变化。本组合粗碎屑成分占较大比例,表明地表川河发育,剥蚀区与沉积区地形相对高差较大,沉积区强水动力环境。石英砂岩成分成熟度高,分选性、磨圆度好。沉积构造以平行层理、水平层理为主,波状层理常见,局部见"人"字形交错层理。生物化石较丰富,以腕足类为主,次为珊瑚、棘皮类,少量菊石、腹足类、植物等。

三、岩石组合

融县组的岩性中包括了鲕粒、砂砾屑、团粒、凝块石、核形石等各种颗粒灰岩,生物屑灰岩、藻灰岩、鸟眼泥晶灰岩,具窗孔构造和垂直虫管构造的灰岩、白云岩等岩石组合,当处于邻近台凹、台盆的过渡区时可出现岩石深浅的变化,夹有深色层或夹有扁豆状灰岩、疙瘩状灰岩、条带状灰岩等夹层或楔状体。

英塘组岩石组合主要为砂岩-页岩(含煤)组合及细粒石英砂岩夹砂质泥岩、含砾砂岩、泥质灰岩组合,局部夹碳质泥岩、砂质灰岩,以浅色薄—中层石英砂岩、粉砂岩、杂色砂质泥岩、页岩为主,夹碳质页岩及煤线或煤层。

第二节 构造蚀变体

一、岩石组合特征

该岩石组合主要为产于上泥盆统融县组灰岩与下石炭统英塘组下部的沉积碎屑岩间构造蚀变体,为蚀变程度不同的泥岩、黏土岩、泥灰岩和凝灰岩及构造角砾岩,揉皱和破劈理发育,破碎带宽 10~150m 不等,且破碎带的大小控制着矿(化)体(点)的规模,表明构造蚀变体是有利的容矿空间。研究区除了上述构造蚀变体外,在穹隆(背斜)近核部 $D_1y/\epsilon_{3+4}ls$、C_1yt/D_3r、$P_3h/P_{1-2}s$、T_1l/P_3h 4 个不整合界面滑脱构造蚀变带中存在矿体产出,赋矿地层有郁江组(D_1y)粉砂质黏土岩粉砂岩、英塘组(C_1yt)凝灰质黏土岩泥灰岩、合山组(P_3h)凝灰质黏土岩粉砂岩及罗楼组(T_1l)凝灰质黏土岩粉砂岩(图 3-1)。

二、矿化蚀变特征

在穹隆构造控制下,并非每个不同层位的接触面都发育构造蚀变体和矿化蚀变,而是有选择性地在碳酸盐岩与细碎屑岩和黏土质岩的接触带发育,表明该金矿的赋矿对岩性有选择性,而对层位无选择性。矿化蚀变主要表现为硅化和黄铁矿化及褐铁矿化,主要产出氧化矿石。

三、结构构造特征

构造蚀变体中矿石的结构主要有层状结构、压碎状结构、角砾结构、显微鳞片泥质结构、残余碎屑结构、凝灰质结构、变余含角砾凝灰结构、交代结构。

构造蚀变体中岩(矿)石构造主要有矿石具有网状构造、皮壳状构造、角砾状构造、气孔构造、杏仁构造、块状构造、条带(条纹)状构造、浸染状构造、脉状构造等。

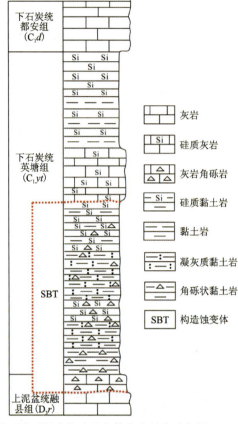

图 3-1 泥盆系\石炭系层次构造蚀变体产出层位示意图(据张振贤等,1996,修编)

第三节 隆或金矿床

矿区位于隆或穹隆西南翼,地层由老到新自北东向南西分布,沉积环境由局限—半局限台地相向台地边缘相和台地斜坡相过渡。区内构造以北东向为主,并错断了早期近东西向断裂。岩浆活动主要有印支期的基性火山岩,分布于上二叠统至下三叠统。金矿体多产于不整合接触带及附近或断层破碎带、硅化带内,与构造关系密切(图 3-2)。

一、矿区地层

矿区出露有泥盆系、石炭系、二叠系、三叠系。

泥盆系:只出露中统东岗岭组(D_2d)和上统融县组(D_3r)。东岗岭组(D_2d)为深灰色、黑灰色灰岩、白云质灰岩夹泥灰岩、黏土岩,厚度大于 100m。融县组(D_3r)为浅灰色、灰白色灰岩、鲕灰岩,上部夹白云质灰岩,厚 300~350m。

石炭系:英塘组(C_1yt)为灰色、灰紫色、红色含碳质泥岩、粉砂岩、泥岩、泥灰岩,普遍具角砾化、硅化、黄铁矿化(褐铁矿化),厚 20~45m。与下伏 D_3r 呈平行不整合接触,是隆或矿区的主要含金层(Ⅰ)。都安组(C_1d)为黄色、灰白色白云质灰岩、生物屑灰岩,底部含燧石条带,

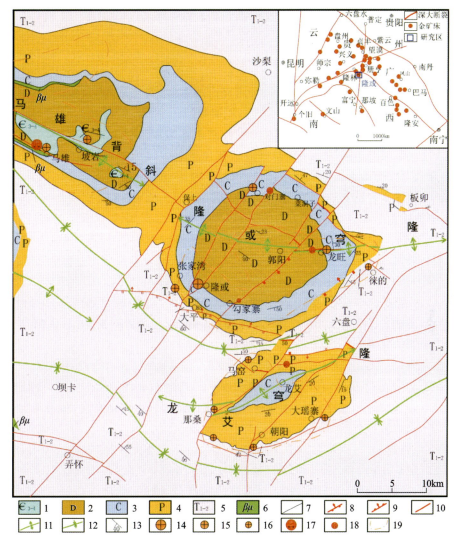

1.寒武系第三—四统;2.泥盆系;3.石炭系;4.二叠系;5.中下三叠统;6.中晚二叠世辉绿岩;
7.地层界线;8.正断层;9.性质不明断层;10.逆断层;11.背斜;12.向斜;13.岩层产状(°);
14.中型金矿床;15.小型金矿床;16.金矿点;17.中型锑矿床;18.锑矿点;19.金异常

图 3-2 隆林县隆或地区金矿区域地质图(《广西壮族自治区区域地质志》,2018)

厚 300~350m。黄龙组(C_2h)为浅灰色灰岩,厚 160~180m。马平组(C_2m)为浅灰—灰白色生物碎屑灰岩,厚 180~200m。

二叠系:四大寨组($P_{1-2}s$)下部为灰色生物屑灰岩、灰岩及燧石条带灰岩,厚 350~400m。合山组(P_3h)为灰色、棕黄色、灰白色凝灰岩、凝灰质黏土岩、粉砂质黏土岩夹硅质岩、泥质灰岩;上部为灰色、浅灰白色灰岩、生物屑灰岩、燧石灰岩夹粉砂质黏土岩、砂岩。厚 150~1200m。与下伏栖霞、茅口组(P_2q+m)呈平行不整合接触,底部为隆或矿次要含金层(Ⅱ)。

三叠系:只出露下统罗楼组(T_1l)和中统板纳组(T_2b)。罗楼组(T_1l):下部为褐黄色、灰色、灰绿色凝灰岩、黏土岩、粉砂质黏土岩粉砂岩夹灰岩、泥灰岩;上部为灰色、灰黄色泥灰岩夹灰岩、黏土质粉砂岩、细砂岩。厚 800~1300m。与下伏地层呈角度不整合接触。底部为隆或矿次要含金层（Ⅱ），同时是矿区断裂型矿体重要含金层（Ⅳ）。板纳组（T_2b）矿区只出露下部，为灰色、灰绿色砂岩夹黏土岩、黏土岩粉砂岩。

二、矿区构造

矿区处于隆或穹隆西南翼，构造为向南西突出的单斜，有北东向、北西向、东西向3组断裂发育，以北东向为主，北西向及东西向次之，同时顺 C_1yt/D_3r、$P_3h/(P_{1-2}s)$、T_1l/P_3h 3个平行不整合界面形成区域滑脱构造蚀变带，滑脱构造带是区内主要含矿地质体，主断裂复合交界区常形成次级断裂及滑脱构造蚀变带是成矿有利部位（图3-3）。

褶皱：隆或穹隆的西南缘发育次级褶皱构造，即隆或至木干寨一带受 C_1yt/D_3r 不整合界面区域滑脱构造蚀变带的影响，发育次级背斜向斜，轴线为北北东向，长1～2km。宽几米至几十米，影响地层为 D_3r 顶部灰岩、C_1yt 细碎屑岩及 C_1d 底部灰岩，两翼不对称。

断裂：有NE、NW及EW 3组断裂。NE向断裂走向NE40°～50°，倾向NW、SE，倾角50°～85°，破碎带宽1m到数十米，规模大，断面见滑动镜面、擦痕阶步，具碳酸盐化、硅化等蚀变现象。NW向断裂走向300°～320°，近直立，被NE向断裂错断。破碎带宽1～25m，具碳酸盐化、硅化、黄铁矿化（褐铁矿化）。EW向断裂走向280°，倾向NE或SW，倾角47°～80°，被NE向断裂错断。断裂带宽3～25m，具压扭性，角砾岩、碎裂岩发育，具碳酸盐化、硅化、（黄铁矿化）褐铁矿化强烈。

构造蚀变体：由于岩石能干性差异，挤压变形协调，矿区在 C_1yt/D_3r、$P_3h/P_{1-2}s$、T_1l/P_3h 3个平行不整合界面之间碎屑岩（上）与碳酸盐岩（下）之间形成区域滑脱构造蚀变带，不整合界面附近碎屑岩层间挤压破碎强烈，小褶曲、小断裂、角砾化、碎裂化发育，角砾成分主要为凝灰岩、粉砂岩、黏土岩，少量碳酸盐岩，角砾大小不等，一般为0.1～20cm，多呈棱角状，钙质及泥质胶结，擦痕阶步明显，挤压滑脱特征明显。受成矿期成矿流体交代，普遍具硅化、黄铁矿化、褐铁矿化、金矿化，局部见萤石化、雄（雌）黄化、锑矿化、辰砂化，蚀变强度自下而上为弱→强→弱，接近穹隆核部破碎蚀变矿化强，远离穹隆核部破碎蚀变矿化逐渐变弱，逐渐消失，厚度0～40m硅化、碳酸盐化、黄铁矿（褐铁矿）化明显，破碎带金、砷、锑、汞明显富集，1:1万土壤化探异常主要沿滑脱构造蚀变带分布，普遍具金矿化，是区内主要控矿构造（Ⅰ、Ⅱ、Ⅲ含矿带）（图3-2、图3-3）。

三、矿体特征

隆或金矿发现4条含金矿化带，分别为 C_1yt/D_3r、$P_3h/P_{1-2}s$、T_1l/P_3h 平行不整合界面上碎屑岩（上）与碳酸盐岩（下）之间形成构造蚀变体（Ⅰ、Ⅱ、Ⅲ含矿带）及近东西向断裂（F_{20}）构造蚀变带（Ⅳ含矿带）中（图3-3）。

Ⅰ含矿带：为 C_1yt/D_3r 平行不整合滑脱构造蚀变矿化带，呈层状、似层状、透镜状产出，走向和倾向呈尖灭再现现象，矿体规模形态与滑脱构造蚀变带厚度、蚀变强弱及卷入岩石关系密切，赋矿岩石主要为 C_1yt 的硅化角砾凝灰岩、角砾黏土质粉砂岩、泥灰岩。产状与不整合界面基本一致，圈定5个金矿体。以Ⅰ-2矿体为代表，长度300m，延深大于120m，厚度7～16m，平均10.04m，品位0.5～3.25g/t，平均1.59g/t，金资源量428kg，为氧化矿（图3-4）。

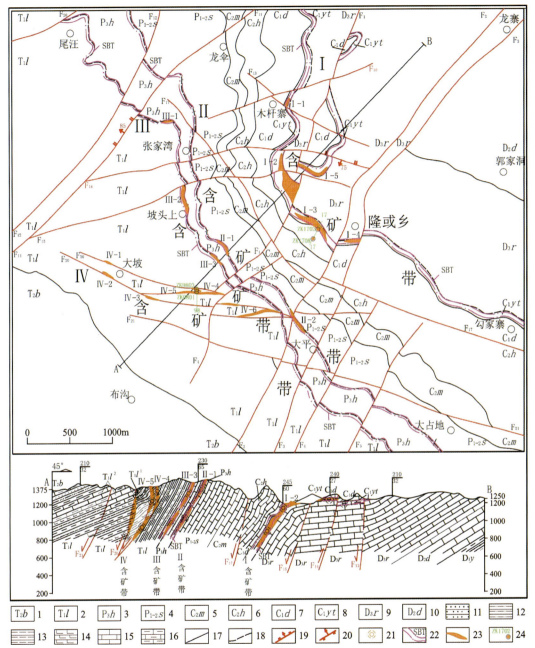

图 3-3 隆林县隆或金矿地质图（据张振贤等，1996，修编）

1.百逢组；2.罗楼组；3.合山组；4.四大寨组；5.马平组；6.黄龙组；7.都安组；8.英塘组；9.融县组；10.东岗岭组；11.砂岩；12.黏土质粉砂岩；13.黏土岩；14.钙质黏土岩；15.灰岩；16.泥灰岩；17.地层界线；18.平行不整合面；19.正断层；20.逆断层；21.硅化；22.构造蚀变体；23.金矿体；24.见矿钻孔

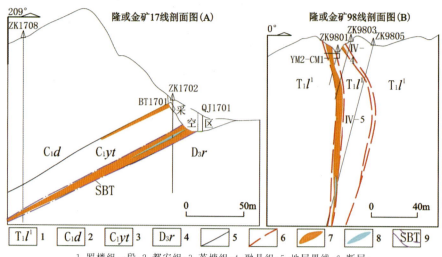

1.罗楼组一段；2.都安组；3.英塘组；4.融县组；5.地层界线；6.断层；
7.金矿体；8.夹石；9.构造蚀变体

图 3-4 隆林县隆或金矿剖面图

Ⅱ含矿带：为 $P_3h/P_{1-2}s$ 平行不整合构造蚀变体，呈层状、似层状、透镜状产出，走向和倾向呈尖灭再现分支复合现象，矿体规模形态与滑脱构造蚀变带厚度、蚀变强弱及卷入岩石关系密切，赋矿岩石主要为 P_3h 底部硅化角砾凝灰岩、角砾黏土质粉砂岩、角砾砂岩。产状与不整合界面基本一致，圈定 2 个金矿体。以Ⅱ-1 矿体为代表，地表长 200m，深部未控制，厚 1.14～11.17m，平均 5.70m，品位 8.7～44g/t，平均 17g/t，为氧化矿。

Ⅲ含矿带：为 T_1l/P_3h 平行不整合滑脱构造蚀变矿化带，呈层状、似层状、透镜状产出，走向和倾向呈尖灭再现分支复合现象，矿体规模形态与滑脱构造蚀变带厚度、蚀变强弱及卷入岩石关系密切，赋矿岩石主要为 T_1l 底部硅化角砾凝灰岩、角砾黏土质粉砂岩、角砾黏土岩。产状与不整合界面基本一致，圈定 3 个金矿体。以Ⅲ-1 矿体为代表，地表长 280m，深部未控制，厚 0.5～0.71m，平均 0.61m，品位 1.42～2.12g/t，平均 1.83g/t，为氧化矿。

Ⅳ含矿带：为近 EW 向断裂构造蚀变矿化带，次级褶皱断裂较发育，成群成带分布，矿化带矿 20～150m，矿体主要产于次级断裂带中，呈板状、似层状、透镜状、脉状产出，走向和倾向呈尖灭再现分支复合现象，矿体规模形态与滑脱构造蚀变带厚度、蚀变强弱及卷入岩石关系密切，赋矿岩石主要为 T_1l 硅化角砾凝灰岩、角砾黏土质粉砂岩、角砾黏土岩。产状断裂基本一致，圈定 6 个金矿体。以Ⅳ-5 矿体为代表，呈近东西向展布，长 520m，延深 260m，厚 1.78～17.41m，平均 7.87m，品位 2.07～4.10g/t，平均 2.64g/t，氧化矿和原生矿（图 3-3、图 3-4）。

四、矿石特征

矿体浅部为氧化金矿石，深部为原生金矿石，矿物均为中低温矿物，氧化金矿石与原生金矿石的矿物成分类似，只是氧化金矿石风化蚀变较强烈，个别矿物成分含量存在差异。矿石矿物主要有褐铁矿、黄铁矿（原生矿石）、赤铁矿及微量钛铁矿、毒砂；脉石矿物主要有石英、绢云母、黏土矿物、方解石、碳质、锰质和磷灰石、绿泥石等。蚀变矿化主要有硅化、高岭土化、碳化、碳酸盐化、绿泥石化、黄铁矿化及少量的水云母化等。

矿石的结构主要有层状结构、压碎状结构、角砾结构、显微鳞片泥质结构、粉砂质结构、残余碎屑结构、凝灰质结构、变余含角砾凝灰结构交代结构。

矿石构造主要有网状构造、皮壳状构造、角砾状构造、气孔构造、杏仁构造、块状构造、条带(条纹)状构造、浸染状构造、脉状构造等。

五、矿物组成

矿石矿物主要有褐铁矿、黄铁矿(原生矿石)、赤铁矿及微量钛铁矿、毒砂,载金矿物主要以黄铁矿为主,以毒砂为辅,呈浸染状—细脉状分布。热液黄铁矿形状较为简单,多为立方体、五角十二面体。脉石矿物主要有石英、绢云母、黏土矿物、方解石、碳质、锰质和磷灰石、绿泥石等。

载金矿物主要以黄铁矿为主,以毒砂为辅,呈浸染状—细脉状分布。热液黄铁矿多为立方体、五角十二面体。显微镜下见显微环带结构,毒砂生长在黄铁矿边缘,呈自形针状,断面菱形。沉积成因草莓状黄铁矿聚集分布于泥质层中,经历了热液改造而出现环带结构(安鹏等,2023)。

六、围岩蚀变

围岩蚀变主要有硅化、碳酸盐化、炭化、黄铁矿化、褐铁矿化等。

硅化:在接触带及构造带中常见到岩石中石英颗粒经重结晶或硅质交代作用,硅化主要表现为热液交代碳酸盐岩,残留部分碳酸盐矿物,使围岩成分发生变异、运移。硅化与金的富集通常具有密切的联系。

碳酸盐化:在构造带中,热力作用使方解石等碳酸盐矿物晶粒发生次生加大现象、重结晶作用及交代置换作用,引起岩石成分的变化。

炭化:在构造变动带及接触带内受热力影响,碳质物相对富集,有利于对金吸附和迁移富集。在破碎带中呈团块状分布的富金碳质泥岩,含金达 20g/t(刘显凡等,1998)。

黄铁矿化:沉积成因草莓状黄铁矿聚集成长透镜体状分布于泥质层中,但经历了热液改造而出现环带结构。黄铁矿为亲金矿物,对金的富集有着一定的影响。黄铁矿经氧化后变为褐铁矿,局部仅保留黄铁矿的晶形。

七、地球化学特征

隆或金矿石灰岩和石英脉的微量元素普遍含量较低,Cr、Co 和 Ni 的含量前者低于后者,但 Ba、Sr、Rb、Hf 和 Th 等元素总体表现为前者高于后者。凝灰岩类围岩与矿化岩或碳质原生矿石相比较,前者 Cr 含量较高,后者 Co 和 Ni 含量较高,其中含黄铁矿晶屑凝灰岩的 Cr、Co 和 Ni 含量均高;其他元素分异不明显,这可能主要与凝灰岩类的物质来源于下地壳和上地幔有关(刘显凡等,1998)。在黄铁矿与伊利石等特征单矿物中,前者 Cr 含量较低,后者 Co 和 Ni 含量较低;其他如 Sc、Rb、Cs、Ba、Ta 和 Th 等元素,总体表现为前者低于后者,这表明黄铁矿的形成主要与上地幔流体作用有关,而伊利石的形成则与深源和浅源流体的混染有关(刘显凡等,1998)。

刘显凡等(1998)对隆或金矿的赋矿围岩、矿化岩、矿石和特征单矿物的稀土元素进行研究,其含量经球拉陨石值标准化后,稀土元素配分模式图表现为石灰岩的稀土元素配分模式在特征参数和总体形态上均与深海碳酸盐岩相似,但与其他岩类的模式差异显著。凝灰岩类围岩的稀土元素配分模式与矿化岩或原生矿石的模式比较相似,但后者的稀土总量降低,而其轻、重稀土元素比值增高,这表明尽管两者的物质来源与深源有关,但后者的成矿物质不是由凝灰岩提供的。碳质原生矿石中的黄铁矿和伊利石的稀土元素配分模式及氧化矿石中的伊利石的稀土元素配分模式与凝灰岩、矿化岩或矿石的模式总体上比较相似,但前者的铈负异常比较明显,表明这些特征单矿物的形成与深源成矿流体有关,并表现出一定的分异作用。表生期和成矿期石英脉稀土元素配分模式在特征参数和形态上非常接近。

安鹏等(2023)研究认为,流体包裹体具有中低温(185～290℃)、低盐度(1.53%～0.91% $NaCl_{equiv.}$)、较高压力[$(150～250)×10^{-5}Pa$]及含少量 CO_2 的特征,具有卡林型金矿的一般特征。

第四节 小 结

隆或地区在空间上自下而上存在 C_1yt/D_3r、$P_3h/P_{1-2}s$、T_1l/P_3h 3 个细碎屑岩/碳酸盐岩不整合界面区域滑脱构造蚀变带,并且都有矿体产出,可能存在隐伏 $D_1y/\epsilon_{3+4}ls$ 滑脱构造蚀变带及隐伏矿体产出。矿体受背斜(穹隆)、滑脱构造蚀变带及有利岩性控制。容矿岩石主要为砂岩、粉砂岩、黏土质粉砂岩、凝灰岩、凝灰质黏土岩、泥灰岩及其角砾岩、碎裂岩。矿物成分简单,载金矿物以黄铁矿为主,以毒砂为辅。主要围岩蚀变有硅化、碳酸盐化、炭化、黄铁矿化、褐铁矿化等。通过隆或地区金矿控矿因素分析和成矿规律总结,矿体产于多个不整合界面区域滑脱构造蚀变带,具有层控型"多层楼"矿化的特点,其找矿地质模型对滇-黔-桂"金三角"找矿具有借鉴意义。

第四章　石炭系\二叠系层次

第一节　层次特征

石炭系\二叠系层次之 CP_1n/P_1ly 系统目前发现主要分布于南盘江—右江成矿区北段—北西向紫云-水城裂陷槽盆区。沿 CP_1n/P_1ly 岩层界面形成的构造蚀变体(SBT)为该区金、萤石等矿产资源的主要含矿地质体。

一、地层

区域内地层发育不全,出露地层有石炭系、二叠系、三叠系、侏罗系、第四系;震旦系、寒武系、奥陶系、泥盆系未见出露;上侏罗统、下白垩统缺失。其中,以二叠系、三叠系分布最广,其次是侏罗系。石炭系为碳酸盐岩沉积,二叠系和三叠系均为碳酸盐岩夹碎屑岩,侏罗系为碎屑岩沉积,第四系只分布于山间河谷地带,为松散砂砾堆积物。金矿(化)体主要产于石炭-二叠系南丹组(CP_1n)碳酸盐岩与二叠系龙吟组(P_1ly)碎屑岩之间的构造蚀变体中。

中国南方卡林型金矿多层次构造滑脱成矿系统之 CP_1n/P_1ly 系统分布区内出露地层主要为石炭-二叠系南丹组(CP_1n)、二叠系龙吟组(P_1ly),在沟谷低洼处有第四系(Q)分布。由老到新叙述如下。

1. 石炭-二叠系

南丹组(CP_1n):广西壮族自治区区域地质调查研究院(1987)创名于广西南丹六寨镇么腰附近,原义指位于大埔白云岩之上、龙马组泥岩之下的一套深灰色薄层泥晶灰岩夹数层生物屑灰岩、生物屑灰岩,富含硅质条带及结核的岩石组合。贵州与南丹组大致相当的"黑区"石炭纪碳酸盐岩地层名称有卢重明(1966)拟建的小浪风关群,1989年改称小浪风关组;有1:20万兴仁幅、安龙幅区调报告(1980)拟建的下院组、店子上组及空洞河组,分别与台地相的摆佐组、黄龙组及马平组对比,并为贵州一〇五地质大队(1993)在1:5万沙子沟幅区调中引用;有吴望始(1979)命名于普安龙吟之北2km沙子塘附近整合于黄龙群与龙吟组之间的沙子塘组;还有熊剑飞等(1983)命名于望谟桑郎干岩寨东2km至如牙丫口公路纳水剖面上整合于下如牙组泥(页)岩与滑石板组灰黑色灰岩之间的上如牙组。《贵州省区域地质志》(1987)以"研究程度低未建立地层单位"为由,未选用上述某一地层单位,而以"暗色灰岩"代之。《贵州省区域地质志》(1997)引用南丹组,其含义为整合于鹿寨组硅质层之上、四大寨组砂(页)岩之下的一套台盆相至斜坡相深灰色灰岩、燧石灰岩夹砾屑灰岩及硅质岩等,时代为早石炭世晚期—船山世早期。《中国区域地质志·贵州志》(2017)沿用的南丹组是指整合于打屋坝组黏土岩之上、四大寨组及龙吟组黏土岩或威宁组浅灰色灰岩之下的一套斜坡至盆地相黑色灰岩、燧石灰岩夹硅质岩,时限为早石炭世大塘晚期至船山世紫松期,是一跨系的岩石地层单位(个别呈楔状体分布的南丹组不跨二叠系)。与下伏打屋坝组连续沉积,个别点如欧场、龙吟等地可能为平行不整合接触。主要分布于罗甸-六盘水分区内的罗甸林群—望谟桑郎、乐康一带,紫云火烘—镇宁沙子沟、牛田及晴隆花贡、普安龙吟—六盘水欧场、白泥滥坝等地,在紫云-普安分区内的长顺代化南东10km一带及紫云宗地、盘县长房子、六盘水响水河等地亦有呈楔状体的南丹组分布(戴传固等,2017)。

2. 二叠系

龙吟组(P_1ly):源于王立亭等(1973)在1:20万水城幅区调时创名于普安县龙吟的石炭-二叠系过渡层——龙吟层。原义指整合于马平组之上、栖霞组第一段(即梁山组)之下一套厚910m的砂岩、黏土岩夹灰岩。1974年王立亭改称龙吟组,划归上石炭统。吴望始等(1979)称原龙吟组下部为龙吟组,上部另名包磨山组。《贵州省区域地质志》(1987)称原龙吟组下部为龙吟组,上部加上覆梁山组合称花贡组。《贵州省岩石地层》(1997)与吴氏划法一致,时代划属二叠系。《中国区域地质志·贵州志》(2017)龙吟组的含义为整合于南丹组深灰色燧石灰岩之上、平行不整合于梁山组砂页岩夹煤之下的一套厚近900m斜坡-盆地相黏土岩夹砂岩及灰岩,时代属船山世。主要分布于普安龙吟—晴隆花贡—六枝郎岱—六盘水龙潭口一带(戴传固等,2017),即北西向紫云-水城裂陷槽盆区。本研究的龙吟组包含《贵州省区域地质志》(1987)中新建立的洒志组与花贡组。

二、沉积相特征

南丹组属深水陆棚-盆地相沉积。总体横向上厚度由南东向北西逐渐减薄,白泥滥坝—堕脚一带燧石灰岩减少,上部泥质灰岩、泥灰岩增多。白泥滥坝及茅口等地与威宁组、龙吟组、包磨山组呈明显相变关系。纵向上阿嘎—茅口一带出露较好,剖面结构由下而上为深灰色薄层含燧石、硅质薄层透镜体的泥晶灰岩→深灰岩薄层夹厚层泥晶灰岩、砾屑灰岩→深灰色中至厚层泥晶灰岩,含生物碎屑灰岩,夹块状亮晶生物屑灰岩、砂屑灰岩的层序。所见的外来砾块(生物屑斑块)由下而上表现为由少到多,由小到大,最终出现呈层状产出的成套亮晶生物屑灰岩、砂屑灰岩。基本层序总体上向上变粗、变厚,反映具深水盆地至深水陆棚,而后近台地的沉积特征。以大量泥晶灰岩或燧石灰岩的出现作为本组的开始。

龙吟组为斜坡-盆地相沉积。区内岩性及厚度变化较大,表现以龙吟—花贡一带为沉降中心的格局,向四周减薄。在研究区内的龙吟—花贡一带以外的其他地区主要为泥灰岩,没有砂岩,灰岩夹层增多,且灰岩多为深灰色,常含燧石团块。钙质泥岩或灰黑色泥灰岩的出现与下伏地层南丹组燧石灰岩分界,整合接触。研究区在六枝—白泥滥坝一带与台地边缘相威宁组、包磨山组呈相变关系。并在该带及茅口一带与盆地相南丹组呈相变关系。研究区南西漏岩一带可见龙吟组与包磨山组呈超覆关系。

三、岩石组合

1. 南丹组

该组岩性为深灰色、灰黑色薄层至中厚层含燧石泥晶灰岩、泥晶生物屑灰岩,夹较多黑色薄层硅质岩,上部夹深灰色厚层砾屑灰岩、含砾生物屑灰岩等,局部尚夹少量灰黑色泥质灰岩、深灰色白云岩、白云质灰岩及黏土岩。厚357(林群)~1274m(白泥滥坝),一般厚500~1000m。

该组岩性变化小,厚度变化较大。罗甸林群至纳水、桑郎一带,本组厚257~575m,坡球、沫阳一带上部夹厚层砾屑灰岩。望谟乐康附近本组出露厚大于465m。火烘、沙子沟至斗萝一带厚827~961m,斗萝附近本组顶部32m为黑色厚层砾屑灰岩。欧场—龙吟近东西向约10km长的地带本组厚仅388m,与下伏打屋坝组顶部硅质岩(夹0.8m辉绿岩)可能呈平行不整合接触。欧场之北约50km白泥滥坝附件,本组厚达1274m。白泥滥坝之西约10km的响水附近,本组厚800m,上部250m为灰色黏土(页)岩夹泥质灰岩,普安南西10km滑石板至长房子一带,本组厚449m,中部有较多泥灰岩及少量黏土岩。

南丹组顶部0~89m具硅化蚀变,即构造蚀变体(SBT)的中、下部,为区内金、萤石等的重要产出部位。

2. 龙吟组

该组岩性以深灰色、土黄色黏土岩为主,夹砂岩、石英砂岩及深灰色灰岩、泥质灰岩。厚300~910m,为区内重要含锂岩系,底部0~56m具硅化蚀变,即构造蚀变体(SBT)的中、上部为区内金、萤石的重要产出部位。龙吟组大致可分为两段。

第一段:深灰色、黑色、土黄色黏土岩、粉砂质黏土(页)岩,下部夹少量深灰色中厚层泥晶灰岩、泥质灰岩、生物碎屑灰岩及泥灰岩透镜体,夹层厚1~15m不等。上部夹少量灰白色中厚层石英砂岩及少量泥质灰岩薄层。厚311~442m,与南丹组上部深灰色灰岩及泥灰岩相变。底部以深灰色薄层钙质黏土岩与下伏南丹组泥晶灰岩为界,呈平行不整合接触。

第二段:下部灰色、深灰色中厚层灰岩、泥质灰岩与黄色、土黄色砂质黏土岩互层,夹珊瑚礁灰岩。在花贡一带则为黑色碳质黏土(页)岩与深灰色泥灰岩互层,夹泥晶灰岩及泥质灰岩。厚127~162m。

中部灰色、深灰色黏土岩、粉砂质黏土岩,夹少量灰色中厚层粉砂岩、细砂岩、灰白色石英砂岩及少许泥灰岩、硅质岩及碳质页岩。厚223~226m。

上部深灰色中厚层细晶灰岩、白云质灰岩,夹泥灰岩及灰白色石英砂岩。灰岩中可见珊瑚礁灰岩块体。厚407～448m。

龙吟组在六盘水加开、普安龙吟、晴隆花贡及六枝洒志近东西向地带内,出露厚度较大,如加开附近厚871m,龙吟附近厚910m,花贡附近厚719m,洒志附近大于253m(未见底)。向北至六枝郎岱把利(茅口)附近,厚大于548m。再向北至六盘水滥坝北东约7km附近,本组相变成平川组、南丹组及威宁组灰岩后而消失。由洒志向南东至镇宁斗萝一带,四大寨组第一段厚300余米的深灰色黏土岩夹砂岩及硅质岩,与龙吟组层位相当,是龙吟组向东延伸的可靠证据,进而认定龙吟—花贡地区与镇宁斗萝—紫云晒瓦地区船山世斜坡-盆地相海槽是相通的。

3. 洒志组

洒志组为《贵州省区域地质志》(1987)新建立的岩石地层单位,是伏于栖霞组燧石灰岩之下、整合在龙吟组以上的一套台地相灰黑色中至薄层含碳泥质灰岩和浅灰色厚层含核形石白云质灰岩,夹少量黏土岩,厚100～295m,分为两段。

风窝段:浅灰色厚层白云化含核形石生物屑泥晶灰岩与粉砂质黏土岩互层,厚60.8m。

三岔路段:深灰色、灰黑色中及薄层含碳泥质灰岩间夹黑色页岩和厚层白云石化含核形石泥晶生物灰岩,厚234.2m。

洒志组横向变化甚大。往南东至册亨者王、紫云克凹、猫营等地灰岩质地变纯,黏土岩夹层递减,厚100～150m;向北西则碎屑增多,厚度增大。如在郎岱巴利、打铁关一带,为碳泥质灰岩夹大量黏土岩及多层石英砂岩,厚达300m以上。在盘县至普安一带,厚约120m,一般由三部分组成:下部浅灰色厚层白云质灰岩或白云岩;中部深灰色、灰黑色含碳泥质灰岩间夹页岩;上部石英砂岩夹页岩,且整合于马平组灰岩之上。

4. 花贡组

花贡组为《贵州省区域地质志》(1987)新建立的岩石地层单位,是整合在栖霞组和龙吟组之间的一套台洼相碎屑岩和灰岩。以其底部的泥灰岩与下伏龙吟组泥质岩分界,标志清楚。厚200～550m。可分为包磨山段和鱼塘段。包磨山段以灰岩和泥灰岩为主,夹石英砂岩、粉砂质黏土岩、黑色黏土岩,厚150～450m;鱼塘段则以石英砂岩为主,夹灰岩和黏土岩,普遍含煤线,厚80～110m。花贡组往北砂岩增多,灰岩减少,至水城附近与梁山组相连接。东西向则与洒志组为相变关系,往东至郎岱打铁关附近可见两者呈锯齿状交错过渡,往西在纵向上呈阶梯状急骤变化。

第二节 构造蚀变体

沿 CP_1n/P_1ly 岩层界面形成的构造蚀变体(SBT)是指含矿热液沿岩石能干性差异大的 CP_1n/P_1ly 岩层界面之间的滑脱构造运移交代而形成的构造蚀变岩石,是沉积作用、构造作用和热液蚀变作用的综合产物,为一跨时的地质体,包含 CP_1n 顶部 $0\sim89m$ 以及 P_1ly^1 底部 $0\sim56m$ 之内的岩石组合。构造蚀变体由下往上岩性主要为深灰—灰黑色弱硅化泥岩、泥灰岩,灰黄色、深灰色强硅化硅岩,褐黄色、灰绿色、深灰色强硅化碎裂灰岩、泥灰岩、强硅化角砾岩,以及部分尚未硅化的灰岩、泥灰岩、泥岩(图 4-1)。硅化角砾岩角砾呈尖棱角状—次棱角状,大小不一,杂乱排列,相互间具一定位移,局部具可拼合性。构造蚀变体厚 $0\sim98m$,普遍具硅化、黄铁矿化、萤石化、地开石化,是该区金、萤石等矿产资源的主要含矿地质体,主要产出平桥金矿(化)点、平桥中型萤石矿床等。

图 4-1 六枝平桥构造蚀变体特征

沿 CP_1n/P_1ly 不整合面形成的构造蚀变体主要分布在 NW 向紫云-水城裂陷槽盆区的南丹组与龙吟组耦合分布范围(图 4-2),即南丹组与龙吟组耦合分布区域内最有利于形成构造蚀变体。在南丹组与龙吟组耦合分布范围内的 NE 侧,主要为龙吟组泥质岩系(原洒志组)与下伏南丹组厚层灰岩的岩层界面形成 SBT,其岩性组合特征对金、萤石等热液矿床成矿条件较好;在南丹组与龙吟组耦合分布范围内的南西侧,主要为龙吟组薄层灰岩(原花贡组)与下伏南丹组厚层灰岩的岩层界面难以形成 SBT,其岩性组合特征对金、萤石等热液矿床成矿条件不太有利;而南丹组与龙吟组耦合分布范围内的中间区域(NW 向展布),主要为龙吟组(狭义)泥质岩、泥灰岩与下伏南丹组厚层灰岩的岩层界面形成 SBT,其岩性组合特征对金、萤石等热液矿床成矿条件相对最有利。

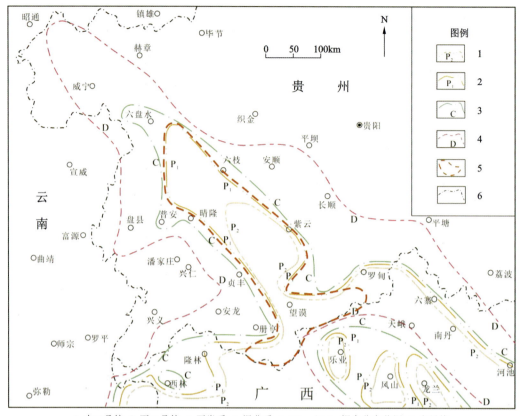

1.中二叠统;2.下二叠统;3.石炭系;4.泥盆系;5.CP_1n/P_1ly 耦合分布范围;6.省界线

图 4-2 CP_1n/P_1ly 耦合分布范围图

第三节 平桥萤石矿床

沿 CP_1n/P_1ly 岩层界面形成的构造蚀变体主要分布于南盘江—右江成矿区 N—NW 向紫云-水城裂陷槽盆区,是该区金、萤石、锂等矿产资源的主要含矿地质体,主要产于平桥中型萤石矿床、平桥锂矿、平桥金矿(化)点等,其中以平桥萤石矿床为典型代表,金、锂等成矿机制研究与找矿勘查相关工作仍在推进中。

一、矿区地层

区域出露地层有石炭系、二叠系、三叠系、侏罗系、第四系(图 4-3)。其中,以二叠系、三叠系分布最广,其次是侏罗系。石炭系为碳酸盐岩沉积,二叠系和三叠系均为碳酸盐岩夹碎屑岩,侏罗系为碎屑岩沉积,第四系只分布于山间河谷地带,为松散砂砾堆积物。

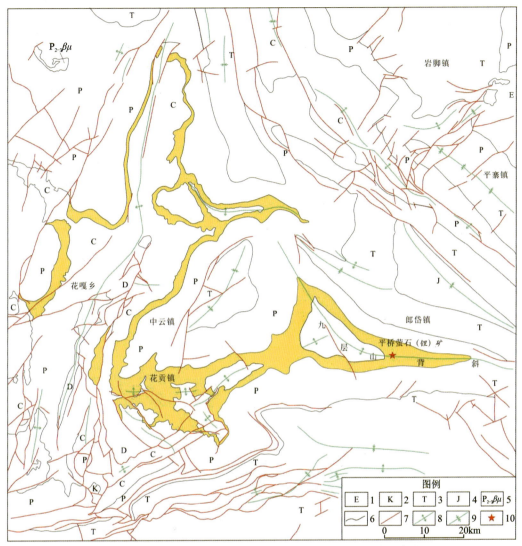

1.古近系；2.白垩系；3.三叠系；4.侏罗系；5.辉绿岩；6.地质界线；7.断层；
8.背斜；9.向斜；10.平桥萤石(锂)矿

图 4-3 平桥地区区域地质图

二、矿区构造

六枝平桥金矿点、萤石矿床位于扬子地块西缘威宁隆起区九层山背斜东段以及丁头山背斜核部附近，断裂构造不发育，主要发育 EW 向、NE 向及 NW 向断层。

1. 断裂

区内在平桥附近发育 EW 向、NW 向断层 3 条，断层规模较小，其延伸均小于 900m，其中 F_1 为逆断层，F_2 为走滑断层，F_{10} 为正断层（图 4-4）。

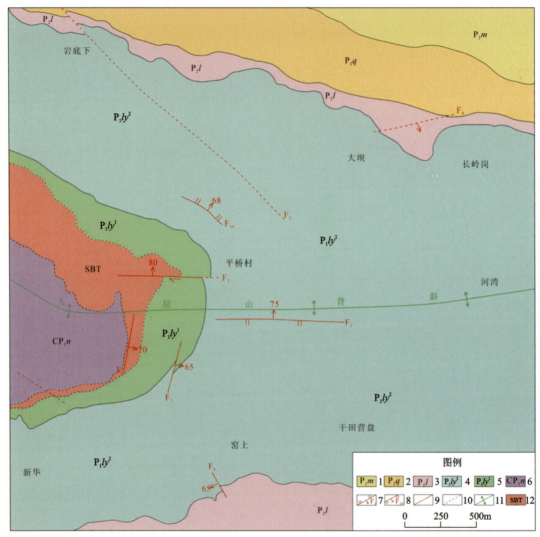

1.茅口组;2.栖霞组;3.梁山组;4.龙吟组二段;5.龙吟组一段;6.南丹组;7.逆断层;8.正断层;
9.性质不明断层;10.推测断层;11.背斜;12.构造蚀变体

图4-4 平桥矿区地质简图

(1)EW向断层。F_1断层:位于九层山背斜近轴部平桥以南,走向近EW,与九层山背斜基本一致,东西延伸约900m,倾向N,倾角为60°~75°,断距10~30m;断层两盘均为龙吟组二段碎屑岩;断层破碎带宽0.3~8m,断层破碎带内见泥质、粉砂质角砾岩,角砾大小0.2~8cm,呈次棱角状。见断面擦痕、牵引揉皱等地质现象,为逆断层,该断层沿倾向尖灭于龙吟组二段碎屑岩内。

F_2断层:位于九层山背斜北翼平桥以西,呈EW向展布,走向延伸约730m,倾向N,倾角80°;断层破碎带宽2~7m;具断面擦痕、阶步特征,为右行走滑断层,断距50~130m。

(2)北西向断层。F_{10}断层:该断层位于九层山背斜北翼平桥NW,呈NW向展布,走向长620m,倾向NE,倾角68°,断距20~55m;断层NE、SW两盘均为龙吟组二段碎屑岩,NE盘产状 25°∠32°,SW 盘 15°∠45°。断层破碎带宽 0～4m,断层破碎带内见粉砂质、硅质角砾岩,角砾成棱角状—次棱角状。见断面擦痕及角砾岩特征,为正断层。

2. 褶皱

(1)九层山背斜。由西向东沿张锅寨—半坡唐—落洞坝—平桥—洒志一带展布,长大于 25km,轴迹由 NW 向和 EW 向组成,落洞坝以西呈 NW 向展布,以东呈近 EW 向展布,于洒志向东倾伏。背斜核部为南丹组、龙吟组,两翼地层均为南丹组、龙吟组、包磨山组、梁山组、栖霞组、茅口组和三叠系,两翼岩层倾角一般为 25°～50°,局部大于 50°。背斜北翼比南稍陡且倾向、倾角变化也大,倾向为 20°～50°,倾角为 40°～60°,局部可达近 70°～80°。

九层山背斜在平桥一带出露长约 2.5km,EW 向展布,核部由南丹组、龙吟组组成,两翼分别为龙吟组、包磨山、梁山组、栖霞组。南翼地层倾角多为 25°～55°,北翼地层倾角为 20°～50°。

(2)丁头山背斜。区域上总体呈 NE 向展布,受后期 NW 向构造叠加改造,在丁头山—马家岩地段呈北西向展布,背斜延伸长 16km,自北向南轴线由 NE 向向 NW 向展布,两翼岩层倾角 25°～70°,总体呈南陡北缓,核部较陡,向两翼逐渐变缓,南部在民族附近直立倒转。核部地层为睦化组、打屋坝组及南丹组,两翼地层为南丹组、龙吟组、梁山组。背斜北东段断层不发育,南西段断层发育,南西段两翼产状变化较大。

三、矿体特征

1. 萤石

六枝特区郎岱镇平桥村萤石矿床,圈定Ⅰ号—Ⅴ号萤石矿体 5 个,估算矿石矿物量(CaF_2)42.1 万 t,达中型矿床规模,其中控制资源量 21.4 万 t,推断资源量 20.7 万 t,矿床平均品位(CaF_2)33.44%,平均厚度 2.26m。其中Ⅰ号—Ⅲ号萤石矿体规模相对较大,Ⅳ号、Ⅴ号萤石矿体规模较小。

萤石呈似层状、透镜状赋存于九层山背斜轴部及近轴部的构造蚀变体(SBT)中,矿体形态、规模、产状等受构造蚀变体控制,其分布规律与构造蚀变体展布规律基本一致,靠近背斜轴部则变厚,远离背斜则变薄,即走向上沿九层山背斜向两端逐渐变薄至尖灭,在倾向上远离背斜轴也逐渐变薄至尖灭(图4-5)。容矿岩石主要为强硅化灰岩、泥灰岩,强硅化碎裂灰岩及强硅化角砾岩,气孔状构造发育。角砾成分为硅化蚀变岩,尚未完全蚀变完的灰岩、泥灰岩等,角砾呈尖棱角状—次棱角状,大小不一,边缘不整齐,杂乱排列,具可拼合性,角砾间为岩粉、岩屑、石英、萤石、地开石等,胶结物主要为 0.01～0.1mm 半自形—他形石英。围岩蚀变主要有硅化、萤石化、地开石化、黄铁矿化。

平面上Ⅰ号和Ⅴ号萤石矿体位于九层山背斜南翼,Ⅱ号、Ⅲ号及Ⅳ号萤石矿体位于九层山背斜北翼。垂向上Ⅰ号—Ⅳ号矿体位于构造蚀变体中上部,Ⅴ号矿体位于构造蚀变体下部。Ⅰ号和Ⅱ号萤石矿体受南丹组及龙吟组一段硅化灰岩、泥灰岩、泥岩及硅化角砾岩控制,Ⅲ号萤石矿体受龙吟组一段硅化灰岩、泥灰岩及硅化角砾岩控制,Ⅳ号和Ⅴ号萤石矿体受南

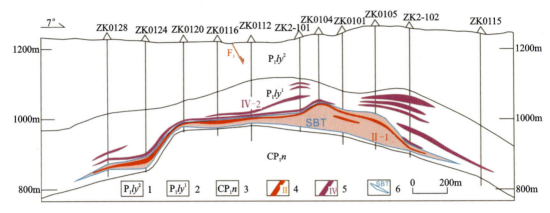

1. 龙吟组二段；2. 龙吟组一段；3. 南丹组；4. 萤石矿体及编号；5. 锂矿化体及编号；6. 构造蚀变体

图 4-5　平桥金矿点 01 勘探线剖面图（据陈星等，2021，修编）

丹组硅化灰岩及硅化角砾岩控制。

Ⅰ号萤石矿体：位于九层山背斜东倾伏端南翼平桥村以南，矿体呈似层状赋存于构造蚀变体中，矿体倾向 135°～150°，倾角 22°～35°，沿走向延伸约 360m，沿倾向延伸 200～370m，矿体平均厚度 2.83m，CaF_2 平均品位 33.87%，矿体埋深 109～384m，矿体标高+844～+1110m，估算矿石量 82.7 万 t，矿物量（CaF_2）28 万 t。

Ⅱ号萤石矿体：位于九层山背斜东倾伏端北翼平桥村以北，矿体呈透镜状赋存于构造蚀变体的中上部，矿体倾向 50°～80°，倾角 20°～40°，平均倾角 30°，沿走向延伸约 280m，沿倾向延伸约 230m，矿体平均厚度 1.34m，CaF_2 平均品位 29.1%，矿体埋深 160～350m，矿体标高+875～+1120m，估算矿石量 26.54 万 t，矿物量（CaF_2）7.7 万 t。

Ⅲ号萤石矿体：位于九层山背斜北翼平桥村北 200m，矿体呈透镜状赋存于构造蚀变体上部，矿体倾向 30°，倾角 32°，沿走向延伸约 300m，沿倾向延伸约 100m，矿体平均厚度 2.50m，CaF_2 平均品位 38.26%，矿体标高+980～+1025m，估算矿石量 16.6 万 t，矿物量（CaF_2）6.3 万 t。

Ⅳ号萤石矿体：位于九层山背斜北翼平桥村北 400m，矿体呈透镜状赋存于构造蚀变体底部，矿体倾向 30°，倾角 35°，单工程矿体厚度 1.26m，CaF_2 品位 30.01%，矿体标高+825～+880m。

Ⅴ号萤石矿体：位于九层山背斜东段南翼勘查区南部平桥村以南约 200m，矿体呈透镜状赋存于构造蚀变体下部，矿体倾向 150°，倾角 30°，单工程矿体厚度 3.72m，CaF_2 品位 40.25%，矿体标高+857～+876m。

2. 锂

六枝平桥锂资源赋存于九层山背斜轴部及近轴部的二叠系龙吟组一段，锂矿（化）体呈似层状、透镜状（图 4-4），其分布规律与构造蚀变体（SBT）展布规律基本一致，靠近背斜轴部则变厚，远离背斜则变薄，即走向上沿九层山背斜向两端逐渐变薄至尖灭，在倾向上远离背斜轴也逐渐变薄至尖灭。根据含锂层特征由上至下依次划分为a、b、c、d、e 5层,其中a、b含锂层位于龙吟组一段上部,c、d、e含锂层位于龙吟组一段下部,以d含锂层和e含锂层较为稳定。对平桥地区12.04km²范围的含锂黏土矿进行调查评价,以Li_2O含量≥0.3%初步概算平桥地区氧化锂资源18万t。平桥萤石矿床勘查工作中,对异体共生的氧化锂(Li_2O)作了综合评价,按Li_2O含量≥0.40%圈定锂"矿化"体26个,概算共生尚难利用Li_2O资源4.17万t,矿化体平均Li_2O含量为0.48%。容矿岩石主要为钙质黏土岩及泥灰岩,其次为灰岩、强硅化角砾岩。Li_2O主要赋存于锂绿泥石中,锂绿泥石是一种层状硅酸盐矿物,含量10%~25%,常呈微细粒鳞片状集合体,多与石英连生,并呈胶结物包裹石英、黄铁矿等矿物,少数锂绿泥石呈微细粒鳞片状包裹在方解石中,常含铁、硫、钾、钙、镁等杂质。

3. 金

该区工作程度较低,相关研究较少,目前未发现金矿床,但该区位于滇-黔-桂"金三角"晴隆-罗平金矿带北段,根据贵州省1:20万化探资料、六枝特区耕地质量地球化学调查评价及前期调查研究显示,六枝地区中部、西部及西南部有较好的Au、As、Sb、Hg元素异常,主要沿断层、构造蚀变体、背斜核部附近分布,牂牁镇、中寨镇西北部及新窑镇等大部分地区存在As、Hg异常,新窑镇东部及郎岱镇南部Au异常峰值达到背景值的45倍,并且已在六枝平桥CP_1n/P_1ly岩层界面形成的构造蚀变体中发现了金矿化点,岩性主要为角砾状黏土岩,具有与成矿密切相关的硅化、黄铁矿化等热液蚀变。综合研究认为:该区已发现金矿成矿作用信息及金矿化点,成矿地质条件优越,金矿找矿前景较好。

四、矿石特征

六枝平桥萤石矿床容矿岩石主要为硅化灰岩、泥灰岩、泥岩及硅化角砾岩,萤石矿石SiO_2 41.88%~75.82%,平均58.15%,CaF_2 20.69%~42.16%,平均31.62%,萤石含量小于石英,另含少量方解石,按主要矿物组合划分矿石类型主要为萤石-石英型矿石和石英-萤石型,其次为方解石-萤石型矿石,按矿石结构构造特征划分矿石类型为角砾状矿石。矿石结构主要有角砾状结构、交代残余结构、半自形粒状结构,其次微晶质结构-隐晶质结构(图4-6)。角砾状结构由"碎块"及填隙物二部分组成,"碎块"成分主要为硅化岩,内部可见微量泥晶方解石残留,填隙物成分主要为萤石、石英、方解石、地开石等;交代残余结构主要为石英交代萤石,有的矿物只被局部小范围交代,有的交代程度较高,原矿物仅剩残留结构;半自形粒状结构由半自形萤石和半自形石英等粒状集合体等镶嵌组成;微晶质-隐晶质结构主要由微晶-隐晶状萤石和石英组成。矿石构造主要为无定向构造、脉状构造及角砾状构造(图4-7)。无定向构造由"碎块"、填隙物组成,其展布无序,排列不具方向性;脉状构造主要表现为矿石中常见萤石呈脉状产出;角砾状构造为萤石矿物呈角砾状,胶结物以石英为主。

六枝平桥锂矿锂元素主要富集于二叠系龙吟组一段的钙质黏土岩及泥灰岩内,Li_2O含量随岩性变化关系为黏土岩>泥灰岩>灰岩>强硅化角砾岩。

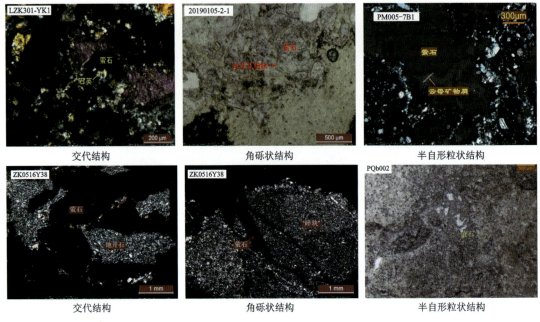

图 4-6 矿石显微结构特征

图 4-7 矿石构造特征

五、矿物组成

六枝平桥萤石矿床矿石矿物为萤石,以淡绿色为主,浅紫色次之,解理发育,透明—半透明状,玻璃光泽,主要呈半自形—他形粒状,部分粒度可达数毫米,颗粒之间紧密镶嵌分布,部分萤石颗粒中可见他形粒状石英分布,萤石主要呈团块状、脉状分布,脉宽可达1mm,呈不规则细脉状沿节理裂隙穿插,其次呈斑点状、团块状稀疏分布。脉石矿物主要为石英、方解石、高岭石,其次为黄铁矿、地开石、有机质。石英多为乳白色,半透明—不透明,弱油脂光泽,与萤石常呈互为消长关系,隐晶质或他形粒状结构,粒径 0.05~0.3mm,沿萤石晶粒间隙及裂隙分布,孔洞中常见石英晶簇;高岭石多为白色、黄色,土状、膜状、条带状产出,与石英、萤石共生,充填于构造裂隙或结晶孔隙和孔洞中,少量高岭石呈鳞片状、蠕虫状,多分布于石英脉中;黄铁矿呈黄色,浸染状或微晶状分布,结晶粒度<0.06mm,粉-微-泥晶级,呈自形—半自

形粒状,星散分布,氧化蚀变后为褐铁矿,偶见细小鳞片状、非晶质粉末状褐铁矿沿岩石裂隙分布。矿石中有益元素为 CaF_2,CaF_2 含量 20.69%～42.16%,平均 31.62%,有害组分为 SiO_2,SiO_2 含量随 CaF_2 含量增高而降低,两者呈负相关关系,其他有害组分含量甚微,一般不到矿石组分总量的 2%,SiO_2 为 41.88%～75.82%,S 为 0.38%～1.5%,P 为 0.01%～0.058%,As 为 0.001%～0.01%。

六、赋存状态

平桥萤石矿床萤石赋存状态为独立矿物 CaF_2,呈粒状晶体,结晶粒度 0.01～8mm。

平桥锂矿含锂地质体主要由石英、高岭石、方解石和锂绿泥石及少量黄铁矿、地开石等组成,锂绿泥石为 Li_2O 的主要载体矿物。锂绿泥石是一种层状硅酸盐矿物,是区内主要含锂矿物,含量 10%～25%,常呈微细粒鳞片状集合体,多见与石英连生,并呈胶结物包裹石英、黄铁矿等矿物,少数锂绿泥石常呈微细粒鳞片状包裹在方解石中,常含铁、硫、钾、钙、镁等杂质。

锂绿泥石为锂的载体矿物,为热液作用产物(图 4-8、图 4-9)。研究表明,锂绿泥石可以划分为两种类型(Ckt-Ⅰ 和 Ckt-Ⅱ),第一阶段(早阶段)锂绿泥石(Ckt-Ⅰ)呈他形集合体或透镜状产于灰色至深灰色粉砂质泥岩、泥质灰岩内,常与星点状分布黄铁矿共生,透射光下呈细脉状或片状,大小通常在 500μm 左右;第二阶段(晚阶段)锂绿泥石(Ckt-Ⅱ)产于方解石脉内,呈细鳞片状,大小通常 50μm 左右。Ckt-Ⅰ 铁含量远高于 Ckt-Ⅱ,Ckt-Ⅰ 形成温度为 123～270℃,Ckt-Ⅱ 形成温度为 95～235℃。

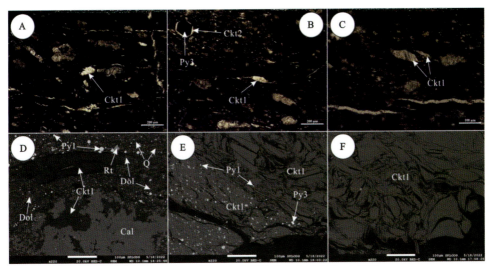

Ckt. 锂绿泥石;Q. 石英;Cal. 方解石;Dol. 白云石;Rt. 金红石;
Py1. 草莓状黄铁矿;Py3. 重结晶黄铁矿

图 4-8 平桥地区呈集合体或团斑状产于黑色硅化黏土岩中锂绿泥石(Ckt-Ⅰ)

七、蚀变特征

六枝平桥萤石、锂矿床围岩蚀变主要有硅化、黄铁矿化、方解石化、地开石化、白云石化、

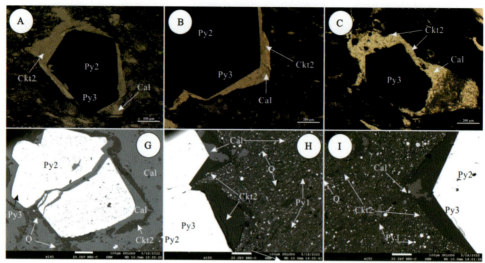

Ckt.锂绿泥石；Q.石英；Cal.方解石；Py1.草莓状黄铁矿；Py2.他形多孔状黄铁矿；Py3.重结晶黄铁矿

图 4-9　平桥地区重结晶黄铁矿边缘呈他形产出锂绿泥石（Ckt-Ⅱ）

重晶石化、萤石化、方铅矿化、闪锌矿化等，局部见雄雌黄化、金矿化和锂绿泥石化。萤石以 SBT 中下部强硅化角砾岩最为富集，黄铁矿多呈星散状产出，少量呈脉状产出，方解石、地开石一般呈细脉状穿层或顺层产出，雄雌黄矿化一般在 SBT 顶部成脉状或团块产出，呈橘红色或黄色，As 含量一般为 1%～2.38%，含雄雌黄矿石中 Au 含量一般为 $(0.5\sim 6.8)\times 10^{-6}$，但分布零星。锂绿泥石分布在 SBT 上部的黏土岩和泥灰岩中，Li_2O 含量为 0.20%～1.10%，一般在 0.30% 左右，因锂绿泥石难选，在当前技术经济条件下开发利用不经济，尚属暂难盈利的资源。

矿化蚀变垂向组合特征如下。

SBT 顶部（黏土岩）：硅化不强烈，锂绿泥石化较强，见少量星散状、浸染状黄铁矿发育。

SBT（硅化角砾岩）：见强烈的萤石矿化，见黄铁矿呈星散状、细脉状发育，镜下可见大量白云石化，方解石、地开石呈细脉状、团块状发育。有弱雄、雌黄矿化、弱金矿化。

SBT 底部（硅化灰岩）：见弱黄铁矿化。

八、地球化学特征

1. 萤石包裹体特征

平桥萤石-锂矿床萤石中包裹体众多，形状多为四边形、椭圆形、长条形、不规则形等，大小差异较大，多成孤立状、群状分布。萤石包裹体主要有 3 种类型，分别是：富气相包裹体（Type-Ⅰ），气相占包裹体总体积的 30% 以上，包裹体呈浑圆状，大小在 8～15μm 之间；Type-Ⅱ，气相占包裹体总体积的 15%～30%，主要沿着萤石晶格分布，大小在 10～20μm 之间；Type-Ⅲ，富液相包裹体，气相约占包裹体总体积的 15% 以下，大小在 20～30μm 之间，常与 Type-Ⅱ 型包裹体共存。

根据流体包裹体显微测温研究,Type-Ⅰ型流体包裹体均一温度主要为280~400℃,盐度为2.0%~8.0%;Type-Ⅱ型流体包裹体均一温度主要为140~300℃,盐度为1.0%~5.0%;Type-Ⅲ型流体包裹体均一温度主要为120~200℃,盐度为2.0%~6.0%(图4-10)。

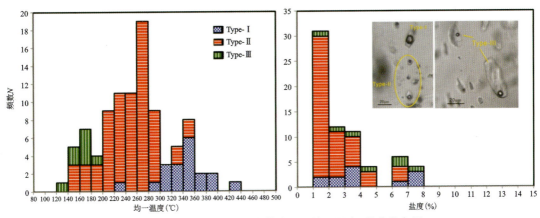

图4-10 平桥矿床萤石包裹体类型和均一温度、盐度分布图

根据萤石与含锂泥岩黏土岩的关系,矿区萤石可划分为两期。早期萤石(Fl-Ⅰ)为细粒状、他形结构,可见萤石边缘被交代溶蚀成港湾结构,方解石、地开石和锂绿泥石等矿物常充填于该期萤石间隙,且萤石中包含细粒石英。晚期萤石(Fl-Ⅱ)为粗粒结构、半自形—自形结构,主要呈脉状、团块状充填与裂隙及溶蚀空洞中,并包含早期萤石(Fl-Ⅰ),应为晚期热液事件产物。

在早期萤石(Fl-Ⅰ)中,流体包裹体以Type-Ⅰ为主,Type-Ⅱ为次,包裹体主要成群或者成带分布。萤石流体包裹体显微测温显示,该期萤石均一温度为227~435℃(平均341℃),多数为320~360℃,盐度为1.06%~7.86%(平均4.13%)。早期萤石流体包裹体群呈现出同一流体包裹体视域中不同流体包裹体之间盐度较为接近,但温度不同,测温结果表明,不同矿物生长晶格裂隙中温度截然不同,可能代表了早期萤石不同端元流体混合或者冷却过程。

在晚期萤石(Fl-Ⅱ)中,流体包裹体以Type-Ⅱ和Type-Ⅲ为主,晚期萤石均一温度为145~330℃(平均237℃),盐度为1.06%~7.45%(平均2.76%)。流体包裹体组合显示,晚期萤石包裹体粒度较小,大多为8~12μm,并在部分视域中,可见均一温度相近的富气相流体包裹体和富液相流体包裹体共存,揭示晚期成矿流体的减压沸腾作用。整体来看,从早期到晚期,萤石温度逐渐降低,但盐度变化不大,反映出平桥萤石成矿流体整体属于中-低温、低盐度热液体系。

2. 萤石成矿阶段成矿流体性质和演化

平桥萤石流体包裹体温度主要在140~380℃之间,尤其是成矿早期萤石(Fl-Ⅰ:平均341℃),其成矿温度略高于黔西南低温成矿的温度范畴(150~300℃;Su et al.,2018)。早期萤石成矿温度偏高,主要为190~340℃,且以富气相包裹体为主,激光拉曼分析显示气相成分主要为CO_2,液相成分以H_2O为主。相对而言,晚期成矿流体表现为低温低盐度特征,其流

体成分以 H_2O 为主,与大面积低温成矿与流体性质基本相同。由此可见,平桥萤石早期成矿流体性质为高—中温低盐度含少量 CO_2 的 $NaCl-H_2O$ 体系,成矿晚期为低温低盐度 $NaCl-H_2O$ 体系。

平桥萤石-锂矿床萤石流体包裹体盐度与均一温度关系图显示(图 4-11),以 Type-Ⅰ 包裹体为主的成矿早阶段主要表现出流体混合的趋势,根据流体包裹体含有少量 CO_2,推断这些流体混合可能为区域高温变质流体与低温盆地流体的混合。而成矿晚阶段(Type-Ⅱ 和 Type-Ⅲ)则主要表现为流体的沸腾作用。岩相学研究显示,晚期萤石主要充填于构造裂隙,其流体沸腾可能源于流体进入构造开放空间的减压沸腾。

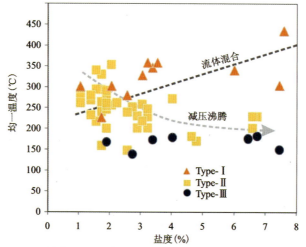

图 4-11　平桥萤石-锂矿床萤石流体包裹体盐度与均一温度关系图

3. 萤石 LA-ICPMS 微量元素

如前文所述,平桥萤石主要划分为早期粒状、团斑状萤石(Fl-Ⅰ)和晚期脉状萤石(Fl-Ⅱ)。事实上,早期萤石可分为 Fl-Ⅰ-a 和 Fl-Ⅰ-b 两种亚类型(图 4-12),其中,Fl-Ⅰ-a 具体特征为细粒萤石与重结晶黄铁矿以及锂绿泥石共生,Fl-Ⅰ-b 具体特征为萤石呈碎屑颗粒状充填于含锂泥岩黏土岩中。此外,成矿晚期萤石 Fl-Ⅱ 为脉状、透镜状,为后期充填成因,其中未发现锂绿泥石。

萤石 LA-ICP-MS 微量元素分析结果表明,早期萤石(Fl-Ⅰ-a)与锂绿泥石和黄铁矿共生,萤石 ΣREE 平均为 $105.31×10^{-6}$,$\delta Ce=0.76$,$\delta Eu=0.59$。除稀土元素外,萤石(Fl-Ⅰ-a)含 $Li[(0.19\sim124.55)×10^{-6}]$、$Fe[(92\sim252)×10^{-6}]$ 和 $Sr[(587\sim1036)×10^{-6}]$,但基本不含 Rb。萤石(Fl-Ⅰ-a)含 Li 可能是该期萤石与锂绿泥石共生,在激光剥蚀过程中打到了锂绿泥石包体,如图 4-13 显示,激光时间剥蚀曲线图中明显显示了富锂黏土岩杂质包体。这也进一步表明,早期萤石(Fl-Ⅰ-a)是与 Li 成矿是紧密相关的。此外,萤石(Fl-Ⅰ-b)ΣREE 平均为 $22.52×10^{-6}$,$\delta Ce=0.75$,$\delta Eu=0.62$,基本不含 Li(平均 $0.06×10^{-6}$),Fe 和 Sr 含量分别为 $(91\sim159)×10^{-6}$ 和 $(44\sim89)×10^{-6}$。相对而言,萤石(Fl-Ⅰ-b)ΣREE、Fe 和 Sr 含量明显低

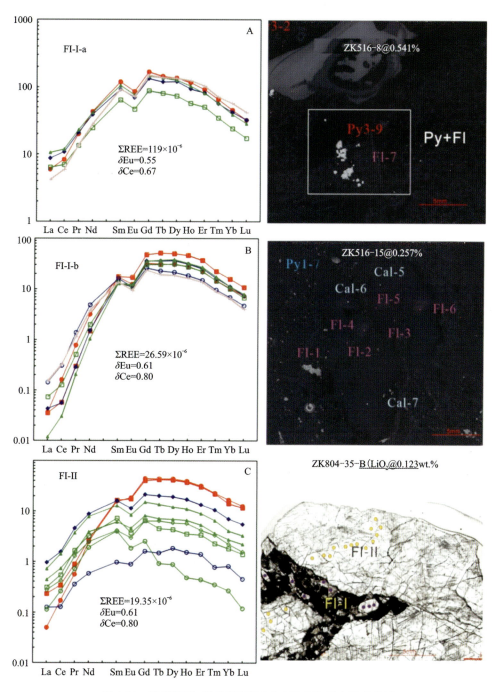

图 4-12 平桥萤石-锂矿床萤石 LA-ICP-MS 稀土元素特征

于萤石(Fl-Ⅰ-a),但 δCe 和 δEu 基本无变化。在晚期萤石(Fl-Ⅱ)中,萤石 ΣREE 平均为 17.15×10^{-6},$\delta Ce=0.76$,$\delta Eu=0.62$,Sr 含量变化较大[$(9\sim 640)\times 10^{-6}$],基本不含 Li 和 Rb,Fe 含量为 $(130\sim 151)\times 10^{-6}$。

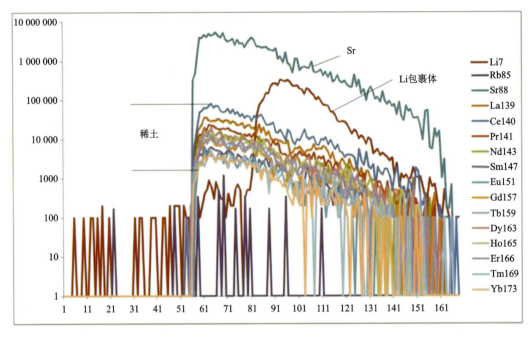

图 4-13　平桥萤石-锂矿床萤石激光剥蚀时间曲线

不同期次萤石稀土含量显示,从成矿早期至成矿晚期,萤石中稀土元素整体为中稀土(MREE)富集特征,呈现出 Eu 明显负异常和 Ce 的负异常,与黔西南金-锑矿床中伴生萤石稀土配分基本一致。另外,ΣREE 从成矿早期至成矿晚期含量逐渐降低,表明随着成矿作用的进行,流体中的稀土被逐渐消耗,这也进一步说明萤石-锂成矿流体与低温成矿事件有关。

岩相学研究显示,平桥矿床早期萤石大多呈细粒状或团斑状产出,而晚期萤石多以脉状产出,在 Tb/La-Tb/Ca 图(图 4-14)中,晚期脉状萤石均落入热液成因区域,而早期萤石虽然落入沉积成因区域,但多数投影点位于沉积-热液线附近,暗示早期萤石形成过程中,由于赋矿地层混入成分较多造成所形成萤石继承了其微量元素特征所致,因此,认为平桥矿区两期萤石皆为热液成矿作用的产物。已有的研究表明,含钙矿物的 $\delta Eu(Eu/Eu^*)$ 和 $\delta Ce(Ce/Ce^*)$ 异常可用于指示流体的物化条件,如温度、pH 和氧化还原条件。Eu 和 Ce 是变价元素,对外界氧化还原条件的反应很灵敏,平桥所有的萤石均呈现弱的负异常($\delta Ce = 0.43 \sim 1.38$,平均 0.76),以及明显的 Eu 负异常($\delta Eu = 0.38 \sim 0.74$,平均 0.61)。在氧逸度较高(相对氧化)的条件下,Ce^{3+} 易被氧化成 Ce^{4+},而后者溶解度很低,不易进入流体,所以流体呈现负 Ce 异常,导致沉淀矿物亦表现出负 Ce 异常。而根据 REE 地球化学演化的氧化-还原模式,在相对氧化的条件下,Eu^{2+} 被氧化成 Eu^{3+},而后者离子半径增大,不易替代 Ca^{2+},导致结晶的萤石具有负 Eu 异常特征。事实上,平桥矿床全部萤石样品的 Eu 呈现明显的负异常,表明成矿流体处于氧化的环境下。而在相对氧化的条件下,萤石应具有负 Ce 异常,这与平桥萤石弱的负异常(平均 0.76)以及明显的 Eu 负异常(平均 0.61)是相一致的。

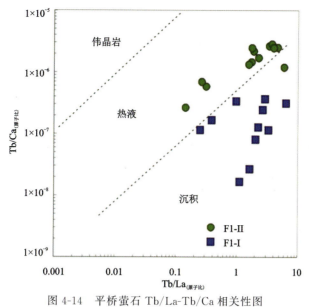

图 4-14 平桥萤石 Tb/La-Tb/Ca 相关性图

（沉积岩、热液和伟晶岩的 Tb/Ca 和 Tb/La 比值来自 Molleretal.，1976）

4. 成矿年代

尝试通过激光剥蚀-多接收-电感耦合等离子体质谱（LA-MC-ICP-MS）方解石 U-Pb 定年，获得了一个精度较高的下交点年龄（134±4.5）Ma（图 4-15；未发表），表明六枝平桥萤石、锂矿形成于早白垩世，结合该地区已有的同位素年龄，六枝平桥萤石、锂矿可能与燕山期太平洋板块俯冲有关。

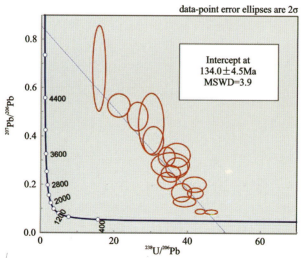

图 4-15 六枝平桥萤石、锂矿方解石 Tera-Wasserburg U-Pb 谐和图解

第四节 小 结

  沿 CP_1n/P_1ly 不整合面形成的构造蚀变体主要分布在北西向紫云-水城裂陷槽盆区,总体呈北西向展布,厚0~98m,普遍具硅化、黄铁矿化、萤石化、地开石化,是该区金、萤石、锂等矿产资源的主要含矿地质体,主要产出平桥金矿(化)点、平桥萤石矿床等,其中以平桥中型萤石矿床为典型代表,金、锂等成矿机制研究与找矿勘查相关工作仍在推进中,前期研究成果显示该区成矿地质条件优越,金、锂等找矿前景较好。

  由于岩性组合特征有差异,在该 SBT 内的北东侧,金、萤石等热液矿床成矿条件较好;在该 SBT 内的南西侧,金、萤石等热液矿床成矿条件一般;而该 SBT 内的中间区域(北西向展布),金、萤石等热液矿床成矿条件相对更有利。

第五章 台地相区中二叠统—上二叠统层次

中二叠统—上二叠统在右江盆地广泛分布。在台地相区，该层次中 SBT 主要产于茅口组（P_2m）和龙潭组（P_3l）或峨眉山玄武岩（$P_3\beta$）之间。赋存于该层次的典型矿床有贵州水银洞金矿、泥堡金矿、戈塘金矿、架底金矿、大麦地金矿和云南堂上金矿等。另有产于中二叠统—晚二叠统之间的以晴隆大厂锑矿为主的锑矿床，由于已有专著，本次不再描述。

第一节 层次特征

一、地层

1. 龙潭组

龙潭组旧称"龙潭煤系"，源于丁文江（1919）命名于江苏南京东郊龙潭镇的龙潭煤系，原义指位于船山灰岩与张公岭灰岩之间的一套海陆交替相含煤砂页岩地层，时代为二叠纪。

在贵州，龙潭组是"平行不整合于峨眉山玄武岩或茅口组之上的一套由砂岩、粉砂岩、黏土岩夹煤层及少量硅质岩、灰岩等组成的地层"（弃用长兴组及大隆组）。把分布于兴义-六盘水片区的兴义雄武、兴仁、晴隆至六盘水曹家营、赫章六曲一带的"平行不整合于峨眉山玄武岩组或茅口组第二段之上，整合于飞仙关组及夜郎组之下的一套乐平世海陆交替相含煤碎屑岩夹灰岩及硅质岩"称为"大"龙潭组。把主要分布于毕节-安顺片区及遵义-正安片区的广大地域，另在关岭-牛田小区的下哨、牛田等地有出露的"平行不整合于峨眉山玄武岩组或茅口组第二段或第一段或整合于领薅组之上、整合于长兴组之下的一套乐平世早中期海陆交替相含煤碎屑岩夹灰岩及硅质岩"称为"小"龙潭组（戴传固等，2013）。

在广西，龙潭组主要分布在广西东部的贺县永庆圩、全州、平乐等地（广西壮族自治区地质矿产局，1985）。在云南，龙潭组主要分布于昆明-宁蒗地层区的镇雄-个旧分区，在富宁、永胜分区分别称为吴家坪组与黑泥哨组，其上部为长兴组（云南省地质矿产局，1990）。

2. 峨眉山玄武岩组

峨眉山玄武岩组源于赵亚曾 1929 年创名于四川峨眉山的"峨眉山玄武岩"。原义指位于"阳新灰岩"之上、乐平煤系之下的一套乐平世"厚的席状基性熔岩流"。

在贵州，峨眉山玄武岩组主要分布于毕节—黔西—瓮安—贵阳—晴隆一线以南、以西地区,该线以北、以东地区缺失。其中毕节—织金—安顺—兴仁一线以西地区多成片分布;瓮安、福泉、息烽、黔西及贵阳一带零星分布;在都匀西南石龙乡草坡附近亦有少量出露(戴传固等,2013)。

在云南,峨眉山玄武岩组在罗平—个旧以北广泛分布,不整合覆盖在茅口组灰岩之上,主要为一套陆相基性火山岩。在昆明小区的建水县桃园以及宾川小区的一些地方,其底部的玄武岩具枕状构造,并夹灰岩透镜体。在永胜分区则全为海相火山岩,称为杨家坪组,以致密状玄武岩为主,夹火山角砾岩及灰岩透镜体(云南省地质矿产局,1990)。

3. 茅口组

茅口组源于乐森璕(1929)命名于贵州省六枝地区郎岱镇西南约33km茅口(今名毛口)村打铁关附近的"灰岩"。

贵州地区,茅口组在独山-威宁-兴义小区(黔南型)、遵义-务川及天柱-黎平小区(黔北型)皆有出露,在天柱-黎平小区仅有零星出露(戴传固等,2013)。在云南地区,茅口组分布广泛,邻近川滇古陆的武定—昆明—通海和华坪—宾川—祥云一带,多为白云质灰岩,夹白云岩或虎斑状白云质灰岩;远离古陆则为生物碎屑灰岩、致密状灰岩,偶见鲕状灰岩(云南省地质矿产局,1990)。在广西的桂北、桂中地区,茅口组皆有广泛分布(广西壮族自治区地质矿产局,1985)。

二、沉积相特征

在贵州地内,出露的地层主要是泥盆系至三叠系,以三叠系广泛分布为特征,二叠系次之,泥盆系和石炭系仅见于少数背斜核部。泥盆系至二叠系发育显示了浅海陆棚台、盆相交替的沉积特色。泥盆纪至中二叠世,台地和盆地的沉积格局交替频繁,均以碳酸盐岩为主,夹细碎屑岩和硅质岩。晚二叠世至三叠世,大致沿关岭、贞丰、安龙及云南罗平一线,台地相和盆地相的沉积分野渐趋明显。西北部(台地相区)的上二叠统为潮坪相含煤细碎屑岩系,三叠系主要是碳酸盐岩,以龙头山层序为代表;东南部的上二叠统仍为碳酸盐岩,三叠系则以细碎屑岩为主,盆地边缘的斜坡相带发育重力流及浊流沉积,以赖子山层序为代表。台地相和盆地相地层横向上变化十分明显,同一时限的层位往往有多个不同的岩石地层单元并存(刘建中等,2012)。

在云南地区,二叠系既有地台型碳酸盐岩、含煤碎屑岩等,又有地槽型复理石或类复理石建造,并广泛发育陆相—海相的基性火山岩。在昆明—宁蒗地区,二叠系为典型的地台型建造。下二叠统以前海相碳酸盐岩为主,古隆起边缘常以砂页岩直接超覆在不同时代地层之上。上二叠统岩相变化较大,类型复杂:有浅海、滨海相碳酸盐岩或含煤砂页岩;陆相含煤砂泥岩以及陆相—滨海相—浅海相的基性火山岩(云南省地质矿产局,1990)。

在广西地区,下二叠统岩性稳定,栖霞组在南丹、河池一带下部或底部为滨海或海陆交互相沉积。茅口组岩性变化与栖霞组相似,但在桂北、桂中地区处于与孤峰组相变过渡地带,故含大量燧石和硅质岩。在隆林、巴马、田东和田林县八渡等地,茅口组中上部含角砾状灰岩,属深水碳酸盐角砾岩。角砾成分一类来自深水斜坡和盆地沉积,为薄层泥晶灰岩、钙质或硅质泥岩、凝灰岩；另一类来自浅水碳酸盐岩台地及台地边缘，为礁灰岩、鲕粒灰岩、藻灰结核灰岩等（广西壮族自治区地质矿产局，1985）。

三、岩石组合特征

1. 龙潭组

贵州地区的大龙潭组主要岩性为灰色、深灰色中厚层黏土岩、粉砂质钙质黏土岩，夹绿灰色中厚层玄武质屑砂岩、粉砂岩、深灰色灰岩、硅质岩及数十层煤（线）。大龙潭组厚174~653m，一般为350~450m。根据岩性差异，可分为3段。第一段，灰色、深灰色薄至中厚层黏土岩、粉砂质黏土岩，夹深灰色薄至中厚层菱铁质粉砂岩、含砾岩屑砂岩及1~5层煤层（线），其中有1~3层可采煤层，局部地区夹呈透镜状分布的玄武质沉火山角砾岩、玄武质沉凝灰岩及凝灰岩。顶部为深灰色中厚层含生物亮晶至泥晶灰岩及燧石灰岩，厚53~92m。第二段，灰色、黄灰色黏土岩、砂质黏土岩，夹灰色、深灰色中厚层钙质砂岩、粉砂岩、菱铁矿层、碳质页岩及3~45层煤（线）。局部夹少量深灰色中厚层燧石灰岩及硅质岩（戈塘）。顶部10~30m为黄绿色、褐黄色中厚层岩屑砂岩夹黏土岩。第三段，深灰色、灰绿色黏土岩、钙质砂质黏土岩，夹较多灰色、深灰色中厚层泥质灰岩、生物屑灰岩及少量深灰色薄至中厚层玄武质岩屑砂岩、钙质粉砂岩及硅质岩薄层。下部或近底部夹2~10层煤层（线）（戴传固等，2013）。

贵州地区的小龙潭组岩性以深灰色黏土岩、粉砂质黏土岩为主，夹岩屑砂岩、粉砂岩、燧石灰岩、菱铁矿薄层及2~20层煤。厚72~349m。根据岩性差异，可分为2段。第一段，灰色、深灰色、黄灰色黏土岩、粉砂质黏土岩，夹少量灰色、深灰色薄至中厚层泥质粉砂岩、细砂岩、菱铁矿层及1~10层煤层（线），局部夹深灰色薄至中厚层灰岩及燧石灰岩。第二段，灰色、深灰色黏土岩、粉砂质黏土岩，夹少量灰色薄至中厚层粉砂岩、细砂岩、薄层硅质岩及1~15层以上的煤层（线）。底部常为5~10m灰色中厚层细砂岩及岩屑砂岩（戴传固等，2013）。

在广西地区，龙潭组的岩性变化大致是由南东往北西和自下而上碎屑岩由粗变细。在贺县永庆圩，下部多为陆相粗屑岩，上部逐渐变为海陆交替相细屑岩。在全州、平乐等地，主要为细屑岩夹煤屑。贺县永庆圩龙潭组地层厚588m（广西壮族自治区地质矿产局，1985）。

在云南地区，龙潭组分布在镇雄—个旧一带，为滨海沼泽相页岩、粉砂质页岩、粉砂岩、砂岩夹煤层/线，局部以粉砂岩、硅质岩为主，出露厚度为34~263m（云南省地质矿产局，1990）。

2. 峨眉山玄武岩组

在贵州地区，峨眉山玄武岩组为暗灰绿色、灰黑色潜火山相辉绿岩（或称潜玄武岩）、拉斑玄武岩、粗玄岩及杏仁状玄武岩，夹玄武质熔岩砾岩、玄武质火山角砾岩、玄武质角砾集块岩及紫红色沉凝灰岩、玄武质沉凝灰岩、玻屑沉凝灰岩，此外尚夹深灰色中薄层燧石灰岩、硅质岩，紫色凝灰质黏土岩、粉砂质黏土岩、深灰色薄至中厚层细砂岩及煤层（线）。厚0~1249m（戴传固等，2013）。

在云南地区，据昆明-宁蒗地区永善县双旋上二叠统峨眉山玄武岩组剖面，岩性可分为3段。第三段（259.9m），暗灰色、墨绿色致密块状玄武岩，夹杏仁状玄武岩。第二段（144m），上、下部灰绿色杏仁状含沸玄武岩,中部块状含斑玄武岩。第一段(243m),灰绿色玄武质火山集块岩,含灰岩角砾(云南省地质矿产局,1990)。

广西地区鲜见峨眉山玄武岩分布,本著作不作描述。

3. 茅口组

在贵州地区,黔南型岩性为浅灰色、灰白色厚层块状泥晶生物屑灰岩及深灰色中厚层燧石灰岩夹硅质岩,厚50～591m。根据岩性差异,可分2段。第一段,浅灰白色、灰色夹深灰色中厚层至块状泥晶灰岩、泥晶至微晶生物屑灰岩。第二段,下部灰黑色、深灰色中厚层燧石灰岩夹深灰色泥晶灰岩及硅质岩,底部局部夹薄层含锰灰岩;中及上部浅灰色至深灰色中厚层、厚层泥晶灰岩、生物屑灰岩夹燧石灰岩及硅质岩。黔北型下部为深灰色、灰黑色夹浅灰色中厚层、厚层泥晶灰岩、生物屑灰岩,夹灰黑色中厚层眼球状灰岩、含燧石结核灰岩及泥灰岩;上部灰黑色、浅灰色薄至厚层燧石灰岩、生物屑灰岩夹硅质岩(戴传固等,2013)。

在云南地区,茅口组岩性主要为浅灰色、暗灰色、灰黑色块状灰岩;底部为生物碎屑灰岩、砾状灰岩;浅灰色厚层块状灰岩;灰白色厚层灰岩,上部略染黑色斑点(云南省地质矿产局,1990)。

在桂北、桂中地区,茅口组含有大量燧石或硅质岩,局部含泥质,颜色较深,一般厚300～600m。桂西和桂西南地区,燧石或硅质岩相对减少,白云质灰岩和白云岩增多,角砾状灰岩较为发育。百色县阳圩、龙川、田东县义圩、平果县灵塘、武鸣县灵马等局部地区,茅口组为深灰色至灰黑色灰岩、硅质灰岩夹硅质岩、硅质页岩、泥岩及含锰硅质岩,硅质岩局部含磷。田东县印茶附近,茅口组顶部夹一层约2m厚的中基性凝灰熔岩或基性凝灰岩。宁明县下石那哮和那坡县百都下华一带,茅口组夹大量中、基性海底火山喷发岩及火山碎屑岩(广西壮族自治区地质矿产局,1985)。

第二节 构造蚀变体

中二叠统—上二叠统中的构造蚀变体(SBT)为产于P_2m和P_3l或$P_3\beta$之间沉积间断面-不整合界面附近的一套深灰色中层强硅化角砾状硅质蚀变岩石及角砾状黏土岩或角砾状凝灰岩组合,以角砾状构造及强蚀变为显著特征,是由区域性构造作用形成并经热液蚀变的构造蚀变岩石,是多阶段构造-热液活动的产物。其矿物组成包括石英、方解石、黄铁矿、高岭石、雄黄、雌黄等(图5-1;刘建中等,2012)。

由于晚二叠世地层岩性的不同,各个矿区之间的SBT存在一些差异,现分述如下。

一、岩石组合特征

对于晚二叠世地层为细碎屑岩,以水银洞金矿和戈塘金矿为代表,其岩石组合特征如下:在水银洞金矿区,SBT隐伏于地表300～1500m以下,呈层状—似层状产出,走向与背斜轴线一致,呈东西向展布,顶板为黏土质粉砂岩和粉砂质黏土岩,底板为灰色中厚层至块状生物灰

第五章 台地相区中二叠统—上二叠统层次

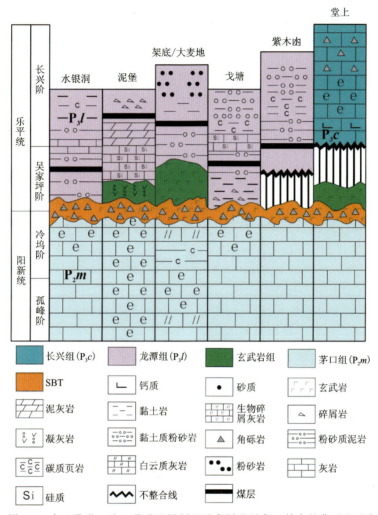

图 5-1 中二叠世—晚二叠世地层剖面示意图及赋存于其中的典型金矿床

岩,厚度 5.08~41.51m,平均厚度 16.23m。对钻孔普遍揭露的 SBT 进行详细分析表明,其岩性总体表现为上部深灰色强硅化灰岩角砾、薄层条带状黏土质粉砂岩;下部含碳质黏土岩、黏土岩与角砾岩互层(刘建中等,2012)。

晚二叠世地层为凝灰岩,以泥堡金矿为代表,其岩石组合特征如下:泥堡金矿区的 SBT 为角砾状含凝灰质次生石英岩、强硅化灰岩、硅质岩、峨眉山玄武岩组($P_3\beta$)凝灰岩及龙潭组一段、二段(P_3l^{1+2})部分蚀变岩石。其岩性为灰色、深灰色角砾状凝灰岩、沉凝灰岩及浅灰色、浅紫红色角砾状强硅化灰岩、硅质岩。硅化灰岩晶洞发育,见方解石、石英晶族。该层厚 19~53m(刘建中等,2012;宋威方,2022)。

晚二叠世地层为峨眉山玄武岩组,以堂上金矿和架底金矿为代表,其岩石组合特征如下:堂上金矿和架底金矿中的 SBT 两者相似,其岩性主要为角砾状凝灰岩、角砾状玄武质火山角砾岩、角砾状玄武岩及角砾状灰岩,其次为蚀变火山角砾岩、玄武质火山砾岩。

二、矿化蚀变特征

晚二叠世地层为细碎屑岩的水银洞和戈塘金矿，SBT 由硅化角砾状黏土岩、强硅化角砾状灰岩、强硅化灰岩组成，蚀变强度由弱→强→弱，矿化强度同样如此，普遍具硅化、黄铁矿化、萤石化、雄(雌)黄化、锑矿化、金矿化等。

在晚二叠世地层为凝灰岩的泥堡金矿，SBT 主要为硅化角砾岩，普遍具硅化、黄铁矿化、萤石化、雄(雌)黄化、锑矿化、金矿化等。

在晚二叠世地层为峨眉山玄武岩组的架底和大麦地金矿，SBT 中的热液蚀变类型主要以硅化、黄铁矿化和碳酸盐化为主，次为毒砂化、雄(雌)黄化、黏土化等。其中与成矿关系最密切的为硅化、黄铁矿化、白云石化、毒砂化。

三、结构构造特征

1. 结构特征

中二叠世—晚二叠世地层中的 SBT 中常见的结构包括草莓状结构、环带结构、球状结构、胶状结构、自形晶结构、交代结构、假象结构、碎裂结构等。

假象结构：生物碎屑被白云石化或硅化而呈生物碎屑假象。

交代结构：白云石交代方解石，黄铁矿交代生物碎屑，毒砂交代生物碎屑，石英交代方解石等。

草莓状结构：由众多微细粒的黄铁矿规则或不规则排列堆集而形成的大多≤0.05mm 的草莓状黄铁矿。

球状结构：胶状黄铁矿形成黄铁矿球形胶粒，球粒大小 0.004~0.06mm，多以 0.02~0.04mm 为主。

胶状结构：胶状黄铁矿与自形—半自形粒状黄铁矿呈多种组合形态。先期形成的立方体状、五角十二面体状黄铁矿为内核，外面形成一层西瓜皮状胶状黄铁矿。

自形晶结构：黄铁矿形成立方体、五角十二面体，毒砂形成菱形、矛形晶，白云石形成自形菱形晶体、辉锑矿呈针柱状。

隐晶质结构：火山灰物质蚀变成隐晶质黏土矿物。

凝灰结构：粒度细小的火山碎屑物质(介于 0.0625~2mm)堆积固结而成。

火山泥球结构：火山灰级碎屑物质凝聚成球状，豆状，椭球状。一般认为是当雨滴通过喷发云时由湿润的火山灰凝聚而成，见于陆相火山碎屑岩中。

残余火山凝灰结构，硅质交代凝灰岩。呈粒状，脉状镶嵌结晶石英包裹自形黄铁矿。

2. 构造特征

中二叠世—晚二叠世地层中的 SBT 的主要构造有角砾状构造、星散浸染状构造、脉(网脉)状构造、晶洞状构造、生物遗迹构造、条带(纹)状构造、针柱状构造等。

角砾状构造：硅化灰岩角砾、黏土岩角砾被石英、方解石胶结呈角砾状构造。

星散浸染状构造：黄铁矿、毒砂在矿石中呈星散浸染状分布。

脉(网脉)状构造：方解石、石英、高岭石、雄(雌)黄、黄铁矿等呈脉状网脉状充填于岩石的节理裂隙中。

晶洞状构造：方解石被白云石交代形成的孔洞或方解石溶蚀而形成的孔洞，孔洞内形成石英、萤石、雄黄(极少)、辰砂(偶见)、黄铁矿立方体自形晶等。

生物遗迹构造：黄铁矿、石英、方解石、白云石交代并充填某些生物遗迹。

条带(纹)状构造：黄铁矿密集呈条带(纹)状分布。

环带状构造：热液期黄铁矿往往形成含砷黄铁矿环带而具显微环带状构造，而金则赋存于含砷黄铁矿环带中，其内核则无含金显示。

针柱状构造：辉锑矿呈针柱状、放射状于岩石节理裂隙中(刘建中等，2012)。

第三节 水银洞金矿床

水银洞金矿床位于黔西南州贞丰县城北西20km灰家堡矿集区东段。水银洞金矿自西向东划分为西矿段、中矿段、东矿段、雄黄岩、簸箕田和纳秧6个矿段(图5-2)。目前累计探明金资源量超过295t，是目前右江盆地中最大的金矿床，金平均品位5g/t(刘建中等，2023)。

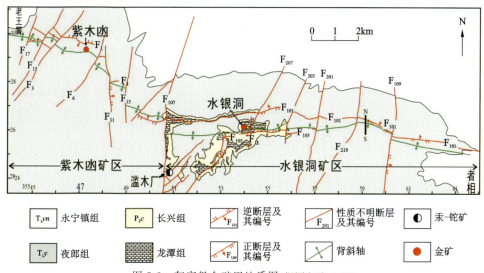

图5-2 灰家堡金矿田地质图(据谭亲平，2015)

一、矿区地层

区内出露及钻遇地层有茅口组(P_2m)、龙潭组(P_3l)、长兴组(P_3c)、大隆组(P_3d)、夜郎组(T_1y)、永宁镇组(T_1yn)(图5-2、图5-3)。矿体主要赋存于SBT和龙潭组生物碎屑灰岩中。

该区的茅口组的岩性为灰色中厚层至块状生物灰岩，局部夹浅灰色中层白云质灰岩，具缝合线构造，产纺锤虫、珊瑚等化石。

龙潭组分为3段：龙潭组第一段(P_3l^1)为深灰色中层粉砂质黏土岩，局部粉砂质含量较高,具碎裂化,具条带构造,节理发育,方解石细脉穿层、顺层产出,微细粒、细粒黄铁矿呈脉状、团块状、浸染状分布,偶夹深灰色中层含生物屑灰岩,具缝合线构造,弱硅化特征。受沉积时期古地理的影响,龙潭组第一段厚度变化较大,纵向上自西向东逐渐增厚,横向上自南向北逐渐减薄,厚度26.14~173.13m,平均厚度85.02m,龙潭组第一段有零星透镜状矿体产出。龙潭组第二段(P_3l^2)为粉砂质黏土岩、黏土质粉砂岩夹生物碎屑灰岩、粉砂岩、碳质黏土岩及煤线,厚度88.25~121.78m,平均厚度106.39m。龙潭组第三段(P_3l^3)为粉砂质、碳质黏土岩、粉砂岩黏土岩和生物屑灰岩不等厚互层,厚度76.78~95.81m,平均厚度88.07m(谭亲平,2015)。

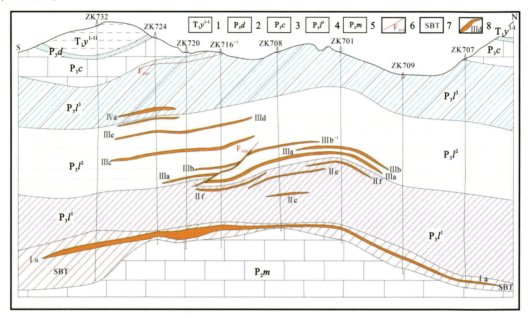

1.夜郎组一段第一亚段;2.大隆组;3.长兴组;4.龙潭组第三段;5.茅口组;6.断层及编号;
7.构造蚀变体;8.金矿体及编号

图5-3 水银洞金矿7线勘探线剖面图(据刘建中等,2006)

二、矿区构造

矿区内构造主要发育有近EW向、近SN向构造(图5-2)。区内受SN向挤压应力作用而形成了近EW向构造。由于在灰家堡背斜不同地段褶皱缩短和逆冲位移大小不同而形成撕裂,从而形成了近SN向的走滑断层。

1. 褶皱

灰家堡背斜为矿区内主干构造,东起者相,西止于老王箐附近,全长约20km,总体为轴向近EW的宽缓短轴背斜。背斜核部地层为龙潭组、长兴组和大隆组,两翼地层为夜郎组和永宁镇组。背斜轴向在水银洞矿区内总体近EW向,核部地层近于水平,两翼岩层倾角10°~20°,轴面近于直立,两翼基本对称。该背斜上主要发育有两组断层,即平行于背斜轴向的近EW向纵断层和垂直于背斜轴向的近SN向横断层。近EW向纵断层主要分布在背斜核部,背斜东段沿背斜两翼分别发育一条逆冲断层,南翼逆冲断层向南倾斜,向北逆冲,北翼逆冲断层向北倾斜,向南逆冲,两者在空间上构成同向背斜轴部逆冲的对冲断层样式(谭亲平,2015)。

2. 断层

近东西向断裂以 F_{101} 断层和 F_{105} 断层为代表。F_{101} 断层展布于灰家堡背斜北翼近轴部,贯穿水银洞矿区,长约13km,倾角50°~65°,垂直断距30~150m,破碎带宽2~6m,为一倾向北的逆冲断层,上盘地层局部地段牵引成背斜。F_{101} 断层走向变化舒缓,倾角陡倾斜变化较大,断层被近南北向断层切断,受到先期的构造作用力,褶皱变形形成断裂,断裂有向地表爬坡的几何特征,地表断层带膨大,向深部断层带收缩变窄,自深向浅部断层均匀变化,没有断裂分支。

F_{105} 断层位于灰家堡背斜南翼近轴部,西起三家寨,长约4km,在簸箕田矿段内尖灭,倾角45°~55°,垂直断距10~50m,破碎带宽2~25m为一条倾向南的逆断层。F_{105} 断层形态表现为沿顺层断裂并向地表地层爬坡,向地表切断长兴组和大隆组,断坪带处于龙潭组中并逐渐尖灭。

近南北向横断层在背斜不同地段均有分布,如 F_{203}、F_{201}、F_{109} 等断层。近南北向断层倾角通常较陡(60°以上),地表露头可见走滑特征明显,错断东西向构造(谭亲平,2015)。

三、矿体特征

矿体产于上二叠统龙潭组和龙潭组与茅口组之间的SBT中(图5-3)。龙潭组中以层控型为主、断裂型为辅,埋藏于地表150~1400m以下的复合型盲金矿床,赋矿围岩主要有龙潭组生物碎屑灰岩和构造蚀变体。主要矿体Ⅲc、Ⅲb、Ⅲa、Ⅱf、Ⅰa呈层状—似层状产出,矿体长多为500~700m,宽50~350m,仅Ⅰa矿体宽600m,具品位高、厚度薄、多层矿体上下叠置的特点。单个矿体储量大,Ⅲc矿体和Ⅲa矿体分别达中型金矿床规模。主要矿体Ⅲc、Ⅲa和Ⅰa厚度稳定、品位均匀、破坏程度小、走向规模大、倾向规模中—大,矿体形态简单(谭亲平,2015)。

Ⅲc矿体呈似层状产于灰家堡背斜近轴部南翼,赋存于龙潭组第二段中部的生物碎屑灰岩中,倾向S,倾角50°~10°,距龙潭组顶界约160m,东西长700m,平均宽200m。Ⅲc矿体平均品位大于 $10×10^{-6}$,平均厚度2.23m,品位变化系数63.27%,厚度变化系数32.72%,占矿床总储量的33%。

Ⅲa矿体呈似层状产于灰家堡背斜轴部,赋存于龙潭组第二段底部的含泥砂质生物碎屑灰岩中,距Ⅲc矿体底板33~50m,倾向S或N,倾角50°~10°,长800m,平均宽200m。Ⅲa平均品位 $>10×10^{-6}$,平均厚度2.27m,品位变化系数92.18%,厚度变化系数46.95%,占矿床总储量的35%。

Ⅰa矿体呈似层状产于灰家堡背斜轴部,赋存于茅口组与龙潭组不整合界面的构造蚀变体中,EW走向长500m,SN倾向延伸630m,矿体形态与构造蚀变体形态一致,倾向S或N。Ⅰa矿体平均品位 $6.87×10^{-6}$,平均厚度3.11m,品位变化系数78.64%,厚度变化系数122.17%,占矿床总资源(储量)的13%。

四、矿石特征

按容矿岩石分为碳酸盐岩型、角砾岩型和钙质砂岩型。矿石中的结构主要有草莓状结构、球状结构、胶状结构、自形晶结构、交代结构、假象结构。矿石构造主要有星散浸染状构造、缝合线构造、脉（网脉）状构造、晶洞状构造、生物遗迹构造、角砾状构造、条纹状构造、薄膜状构造等（谭亲平，2015）。

五、矿物组成

矿石中的金属矿物主要有黄铁矿、毒砂、赤铁矿、辉锑矿、辰砂（偶见）、雄黄、雌黄、硫砷铊汞矿（偶见）（图5-4）。金主要以不可见金赋存于含砷黄铁矿中，少量赋存于毒砂中。非金属脉石矿物主要有石英、白云石、方解石、水云母、绢云母、高岭石、萤石、海绿石、有机碳、变质沥青（谭亲平，2015；谢卓君，2016）。

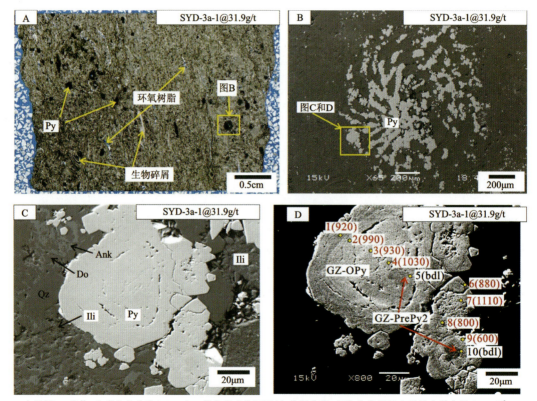

水银洞3a矿体，全岩金品位为31.9g/t。黄色实点为EPMA分析位置，标注为分析的点号及金的含量（$\times 10^{-6}$）。A. 高品位生物碎屑灰岩含有大量黄铁矿，少量孔隙被蓝色环氧树脂充填（PSS照片）；B. 成矿期黄铁矿取代生物碎屑（BSE照片）；C. 高品位生物碎屑灰岩中含有石英、白云石、铁白云石、黄铁矿和伊利石，成矿期黄铁矿被石英、铁白云石和伊利石围绕，白云石围绕他形铁白云石（BSE照片）；D. 第二类成矿前黄铁矿被成矿期黄铁矿包裹（BSE照片）。缩写：bdl. 低于检测限（约120×10^{-6}）；BSE. 背散射电子；Do. 白云石；Ank. 铁白云石；GZ-PrePy2. 第二类成矿前黄铁矿；GZ-OPy. 成矿期黄铁矿；Ili. 伊利石；PSS. 薄片扫描；Py. 黄铁矿；Qz. 石英

图5-4 水银洞高品位生物碎屑灰岩中黄铁矿和蚀变特征（据谢卓君，2016）

六、蚀变特征

热液蚀变类型主要为黄铁矿化、白云石化、硅化、毒砂化、雄（雌）黄化、方解石化、辉锑矿化、萤石化、滑石化、辰砂化等。硅化、白云石化、黄铁矿化组合与成矿作用关系最为密切。

硅化：矿石普遍具强烈硅化作用，主要表现为两期。矿化期硅呈隐晶质玉髓交代岩石，矿石含 SiO_2 普遍高达 30%～40%。晚期表现为晶粒石英，颗粒细小，呈斑块状、细脉状充填于溶蚀孔洞或充填于岩石的节理裂隙中，或呈自形、半自形、他形粒状分布于溶蚀孔洞中及断层破碎带中。

白云石化：颗粒细小，呈自形菱面体产出，自形白云石亮晶交代泥晶方解石。白云石粒径在 0.01～0.05mm 之间。矿石普遍具强烈白云石化。

黄铁矿化：黄铁矿呈自形、半自形或他形浸染状星散状分布，次呈细脉状、条带状、透镜状分布，颗粒细小。热液期黄铁矿明显表现为两期：第一期为沿沉积期的不规则状或草莓状黄铁矿内核生长成的砷黄铁矿环带，早期（沉积期）黄铁矿不含金，金赋存于含砷黄铁矿环带中；第二期为金沉淀后于砷黄铁矿环带外的黄铁矿生长表层（图 5-4；谭亲平，2015；谢卓君，2016）。

七、地球化学特征

水银洞金矿的辉锑矿、雄黄、雌黄、矿体中的黄铁矿的硫同位素组成均在零值附近，与地幔硫的范围基本重合，或略高于地幔硫，指示硫可能是岩浆来源，可能有少量地层重硫的加入。石英流体包裹体的氢、氧同位素组成在氢氧同位素图解中主要位于岩浆水范围内，或在其左下方，这可能说明成矿流体主要来自于岩浆源，同时可能有少量的大气水的加入。综合地质和硫、碳、氧、氢和铅同位素成果表明水银洞金矿成矿物质为深部岩浆来源（谭亲平，2015；谢卓君，2016）。

水银洞金矿与成矿有关的方解石具有负碳同位素组成和中稀土富集的特征，而与成矿无关的方解石具有正碳同位素组成和轻稀土富集的特征。依此建立了方解石矿化相关度（MCL），即 $MCL=\Delta MREE \times 2-\delta^{13}C$。金矿体中充填的方解石脉均具有高 MCL 值（>6.5），这种高 MCL 值的方解石沿着断层和微裂隙可以充填到在金矿体的上部或逆断层中，即使在这些部位没有金矿化作用也有高 MCL 值的方解石的充填（谭亲平，2015）。

成矿元素在剖面上的分布特征反映成矿流体沿着构造蚀变体和背斜的轴面运移。在水银洞矿区一条典型剖面 N-S 中，成矿元素之间在剖面上的差异分布特征显示，从下往上的垂向分带规律为 Sb-Tl-As-Hg-Au-Hg-As。成矿元素的沉淀对岩性具有明显的选择性，金主要在生物碎屑灰岩中沉淀，而砷、锑、汞和铊优先在粉砂质黏土岩中沉淀。成矿过程中明显带入的元素有 Au、As、Sb、Hg、Tl，明显带出的元素有 Li。在成矿或构造变形过程中，Co、Cr 和 Ni 在背斜核部有一定程度的富集。水银洞金矿除了金的矿化作用外，还有可能有另一期前人没有关注到的与 Mo 和 U 有关的热液活动（谭亲平，2015）。

第四节 泥堡金矿床

泥堡金矿床位于黔西南布依族苗族自治州普安县楼下镇，累计探明金资源量超 70t，达到大型矿床规模（郑禄林，2017）。

一、矿区地层

泥堡金矿区出露地层主要有茅口组（P_2m）、龙潭组（P_3l）、飞仙关组（T_1f）、永宁镇组（T_1yn）和关岭组（T_2g）（图 5-5，图 5-6）。

茅口组：灰—深灰色厚层状灰岩，常见厚大方解石脉，溶洞发育，可见缝合线构造。厚度大于 100m，未见底。

龙潭组分为 3 段：第一段（P_3l^1）：上部为灰色、深灰及黑色黏土岩、沉凝灰岩、粉砂岩等互层；下部以角砾状黄铁矿化、硅化含凝灰质生物碎屑砂岩、沉凝灰岩为主。金矿（化）体主要产于中下部，为区内主要含矿层位之一。该段厚 20～45m。第二段（P_3l^2）：岩性以灰色、深灰色薄至中厚层状沉凝灰岩、粉砂质黏土岩、粉砂岩及黏土岩、灰岩为主。沉凝灰岩是区内主要赋矿岩石，按照岩石沉积序列特征，沉凝灰岩层底部、中部及顶部均产有金矿体，其中中部含金效果最好，是金矿找矿勘探的重点之一。该段厚 60～150m。第三段（P_3l^3）：由灰色、深灰色、灰黑色薄至中厚层碳质黏土岩、黏土岩、碳质页岩、粉砂岩、硅化灰岩、砂岩等呈互层状产出，其间夹多层泥灰岩、灰岩和煤层（线）。该段厚大于 250m。未见顶（郑禄林，2017）。

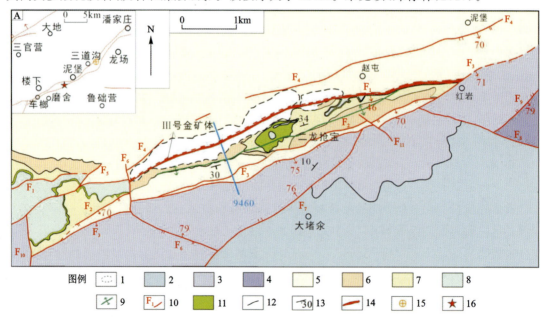

1.第四系；2.中三叠统关岭组；3.下三叠统永宁镇组；4.下三叠统飞仙关组；5.上二叠统龙潭组第三段；6.上二叠统龙潭组第二段；7.上二叠统龙潭组第一段；8.中二叠统茅口组；9.二龙抢宝背斜轴线；10.断层及编号；11.构造蚀变体；12.地层界线；13.地层产状（°）；14.Ⅲ号金矿体；15.金矿床；16.泥堡金矿；A.区域构造简图（据刘建中等，2005）

图 5-5 泥堡金矿区地质简图（郑禄林，2017）（据刘建中等，2005）

第五章 台地相区中二叠统—上二叠统层次

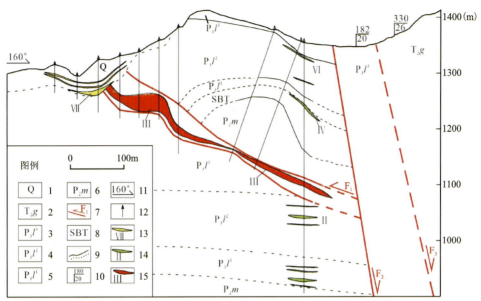

1.第四系;2.中三叠统关岭组;3.上二叠统龙潭组第三段;4.上二叠统龙潭组第二段;5.上二叠统龙潭组第一段;6.中二叠统茅口组;7.断层及编号;8.构造蚀变体;9.实测和推测地层界线;10.地层产状(°);11.剖面方位角;12.钻孔;13.氧化金矿体及编号;14.层控型金矿体及编号;15.断裂型金矿体及编号

图 5-6 泥堡金矿床 9460 线地质剖面图(据郑禄林,2017)

二、矿区构造

泥堡金矿区内构造样式主要为褶皱和断层(图 5-6)。基于二叠系和三叠系分界线或 F_3 断层可将矿区分为北部构造区和南部构造区。北部构造区构造较复杂,主要发育 NEE 向(F_1、F_2、F_3、F_4 等)、NW 向(F_6、F_{11}、F_8、F_{14} 等)两组断层及层间断层,它们与 NEE 向的二龙抢宝背斜一起构成了矿区范围内的基本构造格架。南部构造区为单斜地层,构造简单。金矿体主要产于 NEE 向 F_1 断层及其上盘受牵引褶皱作用所形成的二龙抢宝背斜核部虚脱空间,以及 SBT 中,少部分产于龙潭组第二段及第一段地层中(郑禄林,2017)。

1.褶皱

泥堡背斜:背斜轴线呈 NE 向展布,走向延伸长约 7km,背斜核部最老地层为上二叠统龙潭组第三段。以背斜轴为界,北翼构造简单,为单斜岩层,断裂不发育;而南翼构造较复杂,发育大量与背斜近于平行的断层,南翼地层呈波状起伏,形成了区内的主控断层 F_1 及多个层间滑脱面和小褶曲。

二龙抢宝背斜:背斜轴线呈 NEE 向展布,区内延伸长约 5km,是 F_1 断层在逆冲过程中形成的牵引褶皱。以背斜轴为界,NW 翼地层由于遭受 F_1 断层破坏,仅出露上二叠统龙潭组,地层倾角较陡(25°~45°),靠近 F_1 断层破碎带的岩层局部发生倒转;而 SE 翼地层发育较完整,倾向 130°~170°,倾角 5°~28°。二龙抢宝背斜作为区内的主要控矿构造,控制了 F_1 断层上下盘龙潭组及构造蚀变体中的矿体产出(郑禄林,2017)。

2. 断层

北东向断层组：该组断裂（F_1、F_2、F_3、F_4 等）大致呈平行展布，基本与背斜轴向、金矿化带走向及地层走向一致。

F_1 逆冲断层：断层走向 NEE，倾向 SSE，倾角 38°～42°，区内延伸长约 5.5km。已施工的钻孔揭露 F_1 断层破碎带一般宽 5～50m，最宽达 75m，推测断距大于 300m。破碎带中的岩性复杂，以沉凝灰岩、凝灰岩、黏土岩、硅质岩及黏土岩为主，次为粉砂岩、粉砂质黏土岩、碳质黏土岩、凝灰质砂岩等。F_1 断层作为区内的主要控矿断层，控制了Ⅲ号大型隐伏金矿体的产出。

F_2 正断层：断层走向 NE，倾向 SE，倾角 68°～70°，区内延伸长约 3.5km。在泥堡金矿区为破坏性断层，主要切断了主控断层 F_1，推测断距小于 250m。

F_3 正断层：断层走向 NEE，倾向 SSE，倾角 70°～75°，区内延伸长约 9.1km，与 F_2 断层近于平行。推测断距大于 300m。

F_4 逆断层（泥堡断层）：断层走向 NEE，倾向 SSE，倾角 70°～85°，区内延伸长约 4.7km，为一高角度逆冲断层，推测断距 40～100m。

北西向断层组：该组断层（F_6、F_8、F_{10}、F_{11} 等）晚于 NE 向断层组，切断并受控于 NE 向断层组（郑禄林，2017）。

三、矿体特征

泥堡金矿区内金矿体包括氧化矿和原生矿，氧化矿赋存于第四纪地层或者地表滑坡体中；原生金矿体根据空间展布特征划分为层控型和断裂型，其中层控型金矿体包括产于 SBT 中的Ⅳ号矿体及龙潭组中的Ⅰ号、Ⅱ号、Ⅵ号层状矿体，断裂型金矿体为受控于 F_1 断层的Ⅲ号矿体。Ⅲ号、Ⅳ号、Ⅶ号矿体为区内的主要金矿体，其中Ⅲ号金矿体规模最大。泥堡金矿矿体空间分布形态显示区域金成矿具有典型的"多层楼"成矿的特征（王砚耕等，1995；郑禄林，2017）

1. 氧化矿（Ⅶ号矿体）

产于 F_1 断层近地表出露地段的浮土、原生金矿体的顶部或其矿体下方的地形低洼处，为氧化矿。矿体呈透镜状、漏斗状产出，垂厚 0.86～11.16m，品位（1.00～22.55）×10^{-6}，平均 1.13×10^{-6}。矿体容矿岩石主要为氧化后的沉凝灰岩，次为凝灰岩、黏土岩。矿石呈灰黑色、土黄色、浅黄色、灰白色，矿石较疏松，与成矿关系密切的蚀变主要是硅化、黄铁矿化，次为褐铁矿化、黏土化，其中褐铁矿化较为普遍。氧化后的岩石中可见石英颗粒及呈浸染状、细粒状分布的黄铁矿。该金矿体的矿石特征明显继承了各层位的母岩特征，已完全风化成黏土、亚黏土或无蚀变的母岩，一般不含矿或见矿化而达不到金的工业要求。

2. 层状矿体（Ⅰ号、Ⅱ号和Ⅵ号矿体）

Ⅰ号、Ⅱ号、Ⅵ号矿体均呈似层状和透镜状顺层产出，产状与岩层产状基本一致。Ⅰ号矿体赋存于F_1断层下盘龙潭组第一段地层中,垂厚0.80~4.09m,品位(1.00~4.09)$\times 10^{-6}$,平均1.18×10^{-6};Ⅱ号矿体赋存于F_1断层下盘龙潭组第二段地层中,垂厚1.10~2.82m,品位(1.17~4.45)$\times 10^{-6}$,平均3.07×10^{-6};Ⅵ号矿体:赋存于F_1断层上盘龙潭组第二段地层中,垂厚1.00~7.65m,品位(1.00~3.22)$\times 10^{-6}$,平均2.07×10^{-6}。

3. SBT中的层状矿体(Ⅳ号矿体)

Ⅳ号矿体产于F_1断层上盘的SBT中,走向长300m,倾向延伸100m,矿体形态与SBT形态一致,似层状产出,垂厚0.80~19.61m,品位(1.00~22.55)$\times 10^{-6}$,平均3.17×10^{-6}。

4. 受控于F_1断层的矿体(Ⅲ号矿体)

Ⅲ号矿体产于F_1断层破碎带中,为断裂型金矿。矿体产状与断层产状基本一致,呈似层状、透镜状产出,东西两端分别交于F_6与F_3断层,深部向南东延伸,总体走向近NE,倾向SE,倾角25°~45°,平均35°,矿体具有膨大收缩、分支复合现象。为泥堡金矿区规模最大的金矿体(约39t),单矿体金储量已达大型规模。

四、矿石特征

泥堡金矿床矿石的构造类型主要有浸染状、脉(网脉)状、角砾状、条带状和块状构造(图5-7)。浸染状构造主要是载金黄铁矿呈浸染状分布,如黄铁矿沿石英脉分布,黄铁矿沿岩屑呈环带浸染状分布。脉(网脉)状构造主要是石英沿节理裂隙形成网状、脉状,次为方解石、黄铁矿沿裂隙充填。角砾状构造是在构造应力作用下,岩(矿)石破碎形成角砾被方解石、石英、黏土等矿物胶结。条带(纹)状构造表现为黄铁矿密集呈条带(纹)状分布或由浅色和暗色矿物相间组成。其中,与金矿化关系密切的构造主要为浸染状构造、脉(网脉)状构造、角砾状构造,它们记录了热液活动多期成矿的特征。块状构造、条带状构造与金成矿关系不大。矿石中的主要结构有砂状、岩屑-凝灰碎屑结构、不等粒结构、交代结构、生物碎屑结构、球状结构和鲕状结构。

矿区内原生金矿赋矿岩石主要为沉凝灰岩、凝灰岩,次为含凝灰质砂岩、凝灰质次生石英岩,再者为粉砂岩、灰岩、粉砂质黏土岩及黏土岩。

沉凝灰岩矿石:为泥堡金矿区Ⅱ号、Ⅲ号和Ⅳ号矿体的主要矿石类型(图5-7)。含矿的沉凝灰岩除黏土化、碳酸盐化外,多具硅化、黄铁矿化,次为毒砂化。此外,Ⅲ号矿体矿化蚀变比产于Ⅳ号矿体及Ⅱ号矿体的矿化蚀变要强烈。沉凝灰岩具星点状黄铁矿及石英细脉时往往见矿效果最好。

含凝灰质砂岩矿石:含金凝灰质砂岩目前主要发现于F_1断层下盘龙潭组第一段地层中,为Ⅰ号矿体容矿岩石。岩石以灰色、灰绿色为主,常含碳质条带。底部含有砾石,从下往上,砾石含量逐渐减少,黏土质含量增加。砾石呈圆状、次圆状,局部呈次棱角状,磨圆度好,成熟度高,砾径0.2~3cm,胶结物为黏土质、黄铁矿、方解石、石英。蚀变主要有黏土化、碳酸盐化、黄铁矿化和硅化。

粉砂岩、粉砂质黏土岩、灰岩及黏土岩矿石：为Ⅲ号矿体的次要容矿岩石，该类岩石含矿性较差。与矿化密切蚀变为黄铁矿化、硅化（郑禄林，2017）。

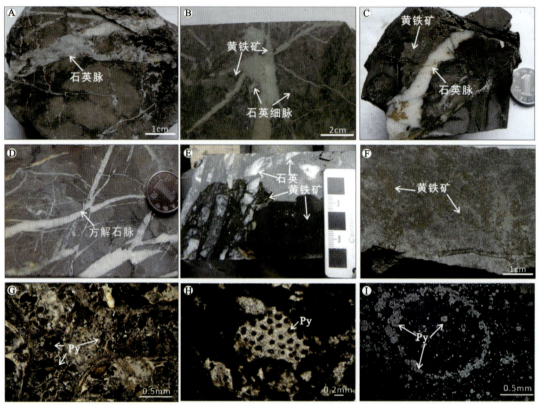

A. 沉凝灰岩中的网脉状石英；B、C. 沉凝灰岩中的脉状（网脉）石英，细粒黄铁矿沿石英脉呈浸染状分布；D. 沉凝灰岩中的脉状（网脉）方解石；E. 沉凝灰岩中的脉状、斑状石英，细粒黄铁矿呈浸染状分布；F. 黄铁矿呈浸染状分布于沉凝灰岩中；G、H. 铸模孔隙组构（单偏光）；I. 粒内孔隙组构（反射光）

图 5-7　泥堡金矿床矿石特征（据郑禄林，2017）

五、矿物组成

泥堡金矿床中的金属矿物主要为黄铁矿、毒砂；偶见锐钛矿、辉锑矿、雄黄（雌黄）及辰砂，非金属矿物主要为石英、黏土矿物（伊利石）、（含Fe）白云石及方解石；少量高岭石、萤石；偶见蒙脱石、磷灰石、石膏（郑禄林，2017）。

六、蚀变特征

泥堡金矿床的蚀变作用主要有硅化、黄铁矿化、碳酸盐化（白云石化、方解石化）、黏土化（主要是伊利石化），以及少量毒砂化、雄（雌）黄化、辉锑矿化、萤石化及表生蚀变作用的褐铁矿化。硅化、黄铁矿化、碳酸盐化"三化"组合是成矿的必备条件，矿石品位的高低，主要取决于热液黄铁矿含量的多少。

硅化是泥堡金矿床主要蚀变类型之一，原生岩石均具不同程度的硅化。与金矿化关系密切的硅化常伴随黄铁矿化、毒砂化,石英通常呈细脉状、网脉状及斑状产出,黄铁矿沿脉状石英呈浸染状分布,此种硅化现象常见于 F_1 断层破碎带、构造蚀变体及龙潭组第一、第二段层间破碎带中。石英可呈自形、半自形、他形粒状,以及少量隐晶质玉髓,自形—半自形石英常以集合体形态沿岩石裂隙呈脉状或网状产出。

黄铁矿常常浸染状、星散状产出,黄铁矿颗粒细小,常与(网)脉状石英、毒砂相伴,黄铁矿在显微镜及扫描电镜下常表现为细粒状及环带状黄铁矿,主要分布于沉凝灰岩和凝灰岩中。

碳酸盐化可分为两个阶段:一是成矿前或成矿早阶段,热液与赋矿岩石发生热液蚀变,产生白云石(铁白云石)、方解石;二是成矿晚阶段,方解石化形成大量方解石脉。

黏土化在矿区普遍发育,黏土矿物以伊利石为主,其次为高岭石。泥堡金矿床凝灰岩类原岩基本上都经历了黏土化(伊利石化)(郑禄林,2017)。

七、地球化学特征

泥堡金矿床的主量、微量、稀土元素地球化学组成及方解石稀土元素分析显示:泥堡金矿床 Al_2O_3/TiO_2(4.71~12.21)比值表明区内的凝灰岩或凝灰质岩石具有基性火山岩特征。矿石的 La/Nb、Th/Nb、Th/La 和 Th/Ta 比值表明,赋矿岩石可能同属于峨眉山玄武岩系列,来自深部地幔;稀土元素配分模式总体呈右倾平滑型曲线,轻稀土分馏程度较大,富集轻稀土,铕呈弱或无异常,整体表现为基性—超基性火成岩稀土元素组成特征,各含矿岩系的稀土配分曲线形态非常类似且与峨眉山玄武岩稀土曲线基本一致,表明它们具有同源性。

含矿岩系微量元素 R 型聚类分析表明,与 Au 成矿关系密切的元素组合分别为 Au-Ag-Zn、Au-Ag-Sb-Tl-As、Au-As-Ag、Au-As-Sb-Bi-Co-Tl-Zn 和 Au-Ag。元素组合特征反映,在矿化含矿岩系 F_1 断层破碎带和构造蚀变体 SBT 中,Au 与 As 具有较好的相关性,在矿化较弱或无矿化的岩系中,Au 与 As 相关性依次减弱,甚至不相关,暗示 As 可以作为找金的首选指示性元素,热液成因的黄铁矿、毒砂等矿物则可以作为找金标志;岩/矿石稀土总量的变化趋势:含泥质较高的岩石,其稀土含量较高;含硅质较高的岩石,其稀土总量较低。

成矿期方解石稀土配分模式图具典型中部隆起特征,明显不同于其他成因方解石,成矿流体来源于深部,通常富 MREE、具 Eu 正异常,可作为寻找深部隐伏矿的找矿标志(郑禄林,2017)。

第五节 戈塘金矿床

戈塘金矿床位于贵州安龙县及兴仁县境内戈塘穹隆中。由东往西依次划分为戈塘、二龙口、大坝、大坪、白云坡、科花 6 个矿段,累计探明金资源量超 25t,平均品位为 5g/t(刘建中等,2012)。

一、矿区地层

矿区地层自下而上主要有中二叠统茅口组,上二叠统龙潭组、长兴组、大隆组,下三叠统夜郎组(图 5-8、图 5-9)。

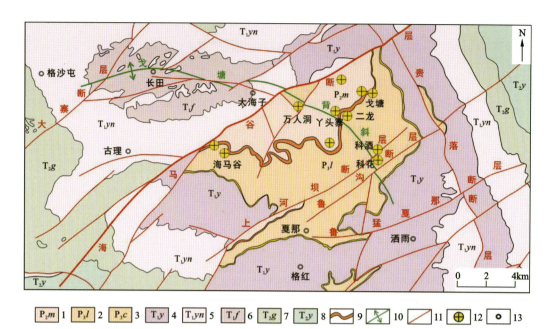

1.茅口组;2.龙潭组;3.长兴组;4.夜郎组;5.永宁镇组;6.飞仙关组;7.关岭组;8.杨柳井组;
9.构造蚀变体;10.背斜;11.断层;12.金矿床;13.村庄及地名

图 5-8　戈塘金矿地质图

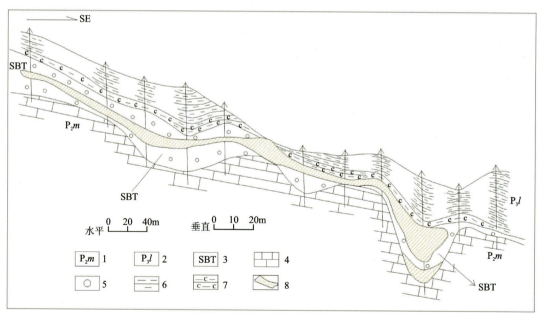

1.茅口组;2.龙潭组;3.构造蚀变体;4.灰岩;5.强硅化角砾状灰岩,角砾状粉砂岩(含矿层);
6.黏土岩;7.碳质黏土岩;8.金矿体

图 5-9　戈塘金矿二龙口矿段 3 勘探线剖面图(据刘建中等,2012)

茅口组（P_2m）：岩性为灰色厚层状至块状生物碎屑灰岩，厚度大于 200m。

龙潭组（P_3l）：根据岩性特征，可划分出 5 个岩性段，总厚 150～230m。龙潭组一段对应矿区内的 SBT，厚度变化较大，3～15m，下伏茅口组灰岩古风化剥蚀面。钻孔资料及采坑揭露出具 5 种岩性：①黄铁矿黏土角砾岩，金品位较低；②硅化黏土岩角砾岩、硅化粉砂岩角砾岩，普遍含金，为次要含金岩性；③硅化灰岩角砾岩，为区内主要的含金岩石；④角砾状黏土岩或黏土岩角砾岩，部分矿体产于此段岩石中；⑤含高岭石团块杂色黏土岩。龙潭组二段岩性为黑色碳质黏土岩及粉砂质黏土岩，部分地段有煤线，含细粒星散状黄铁矿。龙潭组三段岩性为灰色薄层黏土岩、粉砂质黏土岩及黑色碳质黏土岩，厚 45～70m，上部常见透镜状厚 1～2m 的无烟煤层；中下部常夹透镜状泥质灰岩及生物灰岩，局部地段受硅化蚀变较强。龙潭组四段浅灰色、深灰色，厚层状块状强至弱硅化灰岩，厚 25～40m，可进一步分为上下两层：上层硅化灰岩顶部常见珊瑚化石；下层硅化灰岩发育角砾状构造。夹泥灰岩、粉砂质黏土岩、粉砂岩、碳质黏土岩及不规则无烟煤层。龙潭组五段可以分为两个岩性层：上层为灰色中厚层至薄层状细砂岩、粉砂岩与黏土岩互层，夹 2～3 层无烟煤；下层为灰色黏土岩、粉砂岩及粉砂质黏土岩的互层（曾国平，2018）。

二、矿区构造

戈塘金矿床位于戈塘穹隆（背斜）东翼。戈塘穹隆核部为茅口组，翼部为龙潭组、长兴组、大隆组和夜郎组。区域内也发育有 NE、近 SN 及近 EW 向的断裂，多数为高角度逆断层，倾角大于 50°（刘建中等，2012）。

1. 戈塘背斜

戈塘背斜 SE 起洒雨附近，NW 止于大海子附近，全长约 15km，宽约 10km，长宽比例 1.5，两翼岩层倾角 5°～15°，两翼基本对称的北西向之宽缓短轴背斜。核部最老地层为茅口组，两翼地层依次为龙潭组、飞仙关组、永宁镇组。其轴线中部被 F_{18}、F_9 错断将背斜切割成 SE 段、中段及 NW 段，其中中段断裂构造稀少、SE 段和 NW 段构造复杂。目前发现的金矿床均产于中段 SBT 中以及 SBT 之风化残留体中。

2. 断层

矿区断裂构造以 NE 向为主，如海马谷断裂、上河坝（F_{17}）和鲁沟（F_{19}）断裂。上河坝断裂倾向 NW，鲁沟断裂倾向 SE 两者均倾向相反，为陡倾角（>65°）正断层，将夹持其间的地层抬升形成地垒构造。NW 向断层以矿区东部的贵落断层为代表。此外在区域性断层旁侧发育有一系列次级断裂（曾国平，2018）。

三、矿体特征

矿体主要赋存于 SBT 及龙潭组中下部层间破碎带中（图 5-9）。已控制的 34 个大小不等的金矿体，皆沿 SBT 呈扁平的透镜状，似层状顺层展布。其中Ⅲ号主矿体长约 790m，最大宽度约 660m，最大厚度 20 余米，平均厚度 3.19m。其余矿体长度一般为 200～600m，宽 20～

70m，平均厚度 2～7m 不等，最小矿体的平面展布仅有 20m×20m。矿体分布与区内主要褶皱轴迹总的方向一致，矿体产状与岩层产状基本一致，其形态以不规则的似层状、透镜状为主，成群出现。Ⅲ号矿体：为最大矿体。矿体呈北东-南西向展布，长轴方向与含金层走向一致（北东 40°左右），长约 790m，宽度最大为 660m，整个矿体为一单斜似层状，往南东倾斜，产状变化不大。平均厚度为 3.21m，厚度变化系 75.74%；平均品位 6.13g/t，品位变化系数为 105.85%，矿体较连续稳定。单矿体达到中型矿床规模，获得资源量达 11.11t，占矿床段资源量的 49.46%（刘建中等，2012）。

四、矿石特征

矿石按自然类型可划分为原生矿石和氧化矿石，浅部以氧化矿为主，深部为原生矿。原生矿石为灰色、深灰色角砾岩。矿石中的构造有浸染状、角砾状、胶状、团块状、脉状及多孔状构造等，以前三种构造为主。矿石可分为硅化灰岩角砾岩和黏土岩角砾岩。但都具有显著的角砾结构，由角砾和填隙物两部分组成。在氧化矿石中，黄铁矿等硫化矿物部分或大部分转化为褐铁矿，故出现了由褐铁矿物构成的脉状构造、肠状构造以及由褐铁矿和黏土矿物胶结硅化岩屑而成的胶结构造等。矿石中的主要结构主要有草莓状结构、自形—半自形粒状结构、他形粒状结构、交代残余结构、增生结构、交叉网状结构、假象结构、碎裂结构、揉皱结构等。

五、矿物组成

矿石中的金属矿物有黄铁矿、褐铁矿、赤铁矿、白铁矿、自然金、辉锑矿、雄黄、雌黄、毒砂、闪锌矿、方铅矿、辰砂；非金属矿物有石英、玉髓、方解石、白云石、萤石、地开石、蒙脱石、石膏、重晶石、高岭石、胶磷矿、磷灰石、黄钾铁矾、碳质（有机质）（刘建中等，2012）。

六、蚀变特征

戈塘金矿床主要的蚀变类型包括硅化、黄铁矿化、黏土化（水云母化、高岭土化及地开石化）、硫酸盐化、毒砂化、辉锑矿化、雄（雌）黄化、萤石化以及表生蚀变作用的褐铁矿化、黄铁钾矾化等。其中，与金矿化有关的主要蚀变是硅化、黄铁矿化和黏土化，褐铁矿化、黄铁钾矾化等亦是戈塘金矿重要的蚀变类型。

硅化蚀变可划分为 3 期：第Ⅰ期，早期硅化为玉髓及微粒石英蚀变交代原岩的角砾碎屑；第Ⅱ期，硅化为半自形—自形微粒至细粒石英进一步对原岩的角砾和胶结物的交代，常具花岗变晶结构；第Ⅲ期，硅化为石英细脉为主。石英呈半自形—自形，伴有地开石、高岭石等。石英细脉多沿后期构造裂隙充填，局部有交代现象。前两期硅化伴有金矿化，以第二期为主（为主要成矿期），同时伴随有黄铁矿化。第Ⅲ期硅化伴随的硫化物主要有辉锑矿和雄黄、雌黄的形成，与金的富集则无密切关系（刘建中等，2012）。

七、地球化学特征

石英、高岭石的氧同位素组成 $\delta^{18}O$ 为 15.31‰、19.79‰，与沉积岩氧同位素组成相似；矿物包体水氧同位素接近温淡水的值。方解石的碳同位素组成 $\delta^{13}C$ 为 $-3.2‰\sim0.55‰$，其值高于地幔碳而低于海相碳酸盐，表明成矿流体中碳可能为深部和海相碳酸盐中碳的混合。

矿石的铅同位素比值 $^{206}Pb/^{204}Pb$ 为 19.20，$^{207}Pb/^{204}Pb$ 为 15.69，$^{208}Pb/^{204}Pb$ 为 38.03，认为铅主要来源于上地幔，并有上部地壳来源铅的混合或混染，成矿流体是与岩浆作用有关的深源成因（刘建中等，2012）。

第六节 架底金矿床

架底金矿床位于贵州省六盘水市盘州市竹海镇莲花山背斜南东翼，距背斜核部 3km，是近年来在国内发现的主要以峨眉山玄武岩为容矿岩石的第一个大型原生金矿床（图 5-10）。目前，共探获金资源储量 57.48t。

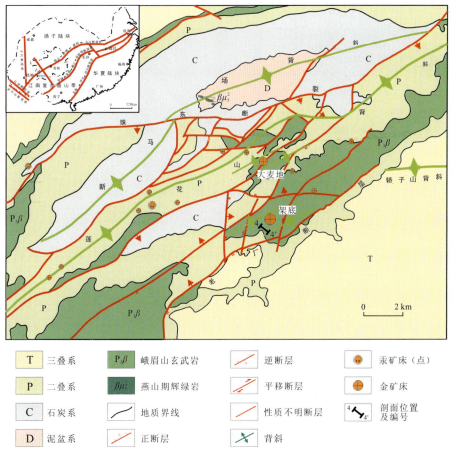

图 5-10　莲花山区域地质简图（据李俊海，2021）

一、矿区地层

架底金矿区出露及钻遇地层有上石炭统—下二叠统马平组（C_2P_1m）、中二叠统梁山组

（P_2l）、栖霞组（P_2q）、茅口组（P_2m），上二叠统峨眉山玄武岩组（第一段 $P_3\beta_1$、第二段 $P_3\beta_2$、第三段 $P_3\beta_3$）、上二叠统龙潭组第一段（P_3l^1）与第四系（Q）。赋矿地层主要为上二叠统峨眉山玄武岩组（$P_3\beta$）（图 5-11、图 5-12）。

峨眉山玄武岩组在该区的厚度为 100~415m，分为 3 段；第一段、第二段为该区含金主要层位。第一段局部出露，主要为深灰色至墨绿色块状玄武岩与浅灰色至深灰色凝灰岩互层，局部夹碳质黏土岩，顶部以凝灰岩为分层标志。第一段厚度变化较大，厚 0~60m，与下伏地层呈假整合接触，在法土一带基本缺失。第二段零星分布于矿区内，在架底金矿区内有由北向南逐渐变薄的趋势，局部地段缺失第二段下部，厚 20~135m，是区内金矿的重要赋矿层位。上部岩性主要为玄武岩，见方解石、高岭石细脉，零星见绿泥石细脉，厚 20~50m；中部岩性主要为玄武质火山角砾岩，厚 0~60m，具有明显的多期层间挤压构造特征，岩性破碎，角砾化、碎裂化明显，见浸染状、团块状、细脉状黄铁矿和石英，为架底金矿含矿地质体；底部岩性主要为玄武岩，局部夹凝灰岩，具绿泥石化、方解石化、高岭土化蚀变，厚 0~35m。

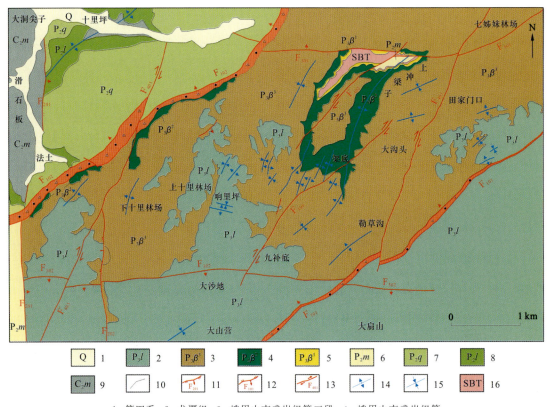

1. 第四系；2. 龙潭组；3. 峨眉山玄武岩组第三段；4. 峨眉山玄武岩组第二段；5. 峨眉山玄武岩组第一段；6. 茅口组；7. 栖霞组；8. 梁山组；9. 马坪组；10. 实测整合地质界线；11. 正断层；12. 逆断层；13. 平移断层；14. 背斜；15. 向斜；16. SBT

图 5-11　架底金矿地质图（据李俊海，2021）

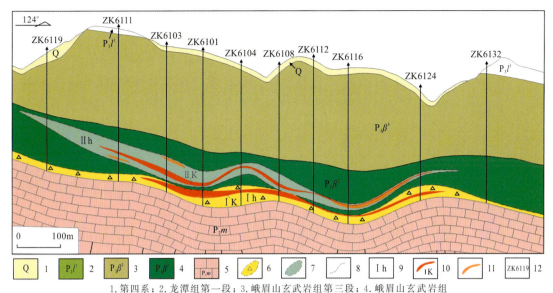

图 5-12 架底金矿 61 号勘探线剖面图(据李俊海,2021)

1.第四系;2.龙潭组第一段;3.峨眉山玄武岩组第三段;4.峨眉山玄武岩组第二段;5.茅口组;6.构造蚀变体;7.层间断裂破碎蚀变带;8.地层界线;9.工业金矿体及编号;10.低品位金矿体;11.夹石;12.钻孔编号

二、矿区构造

区内最早受近 SSE(NNW)向挤压应力作用而形成了近 NEE 向构造;次受 NW(SE)向应力作用而形成一系列 NE 向构造;NEE 向构造和 NE 向构造复合叠加后受 NNE 向剪切作用及 NNE 向断层错位而形成现有构造格架。大致以 NE 向的新马场背斜为界,其 NW 翼岩石地层较完整,南东翼断裂、褶皱及层间破碎蚀变带较发育。

断裂:主要断裂构造有 NE 向、NNE 向、SN 向和 EW 向 4 组。主体断层期次为 SN 向正断层和 EW 向正断层为第一期,NE 向逆断层为第二期,NNE 向和 NE 向平移断层为第三期,另有少数第四期小断层。

褶皱:主要有 NE 向的新马场背斜和莲花山背斜。新马场背斜为区域性构造形成但未见明显的热液活动痕迹,其 NW 翼岩石地层较完整,SE 翼褶皱、断裂构造较发育。莲花山背斜为架底、大麦地金矿区主干构造,为新马场背斜 SE 翼受后期牵引形成的次级褶皱,呈 NE-SW 向展布,长约 45km,宽 10~20km。该揉褶带控制区内金矿主矿体的平面分布和矿体空间形态。

三、矿体特征

矿区金矿体在空间上大致顺层分布,分为上、下两层,属"层控型"金矿床。两层金矿体分别赋存在两个层间构造破碎带中(图 5-12)。下层金矿体位于茅口组灰岩与峨眉山玄武岩组间的 SBT 中。该 SBT 岩性复杂,既有灰岩角砾,又有火山角砾岩、凝灰岩和熔岩角砾等;含矿岩石主要为火山角砾岩、凝灰岩及少量灰岩角砾(凝灰质胶结物容矿)。上层金矿体位于玄武岩二段中部的火山角砾岩中,火山角砾岩的顶底板均为块状熔岩。由于岩石物理性质的差异,在后期构造作用时,火山角砾岩发生不同程度的破碎变形并伴有局部的层间滑动,形成层间挤压破碎(断裂)带;该破碎(断裂)带内岩性单一,几乎全为火山角砾岩。金矿体在平面上沿近东西向呈不规则带状分布,延长超过5000m,宽500~1000m。两层金矿体中容矿岩石以玄武质火山角砾岩、凝灰岩为主,占总量的90%以上,其次为少量的玄武质火山砾岩、浅灰色玄武岩及灰岩角砾。

四、矿石特征

矿石自然类型有凝灰岩型和凝灰质玄武岩型。金主要赋存在黄铁矿、毒砂中。矿石结构主要有碎裂结构、半自形—他形结构和交代结构等;矿石构造主要有浸染状、块状、条带状和脉状等构造。①碎裂结构:矿石中部分黄铁矿后期发生形变而呈碎裂结构;②半自形—他形结构:黄铁矿在矿石中主要呈半自形—他形结构分布,呈此结构的黄铁矿与金矿关系密切;③交代结构:岩石中黄铁矿交代钛氧化物,矿石内时有由石英、铁质组成的角砾状碎屑分布,胶结物为凝灰质;④浸染状构造:黄铁矿等金属矿物呈星散浸染状分布在矿石中,此构造中黄铁矿与金矿密切相关;⑤块状构造:含金玄武岩、凝灰岩及石英致密状集合体等呈块状构造;⑥脉(网脉)状构造:方解石、石英、黄铁矿、褐铁矿等呈脉状或网脉状充填于岩石的节理裂隙中;⑦条带(纹)状构造:黄铁矿密集呈条带(纹)状分布或由浅色和暗色矿物相间组成,后者由黏土矿物和石英相间组成(李俊海,2021)。

五、矿物组成

架底金矿矿石中的主要矿物包括黄铁矿、毒砂、伊利石、似碧玉石英(局部为石英)、(铁)白云石(局部为钙-镁菱铁矿)、金红石和磷灰石浸染状含金黄铁矿和毒砂以及辉锑矿-雄黄-方解石-石英等脉状矿物(李俊海,2021)。

六、蚀变特征

架底金矿中的矿物由3期事件所形成,即成矿前期、热液成矿期和局部氧化期,其中热液成矿期可进一步分为成矿主阶段和成矿晚阶段,成矿前的峨眉山玄武岩中的矿物主要包含斜方辉石、单斜辉石、斜长石、磁铁矿,以及少量的钛铁矿和磷灰石。这些矿物中Fe、Mg、Al、Ca、Ti含量较高。热液成矿期成矿主阶段形成的矿物主要包括含砷黄铁矿、毒砂、似碧玉石英(局部为石英)、伊利石、(铁)白云石(局部为钙-镁菱铁矿)、金红石和磷灰石,成矿主阶段形成的矿物多呈浸染状分布。成矿晚阶段形成的矿物主要有方解石、雄黄、辉锑矿、石英和雌黄,这些矿物多呈脉状充填在矿体附近的开放空间。在后期表生氧化作用下,在浅地表岩石中局部可见绿泥石、赤铁矿、褐铁矿(李俊海,2021)。

七、地球化学特征

架底金矿矿石中 Si、Ti、Fe、Al、P、K 含量较高,而 Ca、Mg 含量远低于沉积岩。成矿元素(Au、As、Sb、Hg、Tl、Cu)具有协同变化特征,尤其是 Au 和 As 具有明显的协同变化特征,随着 Au 品位的增加,As、Sb、Hg、Tl、Cu 也总体呈增加的趋势,还有 Ag 也是如此。不同地层及不同岩石的稀土元素组成特征较为一致,且与未经蚀变的玄武岩和玄武质火山碎屑岩特征比较相似,其配分曲线均为富轻稀土的右倾型,表明岩矿石在矿化蚀变及成矿过程中可能继承了玄武岩的稀土元素特征;玄武质火山角砾岩的稀土总量较高,而角砾状灰岩的稀土总量较低,但与未经矿化蚀变的灰岩平均值相差较大;轻稀土分馏不明显,重稀土分馏相对明显;Eu 弱正异常,表明该区沉积岩石属于正常沉积成因;δCe 值接近 1,Ce 异常不明显或无异常,表明当时的成岩环境可能以弱还原环境为主,部分层位显示弱氧化环境(李俊海,2021)。

架底金矿石英 H-O 同位素分析显示成矿流体具有岩浆水特征,并可能由于水-岩反应导致成矿流体的 $\delta^{18}O_{H_2O}$ 表现为岩浆水向右漂的特征;白云石 C-O 同位素分析表明成矿流体具有深部幔源特征,兼有海相碳酸盐碳的混合。辉锑矿硫同位素组成集中在岩浆岩范围内,表明其成矿流体可能主要来源于深部岩浆。辉锑矿铅同位素组成说明架底金矿成矿流体中的铅主要为造山带来源,并有壳源铅的混合。H-O-C-O-S-Pb 同位素综合分析表明架底金矿的成矿流体可能主要是深部岩浆释放形成的岩浆热液,并在上升过程和成矿过程中由于水-岩反应导致岩浆热液混有地层的同位素组成(李俊海,2021)。

第七节 堂上金矿床

堂上金矿床位于云南省文山壮族苗族自治州广南县境内,是滇东南为数不多的中型金矿床之一,该矿床主要包括波担山、野猪冲、赛鸭和安龙山 4 个矿段。目前,该矿床的金资源量为 16t,平均品位约 1.5g/t,以原生矿石为主,氧化矿石仅在局部位置出现(高泽培等,2013;宋威方,2022)。

一、矿区地层

堂上金矿区出露和钻孔揭露的地层主要为中二叠统栖霞组和茅口组,上二叠统峨眉山玄武岩组、长兴组和那梭组,下三叠统罗楼组、龙丈组,中三叠统板纳组和兰木组,以及零星分布的第四系松散沉积物(图 5-13、图 5-14)。

茅口组主要出露在石山背斜核部附近,岩性主要为块状纯灰岩。上二叠统峨眉山玄武岩组与下伏中二叠统灰岩地层呈角度不整合接触,该套玄武岩为与峨眉山地幔柱活动相关的大陆溢流拉斑玄武岩,发育明显的杏仁构造等,在矿区范围内玄武岩被广泛蚀变,同时形成大量的粗粒自形五角十二面体黄铁矿和长柱状毒砂,局部形成金矿体。长兴组和那梭组主要岩性为生物碎屑灰岩和钙质、凝灰质碎屑岩,与下部的峨眉山玄武岩不整合接触(宋威方,2022)。

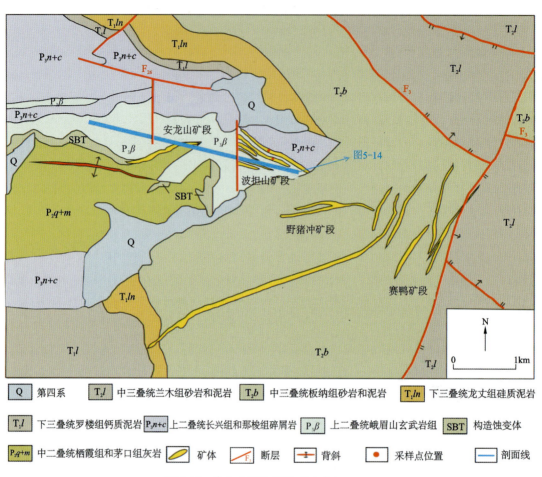

图 5-13　堂上金矿地质图(据宋威方,2022)

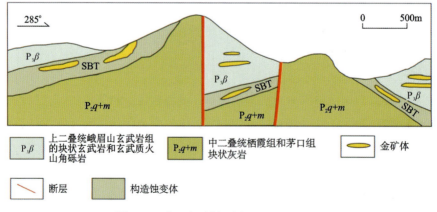

图 5-14　堂上金矿剖面图(据宋威方,2022)

二、矿区构造

石山背斜是堂上金矿区主要的控矿构造,背斜轴线呈近 EW 向展布,轴线沿轴面呈波状起伏,背斜南陡北缓,两端倾没,背斜核部出露中二叠统,地层沿轴线向两侧逐渐变新,两翼次级褶皱构造发育。矿区断裂构造发育,现已判别和识别断层多达 20 余条,主要包括近 EW 向、近 SN 向、NW 向和 NE 向 4 组断层系,其中以 NE 和 NW 向断层系统规模较大。矿区的构造系统大致可以划分为早、中、晚 3 个阶段,早期为 NW 向和 NE 向两组走向的断裂,和受近 SN 向挤压应力作用形成的轴线近东西向的褶皱系统,这些早期构造规模较大,是矿区的主要导矿和控矿构造。中期发育包括近 EW 向、近 SN 向、NW 向和 NE 向 4 组剪切断层系统,规模相对较小,其中 NE 和近 EW 向断裂构造控制着多条金矿体的产出。晚期断裂系统主要沿 NW 向展布,多条断裂切割金矿体,为金成矿后所形成(宋威方,2022)。

三、岩浆岩

矿区岩浆岩仅有上二叠统峨眉山玄武岩组,主要为基性块状和玄武质火山角砾岩两部分组成。该套玄武岩的形成过程又可以细化为 5 个爆发旋回,每一幕均是以岩浆溢流开始,以玄武质火山角砾岩结束,以第一幕喷发最为剧烈,形成的岩层厚度最大。上述玄武岩组广泛发育典型的气孔、杏仁和角砾状构造,是矿区的重要容矿岩石(宋威方,2022)。

四、矿体特征

1. 板纳组中的金矿体

该矿体包括赛鸭和野猪冲 2 个矿段,划分为 10 条矿带,金矿体 40 余个,是矿区最重要的矿段,容矿岩石主要为钙质碎屑岩。板纳组中产出的金矿体均产出在 NE 和近 EW 向展布的断层系统中,矿体走向和倾向与控矿断层一致,矿体走向上长 210～850m,倾向上宽 44～172m,矿体倾向北西,倾角 32°～42°,矿体倾角由浅至深逐渐变大,矿体平均品位约 1.5g/t(宋威方,2022)。

2. 玄武岩中的金矿体

该矿体主要为波担山矿段,主要赋存在峨眉山玄武岩组中 NW 向展布的剪切破碎带中,矿段长约 1000m,宽 600m,产出金矿体 17 条,其中最大的金矿体长约 550m,厚度介于 9.1～56.4m,平均厚度 26.9m,平均品位 5.98g/t。在该矿段,矿体沿 NW 向呈层状、似层状产出在断层破碎带中,矿体产状与断层一致,倾向 NE,倾角介于 50°～80°。玄武岩中的矿体与围岩界线不明显,无分带现象,矿化蚀变强度从矿体到围岩逐渐降低,局部位置矿体被氧化(宋威方,2022)。

3. SBT 中的金矿体

SBT 中的矿体为产于中二叠统茅口组和上二叠统峨眉山玄武岩组间的金矿体(图 5-14)。

SBT 中的矿体产状呈层状、似层状,厚度变化大,且往往与 SBT 的厚度变化特征一致,矿石类型为蚀变角砾岩型矿石,平均品位为 1.5g/t(宋威方,2022)。

五、矿物组成

堂上金矿床成矿前、成矿期所形成的矿物如下:①成矿前,玄武岩中成矿前的矿物主要有辉石、斜辉石、石英、硫化物等矿物,中三叠统板纳组碎屑岩围岩中有黄铁矿、石英、方解石和黏土矿物等;②主成矿期,石英-硫化物(黄铁矿、毒砂、黄铜矿等)、白云石、高岭石等;③成矿晚期,方解石-石英-黄铁矿-白云石、辉锑矿等(宋威方,2022)。

六、蚀变特征

堂上金矿床围岩蚀变要包含去碳酸盐化、去硫化物化、硅化、硫化物化、金红石化、磷灰石化、辉锑矿化、碳酸盐化(方解石化、白云石化)、高岭土化和独居石化等(宋威方,2022)。

硅化:硅化作用几乎贯穿整个金矿化过程。在成矿早期,随着去碳酸盐化作用持续发生,在原来碳酸盐矿物的位置上会形成大量的石英矿物,形成团块状石英或形成似碧玉岩,而在这些石英团块中往往会同时沉淀自形—半自形黄铁矿和毒砂颗粒。到金主要沉淀阶段,硅化作用会形成大量乳白色石英,这种乳白色石英常呈面状、脉状和网脉状与黄铁矿和毒砂等主要载金矿物共生,成矿晚期阶段形成的石英脉常与辉锑矿颗粒或者辉锑矿脉共生。

高岭土化:该蚀变类型在金矿化的中期到晚期阶段都有形成,产出位置多在石英和方解石脉的裂隙和缺陷中,形成的高岭石颗粒较小,呈孤立分布,层状结构明显。

硫化物化:硫化物化作用在整个金矿化过程均有发生。在矿化早期伴随着硅化作用,会形成一定量的孤立状分布的黄铁矿和毒砂,这些硫化物随着矿化作用的继续推进而部分被溶解,形成后来的细粒、半自形—他形结构的黄铁矿和毒砂以及环带状结构的黄铁矿的核部。到成矿晚期阶段,热液中残余的 Fe 会继续消耗形成产于成矿晚期石英和方解石脉中孤立状分布的细粒、半自形—他形黄铁矿,这个阶段形成的黄铁矿往往呈半自形到他形,且颗粒较小(宋威方,2022)。

七、地球化学特征

堂上金矿的硫化物可划分为成矿前的黄铁矿(Py1)和毒砂(Asp1),以及成矿期的黄铁矿(Py2、Py3、Py4)和毒砂(Asp2)。LA-ICP-MS 原位分析数据显示,相对于成矿前的黄铁矿,成矿期的黄铁矿具有更高含量的 Au、As、Sb、Tl、Co、Ni、Cu、Ti、W 和 V 元素,Au 在黄铁矿中未饱和,说明堂上金矿床中 Au 主要以晶格 Au 的形式赋存在载金矿物中。微区硫同位素分析显示,Py1 的硫同位素值为 11.71‰~12.64‰,均值为 12.01‰;Py2 的硫同位素值为 7.40‰~9.89‰,均值为 8.18‰;Py3 的硫同位素值为 9.98‰~11.79‰,均值为 11.11‰;Py4 的硫同位素值为 10.59‰;Asp1 的硫同位素值为 11.25‰~11.59‰,均值为 11.38‰;Asp2 的硫同位素值为 5.39‰~10.08‰,均值为 8.04‰(宋威方,2022)。

相比于沉积地层,方解石脉中微量元素 Mn、Fe、Si 的含量显著增加(10~20 个数量级),Sr 的含量也明显升高,而 Na、Ba 的含量明显降低,说明堂上金矿床的形成与沉积地层释放的地层水以及大气降水没有明显成因联系。原位 REE 分析表明，堂上金矿床方解石总稀土元素丰度从 $(2.7\sim36.4)\times10^{-6}$ 不等，少数样品显示轻或重的稀土元素富集，而大多数样品则具有扁平的球粒陨石标准化配分模式图，强烈的正 Eu 异常，没有明显的 Ce 异常图。方解石的 $^{87}Sr/^{86}Sr$ 值($0.705\ 57\sim0.706\ 26$)介于二叠纪碳酸盐岩和地幔 Sr 之间，远低于晚泥盆世沉积岩的 Sr 同位素值，略高于峨眉山玄武岩。可能是流体来源于深隐岩浆岩，到达成矿空间后与上二叠统峨眉山玄武岩组反应形成(宋威方，2022)。

石英的 $\delta D_{V\text{-}SMOW}$ 值为 $-81.6‰\sim-68.5‰$，均值为 $-73.3‰$，$\delta^{18}O_{V\text{-}SMOW}$ 值为 $18.80‰\sim20.70‰$，均值为 $19.57‰$，$\delta^{18}O_{H_2O}$ 值为 $10.02‰\sim11.91‰$，均值为 $10.78‰$。石英中流体包裹体的均一温度为 $129\sim448℃$，主要集中在 $180\sim280℃$，均一温度平均值为 $240℃$。根据前人研究流体包裹体的盐度计算，针对不同的包裹体类型，其计算方法各不相同，盐水溶液包裹体主要根据包裹体的冰点来计算盐度，而含 CO_2 的气液两相包裹体的盐度则依据 CO_2 的初融温度计算。石英中水溶液包裹体的冰点范围为 $-3.9\sim-2.3℃$，含 CO_2 的气液两相包裹体的 CO_2 的初融温度为 $3.3\sim9.8℃$，计算的该矿床流体包裹体盐度值为 $0.43\%\sim11.47\%$，主要集中在 $1.02\%\sim6.3\%$ 之间(宋威方，2022)。

第六章　盆地相区中二叠统—上二叠统层次

滇-黔-桂"金三角"地区下中二叠统(四大寨组)和中上二叠统(领薅组)之间的构造滑脱层是中国南方卡林型金矿多层次构造滑脱成矿系统的重要组成部分(刘建中等,2023),主要分布于贞丰县鲁容乡、望谟县石屯镇等一带。该层次分布区产出的卡林型金矿床主要有卡务金矿、罗康、金矿、纳哥金矿、包树金矿等,均为小型金矿床。

第一节　层次特征

该层次与成矿有关的地层包括下中二叠统四大寨组($P_{1-2}s$)和中上二叠统领薅组($P_{2-3}lh$)(图6-1)。依据形成构造蚀变体的地层、岩石组合、沉积相等特征,该层次主要分为贵州贞丰、望谟等地区。

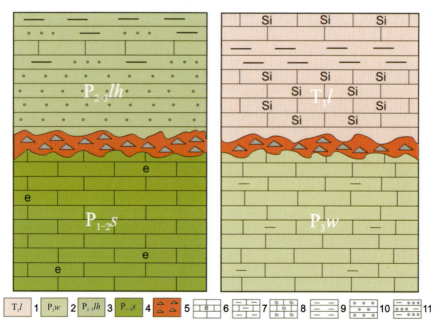

1.罗楼组；2.吴家坪组；3.领薅组；4.四大寨组；5.构造蚀变体；6.生物碎屑灰岩；7.泥质灰岩；
8.硅化灰岩；9.黏土岩；10.粉砂岩；11.黏土质粉砂岩

图6-1　下中二叠统和中上二叠统间的构造滑脱层次示意图

一、地层

区域出露由老至新主要地层有中下二叠统四大寨组($P_{1-2}s$)、中上二叠统领薅组($P_{2-3}lh$)、中下三叠统罗康组($T_{1-2}lk$)、中三叠统许满组(T_2xm)、呢罗组(T_2nl)、边阳组(T_2b)地层。

二、沉积相特征

区域大地构造位于扬子陆块西南缘与右江造山带的接合部位,南盘江—右江前陆盆地北缘。区内出露地层主要为二叠系和三叠系,岩性为碳酸盐岩和碎屑岩,以中、早三叠世及中、晚二叠世陆源碎屑岩与海相碳酸盐岩沉积发育为特征,有二叠纪的偏碱性基性次火山岩和造山期后的偏碱性超基性侵入。二叠系为细碎屑岩和碳酸盐岩沉积,三叠系则以细碎屑岩为主,盆地边缘的斜坡相带发育有钙屑重力流及浊流沉积。

三、岩石组合

区内四大寨组为燧石灰岩夹生物碎屑灰岩及砾屑灰岩,领薅组为玄武质岩屑砂砾岩、粉砂质黏土岩、黏土岩夹岩屑砂岩、灰岩、角砾岩及沉凝灰岩,罗康组为灰岩夹泥灰岩、砾屑灰岩及黏土岩、硅质粉砂岩,许满组为细砂岩、黏土岩及灰岩、泥灰岩,呢罗组为灰色薄至中厚层细砂岩、黏土岩组成韵律层,中下部夹深灰色薄层灰岩、瘤状灰岩及泥灰岩,边阳组为含钙质细砂岩、粉砂质黏土岩。领薅组一、二段为区内主要赋矿地层。

矿区未出露岩浆岩,在卡务背斜纳龙沟中上二叠统领薅组二段($P_{2-3}lh^2$)中侵入偏碱性超基性岩体($\Sigma\chi\tau$)富磷灰石蚀变玄武玢岩,岩体呈脉状产于断裂带中,走向130°,长大于100m,宽约2m;与围岩呈突变接触,且界线清楚,围岩基本无蚀变。新鲜岩石呈灰绿色,岩石构造为块状构造,岩石结构为变余斑状结构,基质结构为变余间隐—间粒结构。由于成岩与成矿时代差异较大,偏碱性超基性岩体与金矿成矿无关。

第二节 构造蚀变体

该层次的构造蚀变体(SBT)位于四大寨组($P_{1-2}s$)和领薅组($P_{2-3}lh$)能干性差异大的岩层界面之间,是多层次构造滑脱成矿系统在中、下二叠统间的具体表现(刘建中等,2023),是沉积作用、构造作用和热液蚀变作用的综合产物(刘建中等,2010,2014,2017,2020a)。四大寨组为深灰色厚层块状燧石灰岩夹中厚层生物灰岩及砾屑灰岩,领薅组为玄武质岩屑砂砾岩、粉砂质黏土岩、黏土岩夹岩屑砂岩、灰岩、角砾岩及沉凝灰岩,两者之间由于能干性差异,下部碳酸盐岩变形弱,上部碎屑岩挤压破碎变形强,这种挤压变形不协调发育形成顺层滑脱构造破碎带。成矿期流体沿深部构造运移至滑脱构造破碎带,受上覆黏土层屏蔽作用,流体主要沿滑脱构造破碎带侧向运移,并与围岩发生水-岩反应,从而形成构造蚀变体(SBT)(刘建中等,2022,2023),产状与岩性界面一致。

构造蚀变体具硅化、黄铁矿化、黏土化等蚀变,厚度横向变化较大,一般2~20m,是区内成矿流体运移的主要通道及金矿体就矿部位,金矿体多产于角砾状黏土岩和强硅化角砾状灰岩中。

第三节 卡务金矿床

卡务背斜金矿位于贵州省贞丰县境内,隶属鲁容乡所辖。矿区至贞丰县城距离 30km,交通方便。卡务背斜金矿累计获得 333＋334 类金资源量 91.39kg,其中 333 类金资源量 75.31kg(贵州省贞丰县卡务背斜金矿普查地质报告,贵州省地质矿产勘查开发局一〇五地质大队,2010)。

一、矿区地层

区内出露地层由老至新主要有中下二叠统四大寨组($P_{1-2}s$)、中上二叠统领薅组($P_{2-3}lh$)、中下三叠统罗康组($T_{1-2}lk$)、中三叠统许满组(T_2xm)、呢罗组(T_2nl)、边阳组(T_2b)(图 6-2)。

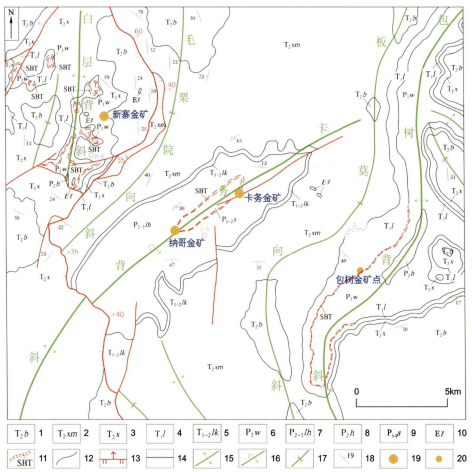

1.中三叠统边阳组;2.中三叠统许满组;3.中三叠统新苑组;4.下三叠统罗楼组;5.中下三叠统罗康组;6.上二叠统吴家坪组;7.中上二叠统领薅组;8.中二叠统猴子关组;9.中下二叠统四大寨组;10.古近纪钙碱性煌斑岩;11.构造蚀变体及界线;12.地层界线;13.逆断层;14.性质不明断层;15.背斜;16.倒转背斜;17.向斜;18.产状(°);19.小型金矿床;20.金矿点

图 6-2 贞丰县卡务金矿矿产地质简图

四大寨组($P_{1-2}s$)：只出露第二段，未见底，下部深灰色厚层块状燧石灰岩夹中厚层生物灰岩及砾屑灰岩；上部为深灰色中厚层燧石灰岩夹厚层块状砾屑灰岩，厚度大于130m。

领薅组($P_{2-3}lh$)：分5段。

第一段($P_{2-3}lh^1$)：深灰色块状玄武质岩屑砂砾岩，下部夹5m厚岩屑砂岩，上部夹1m厚灰岩角砾岩，角砾成分以各种灰岩为主（礁灰岩、生物屑灰岩，燧石灰岩及灰岩），玄武岩和硅质岩次之，厚度35m，与四大寨组呈假整合接触。

第二段($P_{2-3}lh^2$)：下部为暗灰色厚层块状黏土质岩屑粉砂—细砂岩夹似层状含砾砂岩及砾岩，砾石成分为灰岩及玄武岩；上部为深灰色块状黏土岩夹沉凝灰岩，厚度306m。

第三段($P_{2-3}lh^3$)：灰黑色块状含粉砂质黏土岩，夹似层状、角砾状黏土质粉砂岩及个别块状砾岩（砾石为黏土岩及灰岩），黏土岩中局部含（礁灰岩、灰岩砾岩）砾块，大者达4m以上，底部为20m厚黑色中厚层硅质岩夹透镜状燧石灰岩，厚度434m。

第四段($P_{2-3}lh^4$)：深灰色厚层块状含粉砂质黏土岩夹5~17m薄至中厚层黏土质粉砂岩，厚度276m。

第五段($P_{2-3}lh^5$)：灰黑色厚层块状含粉砂质黏土岩夹块状灰岩、角砾岩，角砾成分以灰岩（礁灰岩，生物屑灰岩，燧石灰岩及灰岩）为主，次为黏土岩及粉砂岩，角砾大小不一，排列杂乱，大者2~3m，一般20~30cm。底部为灰黑色薄至中厚层泥灰岩，砾屑灰岩、燧石灰岩及硅质岩；顶部为深灰色块状灰岩角砾岩夹黏土岩透镜体，角砾岩变化大，厚度100~299m。

罗康组($T_{1-2}lk$)：灰黑色薄至中厚层灰岩夹泥灰岩及2~3层砾屑灰岩（厚1~5m）。下部夹黑色黏土岩，底部夹硅质粉砂岩及玻屑凝灰岩（15~20cm）。厚度91~158m。代表深水盆地相早三叠世地层层序，与其下领薅组为整合接触。

许满组(T_2xm)：为一套深水盆地相砂岩、黏土岩及灰岩，分4段。

第一段(T_2xm^1)：深灰色中厚层钙质黏土岩夹薄层灰岩（夹层厚1~5cm）、细砂岩及个别砾屑灰岩透镜体。砂岩具槽模构造。化石稀少，厚度100~212m，与其下罗康组为假整合接触。

第二段(T_2xm^2)：中下部为深灰色中厚层至块状钙质细砂岩与黏土岩组成韵律层，每一个韵律层厚20~50m，砂岩槽模构造发育，具正粒序递变特征；上部为黏土岩夹薄层灰岩及中厚层细砂岩，厚度100~677m。

第三段(T_2xm^3)：深灰色薄至中厚层灰岩、泥灰岩夹较多黏土岩及少量厚层细砂岩，厚度179~667m。

第四段(T_2xm^4)：下部为深灰色中厚层细砂岩、黏土岩夹较多生物层，具正粒序递变层、槽模构造、包卷层理及变形层理等浊积岩特征；上部为深灰色厚层块状黏土岩夹砂岩透镜体，顶部30~50m为灰色中厚层钙质细砂岩夹黏土岩。厚度466~485m。

呢罗组(T_2nl)：灰色薄至中厚层细砂岩、黏土岩组成韵律层，中下部夹深灰色薄层灰岩、瘤状灰岩及泥灰岩，厚度17~30m。与下伏许满组第四段呈整合接触。

边阳组(T_2b)：未见顶，为灰色、深灰色厚层含钙质细砂岩夹中厚层及块状细砂岩、粉砂质黏土岩，具冲刷构造、槽模构造、粒序层理、平行层理、爬升交错层理等浊积特征，出露厚度大于 300m,与下伏呢罗组呈整合接触。

二、矿区构造

矿区位于扬子准地台西南缘与华南褶皱带之右江褶皱带的接合部位,属右江褶皱带北缘之北东向卡务背斜南延倾伏端,是赖子山背斜北延部分,因后期构造改造而呈 NE 向延伸。区内以 NE 向褶皱、断裂为主,是区内主要控矿构造,其次发育有近 SN 向断裂,对 NE 向构造有一定的破坏作用。

1. 断裂

F_1 断层:位于矿区北西角三角寨,为走向 NE30°~60°,倾向 SE,倾角 25°~55°,矿区内长 1km,并延伸出图,断裂破碎带宽 5~20m。主要表现为碎裂化、角砾化、劈理化,石英细脉及方解石细脉发育,局部见构造透镜体,为逆断层。

F_2 断层:位于洗力沟-桃子坳-茂娥坡,走向 NE30°~45°,倾向 SE,倾角 45°~65°。普查区内长 4km,并延伸出图,断裂破碎带宽 8~20m,主要表现为硅化、碎裂化,局部劈理化,节理较发育,石英细脉及石英晶洞发育。往南西延伸与 F_3 断层相交,为逆断层。

F_3 断层:位于洗力沟-后山-皎贯-过六,走向 NE30°~45°,倾向 SE,倾角 40°~55°。普查区内长 5km,并延伸出图,断裂破碎带宽 10~20m,主要表现为硅化、碎裂化、局部劈理化,节理较发育,有石英细脉充填,为逆断层。

F_4 断层:位于卡务背斜北西翼近轴部,平行卡务背斜近轴部展布,为逆断层;贯穿普查区,倾向 SE,倾角 50°~60°,普查区内长 7km,北东端延伸出图,断层破碎带宽 10~30m,主要表现为强硅化、碎裂化、角砾化、黄铁矿化蚀变,破碎带内石英脉特别发育,石英脉大小不一,脉厚 0.01~1.5m,延伸 1~25m,走向上呈尖灭再现分布。在卡务背斜南西与 F_5 相交,北东延伸出图,为逆断层;氧化矿(点)产于该断层带内,为区内主要控矿断裂。

F_5 断层:位于卡务背斜南东翼近轴部,平行卡务背斜近轴部展布,倾向 SE,倾角 60°~70°,普查区内长 7km,北东端延伸出图,断层破碎带宽 10~50m,主要表现为强硅化、碎裂化、角砾化、黄铁矿化蚀变;破碎带内石英脉特别发育,石英脉大小不一,最大脉厚 1.5m,最小 0.01m,一般 0.1~0.5m,延伸 1~25m,走向上呈尖灭再现。在北东端被 F_7 断裂错断,在南西端被 F_6 断层错断,具先张后挤压特征,为逆断层;该断层带内发现多处地表氧化矿(点),矿权内出露南西段,是区内主要控矿构造。

F_6 断层:位于江油-坝油,为走向近南北向,倾向 E,倾角 40°~50°,普查区内长 4km,南部延伸出图,断裂破碎带宽 5~10m,主要表现为硅化、角砾化、黄铁矿化及碎裂化,石英细脉发育,脉厚 0.01~1m,延伸 1~20m,走向上呈尖灭再现分布,为正断层,对 NE 向构造有一定错断作用。

F_7 断层:位于佑锡-磨龙-官塘地,为走向近 SN 向,倾向 W,倾角 60°~75°,矿区内长 10km,并延伸出图,断裂破碎带宽 10~20m,为正断层。主要表现为硅化、角砾化、黄铁矿化及碎裂化,石英细脉发育,对 NE 向构造有一定错断作用。

2. 褶皱

矿区主要褶皱为卡务背斜,总体呈 NE 向展布,长大于 8km,宽约 6km,背斜轴向 40°～60°。由于区域构造应力强弱分布不均及 F_6 断裂的限制,导致卡务背斜呈南西端倒转北东端正常的背斜。北西翼岩层倾角 50°～80°,南东翼岩层倾角 40°～60°,卡务一带为背斜高点,逐渐向北东或南西倾伏,核部出露四大寨组第二段($P_{1-2}s^2$),两翼依次为领薅组($P_{2-3}lh$)、罗康组($T_{1-2}lk$)、许满组(T_2xm)。已发现矿(化)点均分布于背斜近轴部 500m 范围之内,是该区主要控矿构造。

三、矿体特征

矿区内矿体严格受卡务背斜及与之大致平行的断裂控制,目前区内发现的矿体分布于卡务背斜核部 500m 范围内。含矿地层为中上二叠统领薅组二段($P_{2-3}lh^2$)薄至中厚层含砾屑粉砂质黏土岩及黏土质粉砂岩和领薅组三段($P_{2-3}lh^3$)灰黑色块状含粉砂质黏土岩,风化后为浅黄色、褐黄色。经地表槽探和浅部钻探工程揭露,地表主要为低品位金氧化矿,而在深部断层破碎带主要品位为$(0.3～0.5) \times 10^{-6}$的原生金矿化带,其氧化矿体及矿化带产状与断裂破碎带产状基本一致;矿体呈脉状、透镜状产出。

Ⅰ号矿体(脉):产于 F_4 断裂破碎带中,矿体严格受 F_4 断裂破碎带控制,矿体产状基本与断裂破碎带产状一致,倾向 SE,倾角 60°～65°,经钻孔揭露,深部岩石较破碎,主要表现为硅化、方解石化,矿化不连续;矿体呈脉状、透镜状产出。通过地表工程控制,矿体平均厚度为 1.48m,走向大于 100m,平均品位 0.64×10^{-6},矿石量为 0.430 5 万 t,估算 334 类金资源量为 2.58kg。

Ⅱ号矿体(脉):产于 F_4 断裂上盘分支断裂破碎带中,与Ⅰ号矿体(脉)平行,矿体严格受断裂破碎带控制,矿体产状与断裂破碎产状一致,倾向 SE,倾角 55°～65°,走向上主要延断裂破碎带延伸;经钻孔揭露,深部岩石较破碎,局部见矿化,主要表现为硅化、方解石化;矿体呈脉状、透镜状产出。通过工程控制,矿体平均厚度为 4.13m,走向大于 400m,平均品位 0.56×10^{-6},矿石量为 6.113 9 万 t,估算 333+334 类金资源量为 34.03kg。

Ⅳ号矿体(脉):产于 F_5 断裂破碎带中,矿体严格受 F_5 断裂破碎带控制,矿体产状与断裂破碎产状一致,倾向 SE,倾角 60°～72°,走向上主要延断裂破碎带延伸;矿体呈脉状、透镜状产出;矿体平均厚度为 0.86m,走向大于 400m,平均品位 0.77×10^{-6},矿石量为 2.508 7 万 t,估算 333+334 类金资源量为 19.38kg。

Ⅴ号矿体(脉):产于 F_5 断裂上盘分支断裂破碎带中,与Ⅳ号矿体(脉)平行,矿体严格受断裂破碎带控制,矿体产状与断裂破碎带产状一致,倾向 SE,倾角 70°～76°,走向上主要延断裂破碎带延伸;深部岩石较破碎,主要表现为硅化、方解石化;矿体呈脉状、透镜状产出。矿体平均厚度为 2.92m,走向大于 400m,平均品位 0.80×10^{-6},矿石量为 4.403 7 万 t,估算 333+334 类金资源量为 35.40kg。

四、矿石特征

矿区目前发现矿体只有氧化矿具有开采价值,矿石均为氧化矿石,矿石主要为浅黄色、褐黄色含砾粉砂质黏土岩,岩性为硅化、黄(褐)铁矿化、黏土化压碎岩、构造角砾岩;根据地表探槽及钻探揭露以及邻区金矿开采情况,近地表 1～30m 岩石强烈风化,结构较为松散(图 6-3)。

矿石矿物:以褐铁矿为主,有少量赤铁矿、钛铁矿。脉石矿物:石英、方解石、硅酸盐矿物,以黏土类为主,有少量火山物质和高岭土。

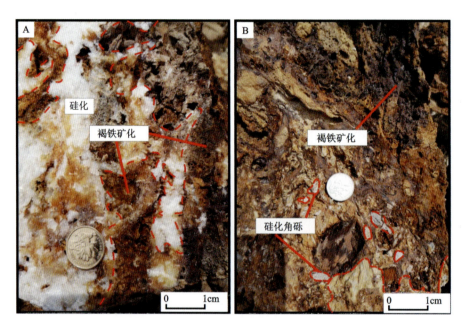

图 6-3　贞丰县卡务金矿构造蚀变体矿石蚀变特征

五、矿物组成

矿区内目前只发现氧化矿,矿石为硅化、褐铁矿化、风化或半风化含砾粉砂质黏土岩及黏土质粉砂岩,节理裂隙发育,有石英、方解石及褐铁矿细脉或薄膜充填,矿体严格受断裂控制。矿石具压碎、碎裂、交代等结构,角砾状、块状、网脉状、浸染状等构造。

六、赋存状态

根据分析结果,金主要赋存在含砷黄铁矿中,含砷黄铁矿为主要的载金矿物。

七、蚀变特征

矿区内在地表矿体顶、底板为第四系碎石土,往下顶、底板主要为风化、半风化领薅组三段($P_{2-3}lh^2$)含砾粉砂质黏土岩、黏土质粉砂岩及领薅组三段($P_{2-3}lh^3$)含粉砂质黏土岩。围岩一般挤压破碎强烈,蚀变主要为硅化、褐铁矿化,矿与非矿无明显界线,靠化学分析结果来区别。

八、地球化学特征

1. 流体包裹体地球化学

区域纳哥金矿石英中包裹体测定（余大龙等，1996）类型主要为气液型，其大小从几微米至 $50\mu m$，多集中于 $5\sim15\mu m$（约占 77%），平均大小为 $11.3\mu m$，表明脉体在缓慢降温的情况下结晶。气液比从 $0\sim75\%$，主要集中于 $10\%\sim25\%$，平均值为 24.1%，表明热液温度不高。包裹体的均一温度范围主要为 $130\sim250℃$，平均值为 $198℃$，反映成矿在低温情况下进行。包裹体成分分析 CO_2 含量很高，说明石英脉的形成与金的矿化有关。氢氧同位素组成位于岩浆水附近，表明成矿流体来源深部。

2. 氢氧同位素地球化学

氢氧同位素组成见表6-1，矿区两个样品的 δD 和 $\delta^{18}O$ 的变化范围不大，位于岩浆水附近，认为深部岩浆源提供热液（余大龙和毛健全，1996）。从大量的资料来看，"金三角"地区的金矿床 H、O 同位素组成变化范围是很大的，但大多数位于岩浆水和变质水范围内外或附近，判断有岩浆水存在，而地下水相对较少（余大龙和毛健全，1996）。热能是促使成矿物质运移并与周围岩石发生作用的主要动力，在贞丰鲁容、白层等地，出现了穹隆构造及较多的偏碱性超基性岩体和大量的石英脉，局部形成金矿化，特别是在距白层约10km的纳哥金矿，出现大量与金密切相关的石英大脉和小脉，反映了热液的热量和流体数量都是大规模的。

表 6-1 纳哥金矿氢氧同位素组成

样号	矿物	δD	$\delta^{18}O$	$\delta^{18}O_{H_2O}$	备注
M10	石英	−73.0	17.09	5.43	$\delta^{18}O_{H_2O}$ 用 $1000\ln\alpha$ 石英−水 $=3.05\times10^6T^{-2}-2.09$，$t=198℃$ 计算
M43	石英	−67.3	21.02	9.36	

测试单位：宜昌矿产地质研究所。

九、成矿模式

区内卡务背斜总体呈北东向展布，区内长7km，宽约6km，背斜轴向 $30°\sim40°$。区内北东端北西翼地层倒转，倾角为 $40°\sim80°$，向南西端背斜逐渐倾伏，地层逐渐过渡为正常，倾角为 $40°\sim60°$；卡务一带为背斜突出部位，核部主要出露四大寨组，两翼依次为领薅组、罗康组、许满组和边阳组，成矿模式见图6-4。

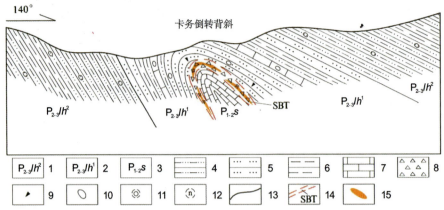

1.中上二叠统领薅组二段;2.中上二叠统领薅组一段;3.中下二叠统四大寨组;4.黏土质粉砂岩;5.砂岩;6.黏土岩;7.灰岩;8.角砾岩;9.岩屑;10.砾屑;11.硅化;12.黄铁矿化;13.地层界线;14.构造蚀变体及界线;15.金矿体

图 6-4 贞丰县卡务金矿构造蚀变体分布及成矿模式图

第四节 乐康金矿床

乐康金矿位于贵州省望谟县境内,属乐康乡所辖,交通方便。矿床位于 NW 向乐康背斜南西翼,平均厚度 3.66m,平均品位 3.10g/t,累计获得 333+334 类金资源量 1 741.55kg(中国矿产地质志贵州卷·金矿,2019)。

一、矿区地层

矿区内出露地层主要有中三叠统许满组(T_2xm)、中下三叠统罗康组($T_{1-2}lk$)、中上二叠统领薅组($P_{2-3}lh$)、中下二叠统四大寨组($P_{1-2}s$)(图 6-5)。现由新到老分述如下。

1. 中下二叠统四大寨组第一段($P_{1-2}s^1$)

该组为灰色、深灰色中至厚层微晶、泥晶灰岩,生物屑灰岩,上部夹深灰色、灰黑色薄层钙质黏土岩及粉砂岩。厚>50m。

2. 中下二叠统四大寨组第二段($P_{1-2}s^2$)

该组为灰色中厚层泥晶灰岩夹灰色薄层生物碎屑灰岩,中等硅化,顶部为浅灰色硅质岩。厚 48~60m。

3. 中上二叠统领薅组($P_{2-3}lh$)

根据岩性特征可分为 3 个岩性段:
领薅组第三段($P_{2-3}lh^3$):灰绿色、灰色薄层黏土岩,厚度 285~318.57m。
领薅组第二段($P_{2-3}lh^2$):灰色、深灰色薄层粉砂质黏土岩与深灰色中厚层粉砂岩、细砂

第六章 盆地相区中二叠统—上二叠统层次

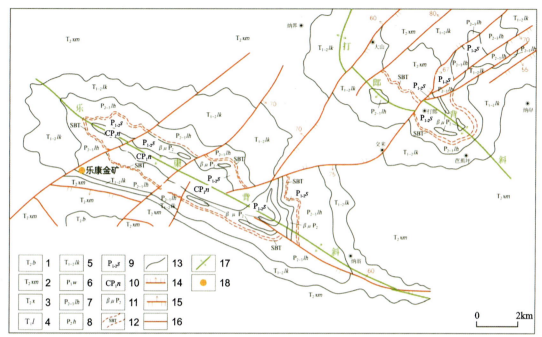

1.中三叠统边阳组;2.中三叠统许满组;3.中三叠统新苑组;4.下三叠统罗楼组;5.中下三叠统罗康组;6.上二叠统吴家坪组;7.中上二叠统领薅组;8.中二叠统猴子关组;9.中下二叠统四大寨组;10.南丹组;11.中二叠世辉绿岩;12.构造蚀变体及界线;13.地层界线;14.正断层;15.逆断层;16.性质不明断层;17.背斜;18.小型金矿床

图 6-5 望谟县乐康金矿矿产地质简图

岩,夹薄层粉砂质黏土岩及黏土质粉砂岩,厚度 188.57m。

领薅组第一段($P_{2-3}lh^1$):深灰色中厚层粉砂岩及细砂岩,底部 8～10m 为含锰质粉砂岩,节理较发育,上部为中厚层状细砂岩,石英脉较发育,脉宽在 0.1～20mm 之间,浸染黄铁矿呈星点状杂乱分布于岩石层间裂隙、节理裂隙之中。厚 145～195m。与下伏地层呈整合接触。

4. 中下三叠统罗康组($T_{1-2}lk$)

该组以泥质灰岩、灰岩为主,间夹黏土岩及砂岩。可分为两个岩性段。

第二段($T_{1-2}lk^2$):灰色、深灰色薄层钙质细砂岩、黏土岩与中厚层泥晶灰岩及瘤状灰岩互层,底部为灰色薄层黏土岩。厚 206～299m。

第一段($T_{1-2}lk^1$):深灰色中厚层泥晶灰岩、泥灰岩及灰黑色薄层生物屑灰岩,底部为灰色、深灰色中厚层至厚层状钙质细砂岩、粉砂岩,灰色薄层含粉砂质黏土岩及深灰色厚层生物碎屑灰岩。厚 277.53～343m。与下伏地层呈整合接触。

5. 中三叠统许满组(T_2xm)

该组为灰绿色、灰色薄层粉砂质黏土岩、黏土质砂岩、粉砂岩,强风化,厚度大于 50m。与下伏地层呈整合接触。

二、矿区构造

矿区位于乐康背斜的南西翼,构造线分别为 NW-SE 向(F_2、F_3、F_4、F_5)和 NE-SW 向(F_1)两组。主要表现为断裂构造,没有大的褶皱构造。断裂构造主要为平移断层(F_1)、逆断层(F_2)、正断层(F_3、F_4、F_5)及规模较小的节理,分述如下(据贵州省望谟县乐康金矿区金矿资源储量核查报告,2012)。

1. 断裂

区内发育 NW 向断裂(F_2),为平移断层。区内出露长约 1.2km,平面上基本呈一直线,两盘地层均为领薅组。是核查矿区内的主要容矿构造,为一系列背冲、对冲、叠瓦式逆冲推覆体系。Ⅰ号—Ⅴ号矿体即产于该系列断裂构造中。

2. 褶皱

矿区位于乐康背斜的南西翼,区内为单斜构造。地层走向为 NW 向,倾角一般 45°~65°。

三、矿体特征

矿区内主要有 3 个较大规模的金矿体,分布于 F_2 下盘黏土岩中,矿体受层间滑动,层间剥离构造控制。含金黄铁矿、石英细脉充填于层间构造中形成矿体。含矿围岩较破碎,矿体厚薄与破碎带宽窄呈正比变化。矿体倾向 S,倾角 66°~68°,顺层或微切层,并大致平行排列产出,沿走向两端略为撒开,单个矿体中厚边薄,形态为透镜状。本区金矿总的规模小,品位不高,但经工程揭露,矿体沿走向及倾向上均较连续,矿体内部有夹石存在。矿体平均品位以Ⅰ号矿体最高(金平均含量 $2.61×10^{-6}$)。矿体规模及厚度以Ⅱ号矿体最大(长 466m,水平厚 4.7m)(据贵州省望谟县乐康金矿区金矿资源储量核查报告,2012)。其主要Ⅰ号—Ⅴ号矿体特征见表 6-2。

表 6-2 望谟县乐康金矿Ⅰ号~Ⅴ号矿体特征统计表

矿体编号	长度(m)	倾向(°)	倾角(°)	品位($×10^{-6}$)		厚度(m)		矿体形态
				平均	最高	平均	最高	
Ⅰ	410	SW	67	2.61	9.25	3.58	9.32	透镜状
Ⅱ	466	SW	66~68	2.15	6.30	4.70	9.67	透镜状,有夹石
Ⅲ	360	SW	67	2.06	5.90	4.63	11.67	透镜状,有夹石
Ⅳ	155	SW	68	1.51	3.25	1.94	4.27	透镜状
Ⅴ	157	SW	67~68	1.03	3.60	3.45	5.40	透镜状

注:数据来自贵州省望谟县乐康金矿区金矿资源储量核查报告,2012。

四、矿石特征

容矿岩石主要为角砾岩、黏土质粉砂岩、粉砂质黏土岩,粉砂岩及黏土岩。按氧程度,矿石类型分为氧化矿石、半氧化矿石。

矿石结构为细粒砂状、镶嵌状、显微鳞片状、纤维状等结构;矿石构造有层纹—条纹—条带状、团块状、致密块状、脉状、角砾状等。

五、矿物组成

矿物组成主要有黄铁矿、白铁矿、毒砂、含砷黄铁矿、高岭石、水云母黏土岩等组成。矿石中化学组分主要有 SiO_2 含量大于 50%,次有 FeO、Al_2O_3、CaO、MgO、K_2O 等,Au 含量较低,一般 $(0.5\sim5)\times10^{-6}$,但为矿石中的有用成分。

六、赋存状态

硅化、黄铁矿化、角砾岩化蚀变与金矿关系密切,尤以硅化(石英脉)、黄铁矿与金关系更为显著。据本区单矿物成果,五角十二面体黄铁矿含金高达 30×10^{-6},为主要载金矿物。

七、蚀变特征

矿区普遍具硅化、黄铁矿化、褐铁矿化、方解石化、黏土化、角砾岩化等蚀变。与金矿产出关系密切的围岩蚀变主要有硅化、褐铁矿化、黄铁矿化、黏土化、毒砂化等。

硅化:氧化矿中石英主要呈结晶细小的脉状充填或交代围岩,呈细脉状、小团粒状、晶簇状、薄膜状等产出,地表多以次生他形石英、玉髓、蛋白石为表现。原生矿中主要表现呈硅质交代,其次呈石英微细脉。

褐铁矿化:由黄铁矿风化而成。呈不规则脉状、浸染状、团粒状分布于含矿岩性中。往往与硅化、黏土化相伴,与金矿的形成、分布有一定关系。

黄铁矿化:呈星散(点)状、浸染状、小团粒状充填于各类岩石中。与金矿关系密切的黄铁矿表现为他形晶,而立方晶体的黄铁矿与矿化关系较差。

毒砂化:仅见于原生矿中。矿物呈极细小的针尖状、星散状产于多种蚀变的含矿岩性中。

黏土化:表现为水云母、高岭石交代原岩中的斜长石。为一种普通的蚀变矿物类型,与金矿化的关系十分密切,一般无该蚀变的地方无金矿化。

八、地球化学特征

根据省自然资源厅"黔西南金矿多层次构造滑脱成矿系统研究与找矿预测"项目构造地球化学测量结果,矿区内元素分布特征和异常分布特征与构造走向基本一致,主要异常整体呈 NW 向,异常严格受构造控制,靠近构造带异常规模及强度大,远离构造带两侧的异常,则分布零星,规模及强度小。Au、As、Sb、Hg、Tl 地球化学异常叠合地段,是区内寻找露头金矿的重要指示标志。在 F_1 断层带,Au 异常规模及强度大,异常沿断层带呈 NW 向分布,长

800~1700m，宽600~1000m，异常连续性好，分带清楚，浓集中心明显，异常峰值 Au 含量达 $13\,900\times10^{-9}$，并且 As、Sb、Hg、Tl 异常分布范围与 Au 异常具有相对较好的对应关系。在 F_3 断层带，Au 异常整体呈 NW 向分布，长1500m，宽8~320m，异常分带清楚，浓集中心明显，在 Au 异常浓集中心地带，Au、As、Sb、Hg、Tl 异常具有较好的套合关系。在 F_6 断层带，存在一级 Au 异常，异常沿断层带呈 NE 向分布，长250~1100m，宽180~280m，Au 异常与 As、Sb、Hg、Tl 异常套合不好。整体来看，区内 Au 异常规模及强度大，Au、As、Sb、Hg、Tl 异常套合较好，异常受断层控制明显，F_1 断层可能是区内主要控矿断层，Au 元素富集成矿与特定的岩性及构造关系密切。

第五节 小 结

滇-黔-桂"金三角"地区四大寨组和领薅组之间的构造滑脱层是盆地相区中二叠统—上二叠统层次，主要分布于贞丰县鲁容乡、望谟县石屯镇等一带。该层次分布区产出的卡林型金矿床主要有卡务金矿、罗康、金矿、纳哥金矿、包树金矿等，均为小型金矿床。

四大寨组和领薅组之间能干性差异大，是多层次构造滑脱成矿系统在中下二叠统间的具体表现。四大寨组为深灰色厚层块状燧石灰岩夹中厚层生物灰岩及砾屑灰岩，领薅组为玄武质岩屑砂砾岩、粉砂质黏土岩、黏土岩夹岩屑砂岩、灰岩、角砾岩及沉凝灰岩，两者之间由于能干性差异，下部碳酸盐岩变形弱，上部碎屑岩挤压破碎变形强，这种挤压变形不协调发育形成顺层滑脱构造破碎带。成矿期流体沿深部构造运移至滑脱构造破碎带，受上覆黏土层屏蔽作用，流体主要沿滑脱构造破碎带侧向运移，并与围岩发生水-岩反应，从而形成构造蚀变体（SBT）。

第七章 二叠系\三叠系层次

二叠系和三叠系是滇黔桂地区出露最广泛的地层,在两者不整合界面附近形成的构造滑脱断层是中国南方卡林型金矿多层次构造滑脱成矿系统的重要组成部分(刘建中等,2023),产出的金矿主要包括贵州大观、板其金矿和广西高龙、浪全金矿,均受泥质钙质碎屑岩系(上)和碳酸盐岩(下)的层序组合控制。其中大观金矿产于大观背斜南端的构造蚀变体和背斜周缘的断裂系统中,高龙金矿产于高龙穹隆周缘的环状构造蚀变体中,板其金矿产于板纳穹隆周缘的环状构造蚀变体中;浪全金矿产于金竹洞和武称背斜的西缘滑脱构造带中。

第一节 层次特征

滇黔桂地区二叠系和三叠系与金成矿作用有关的地层系统包括二叠系的吴家坪组(P_3w)、罗楼组(T_1l)、新苑组(T_2x)、长兴组(P_3c)、百逢组(T_2b)。依据形成构造蚀变体的地层、岩石组合、沉积相等特征,该层次主要分为贵州吴家坪组/许满组类型和广西长兴组/百逢组类型。

一、地层系统

1. 吴家坪组

吴家坪组源于卢衍豪(1956)命名于陕西汉中南郑县城西 12km 吴家坪村的吴家坪灰岩,原指位于三叠系之下、王坡页岩之上的一套燧石灰岩,时代定为乐平世。贵州石油普查大队(1958)将"吴家坪灰岩"一名引入贵州,代表黔东、黔南地区以灰岩为主的乐平统。盛金章(1962)将王坡页岩和吴家坪灰岩合称吴家坪组,代表中国南部海相乐平统下部的地层,并限定在茅口组与长兴组之间含 *Codonofusiella* 的灰岩。贵州省区调队(1965—1980)多用吴家坪组—长兴组代表贵州以海相灰岩为主夹硅质岩及含煤黏土岩的乐平世地层。《贵州省区域地质志》(1987)用吴家坪组—大隆组代表苗岭区海相乐平统。《贵州省岩石地层》(1997)把原划夹含煤黏土岩的吴家坪组—长兴组改称合山组,只把分布范围较窄的台缘滩(礁)相以灰岩为主夹礁灰岩的乐平世地层称吴家坪组。《贵州省岩石地层》(2017)将吴家坪组的含义定为平行不整合于猴子关组灰岩之上、整合或平行不整合于三叠系罗楼组或大冶组薄层灰岩之下的一套台缘滩(礁)相灰岩及礁灰岩,时代为乐平世吴家坪期至长兴期。

吴家坪组主要分布于紫云-册亨分区的紫云跳花坡—猴场—望谟石屯、邑赖、大塘、豆芽井—罗甸砂厂、坪岩一带，在贞丰白层、坡稿、册亨央友、板其等地亦有少量分布。造礁生物以海绵为主，次有水螅、有孔虫、管壳石等，多为蓝绿藻呈叠层状缠绕海绵等形成生物骨架，由介屑、藻屑、棘屑、有孔虫及灰泥充填其中，礁基底为生物滩相灰岩。厚64(板其)~615m(跳花坡)，一般厚300~400m。与下伏猴子关组灰岩呈平行不整合接触。

2. 罗楼组

罗楼组源自李四光(1941)命名于广西凌云县罗楼圩东北1km那利岭东坡的"罗楼层"，为厚20~100m富含早三叠世菊石的石灰岩。王钰等(1959)引用"罗楼群"代表黔南地区的下三叠统；贵州地层古生物工作队(1976)改称罗楼组，并分上、下两段；在贵州省地质矿产局《贵州省地质图说明书》(1981)中，限称下段为罗楼组，上段另名紫云组。《贵州省区域地质志》(1987)及《贵州省岩石地层》(1997)均沿用罗楼组及紫云组，分别代表黔南地区的早三叠世印度期及奥伦期地层，认为罗楼组为"一套深水陆架相灰泥沉积"("槽盆沉积")，紫云组为"岩隆周围斜坡相沉积"。罗楼组与紫云组无明显的区域划分标志层，在工作中难以掌握和界定，再则，两者厚度不大，岩性差异不显著，不宜分成两个组。《贵州省岩石地层》(2017)弃用紫云组，用罗楼组代表青岩相变带以南早三叠世斜坡-盆地相薄层灰岩、砾屑灰岩夹碎屑岩，其时限据与嘉陵江组类比为早三叠世—三叠世关刀(安尼)早期。厚25(许满)~824m(扒子场)。与下伏乐平统大隆组、合山组、领薅组或吴家坪组呈整合或平行不整合接触。

3. 新苑组

新苑组源自王钰等(1959)创名于紫云县城郊新苑附近的新苑组。原义指整合于下伏罗楼群与上覆"江洞沟组"之间的一套页岩夹砂岩，时代为安尼期。本组自创建后为省内外生产、科研及教学单位广泛使用。《贵州省区域地质志》(1987)用青岩组代表安尼期台缘斜坡相沉积，新苑组代表斜坡-盆地相沉积。《贵州省岩石地层》(1997)将青岩组、新苑组合并成新苑组，代表安尼期"广海陆架相"沉积。《贵州省岩石地层》(2017)将整合于罗楼组之上、边阳组或杨柳井组(局部)之下的一套台缘斜坡-盆地相黏土岩、薄层灰岩、砾屑灰岩，夹砂岩称为新苑组，时限为关刀(安尼)期。厚178(望谟安乐)~956m(贞丰坡稿)，一般厚400m。与下伏罗楼组呈整合接触。

4. 长兴组

长兴组源于葛利普(1931)命名于浙江长兴的长兴灰岩。黄汲清(1932)在《中国南部之二叠系》中明确长兴灰岩是假整合于三叠纪薄层灰岩之下、整合于产腕足类及大羽羊齿植物群的含煤砂页岩之上厚约50m深灰色灰岩，盛金章(1962)改称长兴组，并建立*Palaeofusulina*带。贵州区调队在1980年以前完成的1:20万区调图幅基本上都把龙潭组含煤碎屑岩之上、三叠纪页岩之下以灰岩及燧石灰岩为主的地层划为长兴组；贵州西部的几个1:20万图幅把乐平统上部以碎屑岩为主夹个别灰岩的一段地层亦划为长兴组。《1:20贵阳幅区调报告》(1976)把吴家坪组(现称合山组)上部燧石灰岩较集中的一段地层划为长兴组"花果园段"，之上夹有含*Palaeofusulina*的薄层灰岩之含煤碎屑岩称"太慈桥段"。《贵州省区域地质志》(1987)及《贵州地层典》(1996)将龙潭组之上一套台地相灰岩或以灰岩为主夹黏土岩的地层仍划作长兴组,代表乐平统上部的一个岩石地层单位。《贵州省岩石地层》(1997)则弃用长兴组一名,将相当地层并入龙潭组。《贵州省区域地质志》(2017)中长兴组的含义是限指整合于大隆组硅质岩或三叠系夜郎组黏土岩之下、"小"龙潭组含煤碎屑岩之上的一套厚数十米浅海台地相灰岩、燧石灰岩或以灰岩为主夹黏土岩的地层,时代属乐平世长兴期。厚19~64m(习水良村),一般厚40~50m。与下伏龙潭组黏土岩连续沉积。

5. 百逢组

百逢组由广西区域地质测量大队于1975年在广西田林县利周圩百逢命名,层型定义指位于石炮组与兰木组之间的岩石序列。该地层广泛分布于桂西的西林、田林、百色、那坡、天峨等县境内,即桂西三叠纪盆地中心区域,伴随石炮组出露,厚1964~2628m,百色、田阳及那坡一带可达2500m以上;在桂西南崇左、龙州一带也有大面积分布,厚1252~6484m。地质时代属中三叠世早期,代表桂西中三叠世深水槽盆相区沉积组合。百逢组总的特点是砂、泥岩比率高;二者常呈互层或夹层出现,并组成复理石、类复理石韵律,槽模、重荷模、包卷层理等发育,具浊积岩特征,鲍马序列明显,砂岩单层厚较大(最大达1.5~2.5m),多属杂砂岩,岩屑含量普遍较高(《广西壮族自治区区域地质志》,1985)。此外,本组水道砂岩、滑塌砾岩、塑性变形构造发育,半深海—深海相沉积。

在武鸣县灵马、田阳县玉凤谷西等地,本组近底部凝灰岩、凝灰质砾岩与下伏页岩呈平不整合接触,主要体现在:①接触面呈波状,与下伏页岩微角度相交;②凝灰岩或凝灰质砾岩中常包裹着一些与下伏页岩相同的页岩团块;③武鸣县灵马凝灰质砾岩盖在不同的页岩和粉砂岩之上;④凝灰岩上下岩层中均有中三叠世早期菊石。张文佑曾命名为该不整合界面为"桂西运动",界面限于中三叠统"平而关群"与下三叠统之间,时限为平中三叠世初期,确定时代的化石有鱼鳞蛤、褶翅蛤、巴拉顿菊石、粗菊石等(《广西壮族自治区区域地质志》,1985)。

二、沉积相特征

贵州的吴家坪组/新苑组(许满组)类型主要分布在两个地区,分别是册亨板其、秧友、者王至贞丰白层一带,以及紫云城关、猴场—望谟乐旺—罗甸砂厂、坪岩—独山麻尾一带(贵州省地质调查院,2017)。吴家坪组为一套台缘滩礁相灰岩及礁灰岩,厚度为400~600m。罗楼组代表青岩相变带以南早三叠世斜坡-盆地相沉积。新苑组是一套台缘斜坡-盆地相沉积。广西长兴组/罗楼组—百逢组类型特征主要分布于广西的西林—隆林—田林一带。该类型底部的长兴组,属于局限海或开阔海台地相及台地边缘相沉积;上部的罗楼组和百逢组为浅海-较深水盆地相和浅海陆棚相。

三、岩石系统

1. 吴家坪组岩石组合

吴家坪组岩性为浅灰色至深灰色中厚层至厚层块状亮晶生物屑灰岩、泥晶灰岩,夹少量含燧石灰岩、海绵礁灰岩、礁角砾岩及碳酸盐砾岩,局部夹少量黏土岩。底部时有0至数米黏土岩或铝土质黏土岩。该组厚度及岩性变化分述如下。

在册亨板其等地,本组厚64～100m,几乎全为海绵礁灰岩,与下伏猴子关组礁灰岩及生物屑灰岩不易划分,特别是央友附近,上、下都是礁灰岩,更难划分。贞丰白层附近,本组厚343m,以灰色灰岩、生物屑灰岩为主,夹少量黏土岩,上部90余米为礁灰岩。紫云北西跳花坡一带本组厚达615m,以灰色生物屑灰岩、颗粒灰岩及燧石灰岩为主,下部夹33m礁灰岩,中部有与领薅组呈指状相变穿插的黏土岩舌状体,紫云北东侧本组灰岩中的黏土岩舌状体很清楚。紫云南西侧本组厚约100m,底部2m为黏土岩,与下伏猴子关组灰岩接触,顶部与领薅组黏土岩呈断层接触。紫云猴场大营附近本组厚585m,底部15m为黏土岩,中下部夹砾屑灰岩,顶部夹礁灰岩。

在望谟包树、岜赖、大塘至大观豆芽井一带,本组厚100余米,以礁灰岩为主,夹礁角砾岩。包树—豆芽井一线北东不远的石屯、乐旺一线上,本组增厚至近500m,如石屯附近厚493m,以灰色、浅灰色厚层灰岩为主,夹燧石灰岩及鲕粒灰岩,底部0.8m为黏土岩。

罗甸砂厂附近本组厚142m,以浅灰色礁灰岩为主,夹砂屑灰岩及生物屑灰岩,与下伏猴子关组浅灰色生物屑灰岩亦不好划界,大致以含 *Codonofusiella* sp. 的礁灰岩作吴家坪组底界。罗甸坪岩附近本组厚487m,为深灰色灰岩夹燧石灰岩,底部22m为细砂岩及铝土质黏土岩,其所处相位大致与包树—乐旺一线一致。再向北向碳酸盐岩台地延伸,本组灰岩直接相变成合山组灰岩夹含煤黏土岩。

2. 罗楼组岩石组合

1)贵州境内罗楼组

罗楼组在贵州主要分布于青岩相变线以南紫云-都匀小区内,另在望谟-荔波小区的册亨板其—贞丰白层至望谟许满、荔波至平塘、都匀黄良一带,以及铜仁—黎平地区的黎平想钱山、锦屏新化二地亦有布露。主要岩性为浅灰色、深灰色薄—厚层泥晶灰岩、泥质灰岩、砾屑灰岩及少量白云岩、黏土岩。富含菊石、牙形石类及少量双壳类。

根据岩石组合特征的明显差异,将自北向南分3个地域分别阐述罗楼组岩性特征。

(1)扒子场—肖家庄—青岩—谷脚地带上的罗楼组:处于青岩相变带南侧的斜坡-盆地相沉积区域,宽1～2km。罗楼组以灰色、浅灰色薄层灰岩为主,夹白云岩、砾屑灰岩及黏土岩。厚420(青岩)～824m(扒子场),一般厚550～600m,与下伏大隆组呈整合接触。

(2)册亨—惠水—都匀—荔波地带上的罗楼组:分布范围较广,以灰色、紫红色黏土岩、薄—中厚层灰岩为主,夹较多砾屑灰岩,少量泥灰岩及个别玻屑凝灰岩薄层。富含菊石及少量双壳类。厚25(望谟许满)～406m(都匀甲地),一般厚150～200m。与下伏大隆组、吴家坪组或领薅组呈整合或平行不整合接触。

(3)乐平统孤台(点礁)相位上的罗楼组:主要分布于册亨板其、洛凡,贞丰坡稿、白层、紫云新苑、猴场、望谟包树、岜赖、大塘—大观及罗甸砂厂等地,带宽百余米。罗楼组为一套早三叠世巢湖(奥伦)期滩相及斜坡相砾屑灰岩、灰岩角砾岩及薄层灰岩组合。含菊石。厚5(册亨央友)～104m(贞丰李岜),一般厚30～50m。与下伏二叠系乐平统吴家坪组礁灰岩呈平行不整合接触。贵州区调队(1990)曾将其命名为"砾屑灰岩层"。

2)广西境内罗楼组

广西的下三叠统未进一步划分,统称为罗楼群《广西壮族自治区区域地质志》(1985),在广西的西部地区分布广泛,由浅海相泥页岩为主夹少量粉砂岩、细砂岩、泥质灰岩、灰岩组成,局部夹硅质岩、硅质页岩、砾岩及火山碎屑岩。厚度变化达37~2042m。

广西的罗楼群与贵州境内的罗楼组岩石系统差异较大。广西的高龙金矿区中罗楼组为灰色薄—中层泥灰岩夹浅黄色薄层状黏土岩,厚0~58.15m。广西浪全金矿区的罗楼组主要有青灰色含生物碎屑微晶灰岩,灰色豆状灰岩、泥质灰岩夹页岩、藻纹层灰岩、黄铁矿化微晶白云岩,杂色硅质角岩及其滑移堆积角砾岩,厚度约20m。根据以上两个金矿中罗楼组的岩石组合特征,暗示广西的罗楼组和贵州的高度相似,因此本研究广西境内的罗楼组参考贵州罗楼组的定义和描述。

3. 新苑组岩石组合

新苑组分布于紫云—都匀一带以及紫云—册亨之间青岩相变带南侧的台缘斜坡地带(宽1~2km)的狭长范围内。岩性以灰色、灰绿色、灰黄色黏土岩、钙质黏土岩为主,夹灰色薄—中厚层泥晶灰岩、泥灰岩、瘤状灰岩、生物介壳灰岩、厚层砾屑灰岩及灰色、深灰色中厚—厚层细砂岩、粉砂岩。底部0.5~8m为灰绿色玻屑、晶屑凝灰岩。

根据岩性差异分为3段。

第一段灰色、深灰色薄—中厚层含钙质粉砂质黏土岩,与深灰色薄层泥晶灰岩、瘤状灰岩、厚层块状砾屑灰岩互层,以黏土岩为主。近底部时为数十米深灰色中厚层瘤状泥晶灰岩夹含燧石灰岩,顶部多为灰色薄层灰岩或泥灰岩,底部0.5~8m为黄绿色玻屑晶屑凝灰岩。厚82(安乐)~435m(青岩),一般厚100~200m。

第二段为灰色、深灰色薄—厚层黏土岩、钙质及粉砂质黏土岩,夹较多灰色薄—厚层块状细砂岩、粉砂岩,时夹薄层灰岩、泥灰岩、砾屑灰岩及介壳灰岩(俗称生物层)。局部块状砂岩具滑塌构造及变形砂体,显角砾状及假块状。厚76(安乐)~485m(贞丰白层),一般厚150m。

第三段为呢罗段,主要岩性为灰色、黄灰色薄—中厚层黏土岩、钙质粉砂质黏土岩,夹灰色薄层泥质粉砂岩、细砂岩及灰色、深灰色薄—中厚层瘤状灰岩、泥晶灰岩及泥灰岩。厚20~62m(呢罗),一般厚30~40m。与下伏第二段厚层黏土岩或厚层砂岩易于划分开。

4. 长兴组岩石组合

在贵州地区,该组分布于毕节-安顺片区、遵义-正安片区及关岭-牛田小区内。长兴组岩性单一,为灰色、深灰色厚层含燧石生物屑泥晶灰岩,时夹灰色黏土岩及硅质岩薄层。在桐梓以北的松坎、楠木一带的灰岩几乎不含燧石结核。遵义市向北至麻沟一线上,灰岩中夹1~3层深灰色薄446层硅质岩,夹层厚0.5~2m。

在广西西部地区,长兴组在分布于西林、隆林、凌云、乐业、凤山、东兰、都安,南丹月里、里湖、那坡、德保田东、平果、武鸣以及凭祥至扶绥一带。岩石组合一般为深灰色灰岩、泥质灰岩和燧石灰岩,厚度均较稳定。隆林县敢南、武鸣县覃李、扶绥县紫罗等地,底部或上部夹碳质岩和煤层。乐业县烟棚、东兰县武篆等地,顶部夹硅质岩和凝灰熔岩。那坡至隆安一带底部普遍具铁铝岩或铝土矿。田东县思林、平果县海城一带为浅灰色质纯灰岩,具砾状、鲕状结构。隆林县播存一带发育生物礁。一般厚20~50m,那坡县龙合最厚为103m。

5. 百逢组岩石组合

百逢组由细砂岩、粉砂岩、泥质岩组成,复理石、类复理石韵律发育,具独积岩特征,底部具凝灰岩、凝灰质砂岩或凝灰质砾岩,厚1252~6484m。百逢组分为上、下两段,组成一个较大的沉积旋回。下段主要为中—厚层块状细砂岩夹页岩、泥岩或互层,自下而上页岩增多,砂岩减少。上段为青灰—灰绿色中层状泥岩、钙质泥岩为主,夹灰岩透镜体及少量薄层细砂岩或粉砂岩。

百逢组总的特点是砂、泥岩比率高,二者常呈互层或夹层出现,并组成复理石、类复理石韵律,槽模、重荷模,包卷层理等发育,具鲍马序列特征,砂岩单层厚度大(最大达1.5~2.5m),多属杂砂岩,岩屑含量偏高。百逢组一般可分为上、下两段,组成一个较大的沉积旋回。

下段主要为中—厚层块状细砂岩夹页岩、泥岩或互层,自下而上页岩增多,砂岩减少。底部或近底部常夹凝灰岩或凝灰质砂岩,作为与下三叠统的分层标志。田阳、百色、田林,乐业一带厚1000~2000m,那坡县百合一带最厚4204m。

上段岩性变化不大,为青灰色、灰绿色薄—中层状泥岩、钙质泥岩为主,夹岩透镜体及少量薄层细砂岩或粉砂岩。那坡县百合891m的泥砾岩。厚300~988m,百合一带最厚达2280m。

第二节 构造蚀变体

滇黔桂地区二叠系和三叠系之间(二叠系/三叠系)的构造蚀变体总体分布范围较窄,其分布范围受两个地层的制约:一是上二叠统厚层灰岩的分布,二是下三叠统罗楼组的厚度。上二叠统厚层灰岩仅在台地和盆地之间的台地边缘相中有沉积。在贵州西南部以吴家坪组为代表,主要分布于紫云-册亨分区的紫云跳花坡—猴场—望谟石屯、邕赖、大塘、豆芽井—罗甸砂厂、坪岩一带,在贞丰白层、坡稿、册亨央友、板其等地;在广西西部地区以长兴组为代表,分布于西林、隆林、凌云、乐业、凤山、东兰、都安、南丹月里、里湖、那坡、德保田东、平果、武鸣以及凭祥至扶绥一带。在贵州册亨板其、洛凡,贞丰坡稿、白层、紫云新苑、猴场、望谟包树、邕赖、大塘—大观及罗甸砂厂等地,罗楼组一般厚30~50m。这些区域由于罗楼组较薄的厚度,有利于在二叠系/三叠系之间形成构造蚀变体,罗楼组部分或全部卷入构造蚀变体;其他区域较厚的罗楼组(>100m),难以形成构造蚀变体。广西西部的罗楼组岩性组合和空间分布不明,但根据高龙和浪全金矿的矿区地层特征,认为在这两个金矿及其周缘有薄层罗楼组的分布,有利于形成构造蚀变体。

二叠系/三叠系的构造蚀变体主要产于贵州的吴家坪组和新苑组(板其、大观金矿)以及广西的长兴组和百逢组之间(高龙、浪全金矿)。具有能干性的吴家坪组和长兴组的厚层碳酸盐岩,具有非能干性的许满组、新苑组和百逢组的细碎屑岩,这一套能干性(下)和非能干(下)的岩石组合系统,在区域构造运动时,往往沿两者之间的接触带易形成顺层滑动和滑脱构造。沿深大断裂上升的成矿流体到达浅部地壳进入顺层滑脱构造后,在背斜或穹隆等构造高点部位汇聚并与围岩发生水-岩反应,从而形成构造蚀变体(SBT),成矿流体中的金等成矿元素趋向在细碎屑岩一侧沉淀成矿。

构造蚀变体其为一跨时的地质体,包含了滑脱构造面上、下的岩石,由蚀变中心向下依蚀变强度由强硅化角砾灰岩→强硅化灰岩→弱硅化灰岩→正常的灰岩呈渐变关系;向上由硅化角砾状黏土岩→硅化碎裂化黏土岩→向正常黏土岩过渡。其中三叠系的罗楼组薄层灰岩在构造热液活动强烈的部位全部卷入构造蚀变体,硅化强烈,部分成为硅质蚀变岩。角砾成分主要为砂岩、粉砂岩和黏土岩,少量为灰岩或白云岩,角砾大小不等,一般为0.1～20cm,多呈棱角状,钙质及泥质胶结,擦痕阶步明显,层间滑动明显。构造蚀变体中常见斑块状及细脉状白色、绿色石英、辉锑矿及片状石膏,普遍具硅化、黄铁矿化,局部具有萤石化、雄(雌)黄化、锑矿化等。

第三节 板其金矿

板其金矿距册亨县西南直线20km,于1978年由贵州省地质局区域地质调查大队发现,为国内首次发现的微细粒浸染型金矿。板其金矿床分布于板纳穹隆南翼,金矿体赋存于上二叠统吴家坪组之上的构造蚀变体中,呈透镜状、似层状产出,平均品位5×10^{-6}左右,累计资源/储量达中型矿床规模。

一、矿区地层

板其金矿区自中二叠统至中三叠统均有出露(陈潭钧,1986)。中二叠统栖霞组为块状泥晶灰岩、亮晶生物碎屑灰岩;茅口组上部为厚层块状海绵礁灰岩,下部为生物碎屑灰岩夹砂砾屑灰岩。上二叠统吴家坪组为块状海绵礁灰岩夹数层礁角砾灰岩及重力流砾状灰岩。中三叠统新苑组位于板纳穹隆的外围,为薄层细砂岩、粉砂岩、黏土岩、泥晶灰岩、钙质黏土岩、砂质黏土岩、泥灰岩、钙质细砂岩、陆源碎屑浊积岩不等厚互层。板其金矿吴家坪组和新苑组之间的岩溶不整合界面,是构造蚀变体发育的有利场所,金主要富集在新苑组的下部。下三叠统罗楼组全部卷入构造识别体,为砾状灰岩、细晶生物碎屑灰岩,局部强硅化为硅化蚀变岩,有辉锑矿化,与下伏地层为岩溶不整合接触。

二、矿区构造

板纳穹隆是板其金矿的主干构造。穹隆长轴长约6.5km,轴部开阔而平缓,两翼倾角较陡,一般为30°～60°(陈潭钧,1986)(图7-1A)。本研究认为原有的F_1以及板纳穹隆周缘吴家坪组与新苑组之间的断层均属顺层滑脱断层,所形成的蚀变带属于构造蚀变体,金矿体主要赋存于该蚀变带中。构造蚀变体是板其金矿主要的控矿构造。

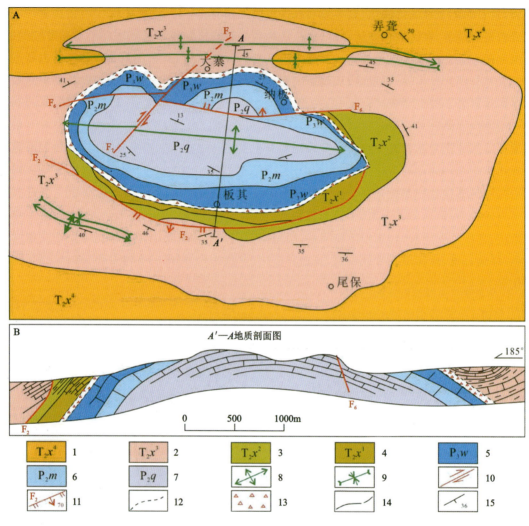

1.新苑组第四段;2.新苑组第三段;3.新苑组第二段;4.新苑组第一段;5.吴家坪组;6.茅口组;7.栖霞组;8.背斜;9.向斜;10.平移断层;11.正断层及编号;12.不整合界线;13.构造蚀变体;14.地层界线;15.地层产状(°)

图 7-1 板其金矿矿区地质图(A)及剖面图(B)(据李吉祥,2016,修编)

三、矿体特征

矿区的主要矿段位于穹隆的南翼,均赋存于新苑组下部的粉砂岩、黏土岩和构造角砾岩中,产状与地层产状基本一致,具层状、透镜状、似层状产出(图 7-1B)。矿体地表品位一般较低,中部品位较高,厚度较大,深部品位有渐贫的趋势。由于穹隆核部与翼部地层岩性的差异,在后期构造变动中,易产生层间滑动导致层间破碎带的形成,为成矿热液的聚集提供了有利场所,如在层间破碎带扩容膨胀处,矿体变厚变富。造成金矿体这种空间定位格局的原因在于构造蚀变体主裂面的糜棱岩及其之上新苑组的黏土岩、含泥质泥灰岩等对上升成矿流体起到明显的隔挡和封闭作用,断层之下次级层间破碎带及裂隙,为成矿流体流通和沉淀提供了有利的场所(朱赖民和段启杉,1998)。

四、矿石特征

板其金矿的原生矿石主要为角砾岩,角砾成分以细粒岩屑杂砂岩、黏土质粉砂岩、黏土岩为主(陈潭钧,1986;蒲含科,1987)。角砾多呈次棱角状及棱角状,无分选地杂乱堆积,大小极不均匀,从小于1cm到数十厘米。胶结物主要是黏土质、石英和黄铁矿等,石英呈条柱状、粒状。黄铁矿呈自形、半自形或球粒状浸染状分布。黏土矿物主要为水云母,呈显微鳞片状,颗粒长轴一般在0.01mm以下。

五、矿物特征

板其金矿的矿石中主要金属硫化矿物有黄铁矿、毒砂、白铁矿、辉锑矿等(陈潭钧,1986;蒲含科,1987)。黄铁矿可分为黄铁矿和含砷黄铁矿两种。含砷黄铁矿围绕黄铁矿呈环边及环带状,一般呈五角十二面体的自形粒状、半自形粒状、他形粒状和草莓状。据能谱分析,环边含As约5.22%(蒲含科,1987),矿石中黄铁矿普遍含As,是主要的含金矿物之一。毒砂多呈自形、半自形粒状,板柱状,针状,一些晶粒细小的针状毒砂呈骨晶状、放射状、花环状围绕白铁矿或黄铁矿连生。毒砂在矿石中呈浸染状分布。毒砂与Au矿化关系密切,是主要的含金矿物之一。白铁矿分布普遍但含量不高(<1%),它是由交代黄铁矿发育而来,在偏光显微镜下,见白铁矿沿黄铁矿颗粒裂隙进行不规则的交代,构成交代残余结构,有时可见黄铁矿完全被白铁矿所交代。辉锑矿主要呈针柱状分布于强硅化角砾岩中,与石英密切共生。

六、赋存状态

张永和(1990)根据对板其金矿金的赋存状态的研究显示,金以次显微包体自然金的形式赋存在硫化物中,其次是在黏土矿物中。伍三民和王海良(1993)测定了板其金矿主要为67%的包裹金和33%的暴露金,包裹金主要以胶体金的形式包裹在硫化物中,少量在碳酸盐、石英中;暴露金主要分布在水云母中。陈丰等(1991)利用高分辨透射电镜对原生矿石选出的黏土质矿样进行测定,发现自然金,自然金约为$0.6\mu m \times 0.5\mu m$,产近椭球状,在近10万倍的放大下,表面起伏不平,既未见任何由层状生长形成的平坦晶面,也未见位错生长造成的位错环,经电子衍射证实,其晶胞参数近于纯金。

七、蚀变特征

板其金矿的围岩蚀变主要有硅化、硫化、高岭土化、碳酸盐化和去碳酸盐化(陈潭钧,1986;蒲含科,1987)。

硅化:根据硅化石英的形态及相互关系可分为以下4种。一是沿上二叠统吴家坪顶部岩溶不整合面上下构成了一套硅化角砾岩。石英主要呈不均匀粒状变晶结构,颗粒间残存有水云母黏土矿物及碳酸盐角砾,但原岩结构保存完好。二是硅化玉髓呈叶片状,波状消光,晶面弯曲,沿砂岩裂隙及粒间孔隙和围绕黄铁矿产出。三是硅化石英呈他形粒状,彼此紧密镶嵌,其中含有较多的围岩包裹体成团块状、囊状产出。四是硅化石英呈他形粒状,沿岩裂隙成脉状及网脉状产出,偶见围岩残余包体。此期石英切割前两种,形成时间较晚。

碳酸盐化:主要是方解石化、铁白云石化、白云石化等。常见的有与石英共生的方解石细脉、铁白云石、白云石或白色方解石细脉、白色粗晶方解石脉或团块、黑色粉红色方解石细脉或团块等。

硫化:矿石中基本都存在黄铁矿、毒砂、白铁矿与黄铜矿等,含量为4%～10%。硫化物在矿石中的组合有两种类型:①黄铁矿-白铁矿-含砷黄铁矿;②黄铁矿-毒砂-白铁矿-含砷黄铁矿,第二种组合类型含金性更好。成矿流体中的硫与围岩去碳酸盐化释放的铁结合生成含金黄铁矿,是主要的含金矿物,一般呈浸染状产于矿石中或与石英、方解石脉等组成脉体产出。成矿阶段的黄铁矿以五角十二面体晶形为主,多为含砷环带结构的含砷黄铁矿。毒砂呈针状、菱柱状、板条状的毒砂在矿中呈浸染状分布,常与矿化阶段的黄铁矿共生,有时沿黄铁矿晶粒边缘生长。白铁矿则是在绝大部分的金矿石中均有其身影,只是含量偏低,通常不会超过1%。

高岭土化:其出现在硅化的后半阶段以后,纤维状高岭石呈叶片状、蠕虫状之集合体,沿岩石裂隙呈不规则的脉状分布,切割晚期石英脉,或充填于晚期石英晶间孔隙内及石英脉的中央空腔中,见有溶蚀石英的现象,未见任何硫化物或其金属矿物与之伴生。

八、地球化学特征

对板其金矿各时代岩层进行地球化学分析显示Au、Ag、As元素的变化很相似,都是在矿层部位出现高含量,矿层上下含量低;Sb在矿层及上部岩层中出现低含量,但在矿层下部的薄层生物碎屑灰岩中,Sb含量骤变出现高含量,具锑矿化;Cu、Mo元素在矿层部位略显高含量,但远不如Au、As明显(陈远明等,1987)。

卡林型金矿中烃类与金矿化作用往往相伴出现。Ge等(2021)对板其金矿中高成熟度的沥青进行Re-Os同位素年代学研究,结果为(228±16)Ma,表明板其金矿沥青形成于晚三叠世。根据沥青与金矿化作用密切的空间关系,作者推断板其金矿可能形成于晚三叠世。

板其金矿矿石中的硫化物进行原位激光硫同位素分析显示(Lin et al.,2021)成矿阶段的黄铁矿平均$\delta^{34}S$为4.04‰,毒砂的平均$\delta^{34}S$为7.33‰,显示了硫和金来源于元古宙变质基底岩石,并混有少量浅部地层源。

方解石是板其金矿中广泛分布的热液脉石矿物。王加昇等(2018)研究发现成矿前及成矿期后的方解石具有轻稀土元素富集的特征,成矿前的方解石又以明显的正Eu异常区别于成矿期后方解石;而成矿期的方解石则具有轻稀土元素亏损的特征,从主成矿期到成矿晚期,方解石LREE/HREE比值增高,轻稀土元素含量逐渐升高。不同期次的方解石,其Fe、Mn含量完全不一致,其中成矿期的方解石Fe、Mn含量要明显高于非成矿期方解石,而Fe的含量从成矿期到成矿晚期迅速下降,说明碳酸盐在结晶沉淀的早期伴随着Fe的快速沉淀。成矿期与非成矿期方解石物性标型及REE、Fe、Mn等微量元素标型特征的明显差异为滇黔桂卡林型金矿集区提供重要找矿标志,并有望成为重要的找矿手段。

第四节 大观金矿

大观金矿位于望谟县城东直线距离15km,位于望谟县大观乡境内。矿体产于大观背斜南西倾伏段,已发现大观金矿(化)点和豆芽井金矿(化)点,共发现7个矿体,平均品位仅0.72g/t,均未发现较大规模的矿体。

一、矿区地层

大观金矿区出露的地层主要有上二叠统吴家坪组(P_3w)和下三叠统罗楼组(T_1l)、中三叠统新苑组(T_2x)和边阳组(T_2b)。矿区内赋矿层位主要为罗楼组顶部及许满组底部(李建全等,2016a),吴家坪组生物灰岩、礁灰岩仅在矿区背斜核部及东侧零星出露(图7-2)。各地层特征分述如下。

吴家坪组:为一套浅灰色、灰色厚层块状细至中粒亮晶生物碎屑灰岩,常见方解石团块和细脉充填于灰岩裂隙中,含有少量重晶石和方解石脉。顶部为灰黄色块状亮晶海绵礁灰岩,其成分为泥晶灰岩、生物屑灰岩及白云质灰岩,粒径一般为3~5cm,排列杂乱,钙质胶结,多呈棱角状。

罗楼组:上部为灰色至深灰色中厚层状泥灰岩或夹薄层黏土岩,下部为薄层黏土岩夹凝灰质黏土岩、砂质黏土岩、薄至中厚层泥灰岩。矿物范围内热液蚀变明显,局部可见大量硅化角砾,砾径3~5cm,排列杂乱,多呈棱角状,杂基支撑,钙质胶结。在硅化蚀变强烈部位,局部可见方解石脉状充填,是金矿赋存的次要部位。

新苑组:为灰色、深灰色中厚层绢云母砂岩、细至粉砂岩、黏土岩组,相间重复而有一定的沉积韵律,岩层的韵律厚度为几米至10余米,厚度80~140m。下部20m左右,偶夹凝灰质黏土岩,黄铁矿化、硅化蚀变强烈,是金矿赋存的主要部位。顶部为呢罗段,岩性为灰色、灰黄绿色黏土岩,局部含钙质结核,底部为灰色至深灰色椭圆状、瘤状灰岩,厚3~5m。瘤状灰岩个体为泥质基底式胶结,轴长一般为10~20m,长轴方向平行层面,和岩层走向一致。沿走向常渐变为薄层泥质灰岩,厚度为10~15m。

边阳组:岩性为灰色及深灰色中厚—厚层绢云母长石石英砂岩、钙质砂岩组成,间夹薄层砂岩或钙质黏土岩,与下伏地层呈整合接触,厚度大于100m。

二、矿区构造

区域上大观背斜核部地层为茅口组,而两翼为吴家坪组、罗楼组、新苑组和边阳组地层,矿区就位于大观背斜的南倾伏端,同时矿区还发育长1km,宽300m的芭蕉坪背斜(图7-2),轴部出露吴家坪组灰岩(方策,2014)。

区内发育有近SN向(F_1、F_2、F_3、F_7、F_8),次为NE向(F_4、F_{10})和NW向(F_5、F_6、F_9)3组断层,其中近南北向断层,规模较大,多为压扭性逆冲断层,为区内主要控矿和容矿断层,有金矿(化)体产出。而北西向和北东向断层多为成矿期后的破坏性断层(图7-2)。各组断层构造特征如下。

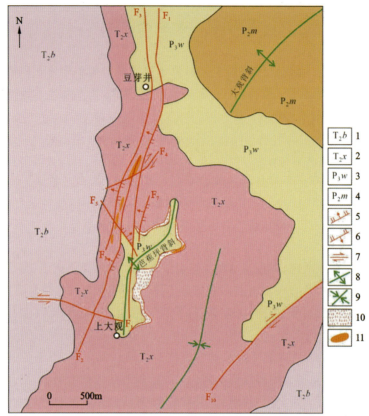

1.边阳组;2.新苑组;3.吴家坪组;4.茅口组;5.逆断层;6.正断层;7.走滑断层;
8.背斜轴;9.破碎带;10.构造蚀变体;11.金矿体地层产状
图7-2 大观金矿地质略图(据方策,2014,修编)

近SN向断层(F_1、F_2、F_3、F_7、F_8):总体走向0°~10°,倾向W260°~270°,倾角60°~80°,地表延伸500~3500m,倾斜大于160m,断层两侧常见硅化、黄铁矿化等蚀变,蚀变带厚10~200m不等。其中F_1、F_2、F_3为区内金矿(化)体主要控矿和容矿断层。

NE向断层(F_4、F_{10}):F_4断层位于新厂段北部,为压扭性断层,走向65°,延长700m,倾向NW,倾角较陡,呈一微向SW凸出的弧形断裂,断层上盘地层向NE方向推移,水平断距10~20m,垂直断距不详,在断层面上可见水平擦痕。F_{10}断层位于矿区南东角,为平移断层,未见矿化蚀变。

NW向断层(F_5、F_6、F_9):F_5断层位于新厂段南部,为扭压性断层,走向SE135°,延长600m,倾角较陡,倾向NE,断层上盘地层向南东方向推移,垂直断距50m,水平断距20m;F_6断层位于矿区南部,断层走向285°,倾向NE,构造角砾蚀变带尖灭于断层北侧。

三、矿体特征

大观金矿矿体产于近南北向的上大观"背斜"近核部及周缘断裂带,含矿部位主要为上二叠统吴家坪组与中三叠统新苑组之间的构造蚀变体,新苑组及下中三叠统罗楼组几乎全部卷入构造蚀变体。含矿岩石为硅化角砾灰岩、硅化钙质粉砂岩、黑色黏土岩（或粉砂质黏土岩）。矿区存在有层控和断控 2 种类型金矿体（图 7-3），具体分述如下。

层控型矿体产于新苑组钙质细碎屑岩与吴家坪组碳酸盐岩接触界面附近的构造蚀变体中，多随吴家坪灰岩岩溶侵蚀面的起伏，呈似层状、透镜状产出，岩性为层间滑脱带的断层角砾岩、断层泥、碎裂状泥质灰岩、细砂岩、黏土岩等（吴治君等，2018）。该界面顶板为碳质泥岩，泥岩岩层具塑性较大，对成矿流体起隔挡屏蔽作用；底板为粒状、角砾状灰岩，而金矿（化）体的赋存岩性为粉砂岩、杂砂岩，该类岩石孔隙度较高、渗透性较好，构成良好的容矿场所，是大观金矿及区域上重要的金成矿部位（李建全等，2016）。

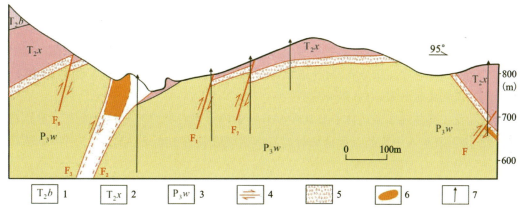

1. 边阳组；2. 新苑组；3. 吴家坪组；4. 逆断层；5. 构造蚀变体；6. 金矿体；7. 钻孔

图 7-3　贵州大观金矿区 0 线剖面图（据方策，2014，修编）

断控型矿体产于大观背斜旁侧的陡倾斜 NNE 向 F_1、F_2、F_3 断裂中，被 F_4、F_5 切割而分成 3 段。该类型矿体主要受陡倾斜断裂带及旁侧次级断层及节理控制，金矿体主要发育于罗楼组和新苑组的陡倾斜断裂中。矿体多呈透镜状，多为蚀变断层角砾岩、断层泥组成，伴有强烈的热液蚀变作用。从空间上看（李建全等，2016b），矿区西部不同方向断裂交会处，矿体规模较大，且品位较富，东部矿体分布基本沿 F_3 断裂蚀变带及其旁侧的次一级层间破碎带分布，无其他方向的断裂交会，矿体规模较小，矿体连续性较差。

四、矿石特征

矿石按氧化程度可划分为氧化矿和原生矿，氧化矿主要分布在地表至深 50m 范围内，目前基本开采完毕。原生矿呈深灰色、灰色，碳酸盐化成细网脉状分布，岩性主要为断层角砾岩、断层泥、碎裂状泥质灰岩、细砂岩、黏土岩等。其中，断层角砾岩及碎裂状泥质灰岩及细砂岩中含矿性较好，而在断层泥及碎裂状黏土岩中含矿性较差（吴治君等，2018）。

五、矿物特征

矿石中主要的金属矿物有黄铁矿、辉锑矿、辰砂、雄黄；主要的脉石矿物有石英、方解石、重晶石、绢云母、白云母等。矿石结构常见有自形、半自形粒状结构，他形粒状结构，自形、半自形针状结构,包含结构,环带结构,交代残余结构,压碎结构等。矿石构造主要常见有浸染状、角砾状、细脉状、条带状构造等(吴治君等,2018)。

六、蚀变特征

围岩蚀变主要有强硅化、黄铁矿化、碳酸盐化、重晶石化等各种蚀变相互叠加,其中以硅化、黄铁矿化与金矿化关系密切(方策,2014)。

硅化主要分布于构造角砾带之中,以交代形式使砂岩、黏土岩和少量灰岩角砾岩产生不同程度的蚀变,致使岩石颜色变浅,颗粒加粗,硬度增大。野外观察,可见硅化交代、充填而形成石英细脉和团块分布于构造角砾蚀变岩中。

黄铁矿化与金成矿作用密切相关,细晶黄铁矿呈浸染状、细脉状及不明显的条带状分布于构造角砾岩蚀变岩中,细晶黄铁矿的多少与硅化砂岩的粒度呈正比关系,也有在石英细脉或辉锑矿团块边缘呈密集带分布,向外逐渐减少。另外,在石英细脉或辉锑矿团块边缘,也有细晶黄铁矿呈密集带分布,向外逐渐减少。

碳酸盐化主要体现在富矿体中及其外围有大量的方解石和白云石网脉发育。重晶石化常与硅化相伴,在矿石中重晶石常呈细脉或晶体充填原岩的孔隙或空洞中,在局部呈脉状或扁豆状沿层分布,与方解石脉混合产出。

重晶石化在构造角砾岩带中,伴随硅化常有重晶石细脉或晶体充填原岩的孔隙或空洞中。在局部地段,于吴家坪组灰岩中见重晶石呈脉状或扁豆状沿层分布,与方解石脉混合产出。

第五节 高龙金矿

高龙金矿位于广西田林县高龙乡鸡公崖村。矿体产于高龙穹隆边缘的环状构造蚀变体带,主要有东部的鸡公岩矿段、北部的金龟岭矿段、西部的金龙山矿段、南部的龙爱矿段和龙显矿段,以及中西部的猫山矿段等。其中鸡公岩矿段规模较大,是矿区主要的含矿地段,金资源量为11.5t,达中型规模。

一、矿区地层

矿区出露地层从下到上依次为中二叠统栖霞—茅口组(P_2m+q)、上二叠统合山组(P_3h)、上二叠统长兴组(P_3c)、下三叠统罗楼组(T_1l)、中三叠统百逢组(T_2b)、中三叠统河口组下段(T_2h)(图7-4)。其中罗楼组仅存在研究区北面。各地层主要特征分述如下(陈宏毅等,2012)。

栖霞-茅口组:分布于整个高龙穹隆的中心部位,构成穹隆核部,呈浅灰色,具微—细晶结构,单层厚一般为50~80cm,总厚>329m。岩性为厚层块状生物灰岩、生物碎屑灰岩夹少量白云质灰岩。该层生物化石较多,常见海百合茎化石,与下伏地层的接触关系不明。

合山组:下部为砾岩夹生物碎屑灰岩,碳质泥岩夹煤层。其中砾岩胶结物为钙质,砾岩成分为生物灰岩、生物碎屑灰岩及少量假碎屑灰岩,为浑圆状、次棱角状,大小 2~10cm,见化石。中部为厚层状生物碎屑微晶灰岩,生物灰岩夹煤层。局部夹有硅质和白云质团块,大小为 5~10cm。与下伏地层平行不整合接触。厚 122~179m。

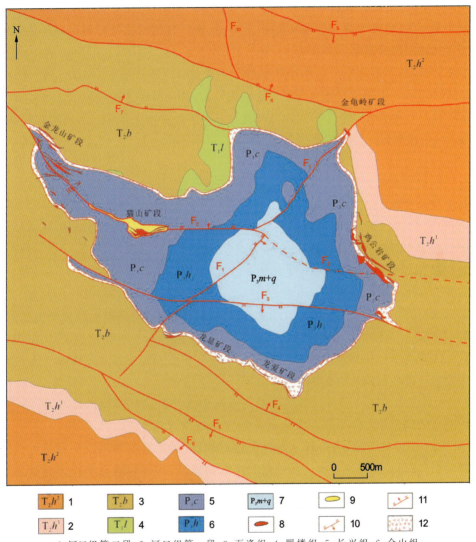

1.河口组第二段;2.河口组第一段;3.百逢组;4.罗楼组;5.长兴组;6.合山组;
7.茅口-栖霞组;8.矿体;9.风化残存矿体;10.正断层;11.逆断层;12.构造蚀变体

图 7-4　高龙矿区地质图(据陈宏毅等,2012,修编)

长兴组:下部为中层状微晶生物灰岩,含生物碎屑微晶灰岩夹煤层。上部为厚—块状白云岩,白云质灰岩夹生物灰岩。与下伏地层整合接触。具辉锑矿化。厚 150.98m。

罗楼组:为灰色薄—中层泥灰岩夹浅黄色薄层状黏土岩。波状弯曲,缝合线构造较发育。厚 0~58.15m。

百逢组:该组下部主要为薄—中层状粉砂岩、泥岩夹少量厚—巨厚层状含泥质细砂岩。泥质与粉砂质相互混杂,微水平层理发育,断口参差状。中部为厚—巨厚层状细砂岩夹薄—

中层状泥岩、粉砂岩、细砂岩。上部为薄—中层状钙质泥岩、钙质粉砂岩夹微—薄层生物碎屑层及厚层—块状含钙质细砂岩,透镜状泥灰岩、灰岩、砂质白云岩。与下伏地层整合接触。厚>1000m。

河口组:该组按岩性区别可以分为2段,分述如下。

河口组第一段:岩性为薄—中层状泥岩、粉砂岩,微—薄层状生物碎屑层夹厚层—块状细砂岩。与下伏地层整合接触。厚131.8~158.37m。

河口组第二段:下部为厚—巨厚层状细砂岩夹少量薄—中层状泥岩,微—薄层状生物碎屑岩层。中部为薄—中层状粉砂质泥岩夹中层粉砂岩,微—薄层生物碎屑层。顶部发育一层厚5m滑塌岩。上部中—巨厚层状细砂岩夹薄—中层状泥岩和少量微—薄层生物碎屑层,发育一层厚3m的滑塌岩。与下伏地层为整合接触。厚>313.3m。

二、矿区构造

沿高龙穹隆呈环状出露的构造蚀变体为高龙矿床主要的控矿构造(图7-4)。整个穹隆内褶皱、断裂构造发育。断裂主要为北西西向和北东向的断层。在核部附近两组断裂复合和联合。主要的褶皱和断层特征分述如下(陈宏毅等,2012)。

高龙穹隆出露于田林县高龙乡,长轴呈NW向延伸,走向长约6.12km,横向宽约3.74km,呈长轴和短轴不对称的不规则的菱形。穹隆深部形态完整,两翼对称发育。穹隆核部出露最老地层为茅口-栖霞组灰岩,其次为合山组、长兴组灰岩;翼部地层主要为罗楼组、百逢组、河口组岩层。穹隆内断裂构造发育,主要为两组,一组为NE向(F_1),另一组为NWW向(F_2、F_3),表现为NE向断裂被NWW向断裂切错。在核部碳酸盐岩与翼部三叠纪碎屑岩接触地带发育一近环状构造蚀变体。

NE向断层主要是F_1。该断层发育于高龙穹隆中部,NE向切穿整个穹隆,长约6km,走向北东。地表出露位置大体与高龙穹隆的短轴方向近似。倾向SE,倾角70°~78°。中部被F_2断层错断,中南段被F_3断层错断。该断层为一陡倾斜的右行走滑断层。局部可见较明显的断层滑动面,硅化破碎现象明显。该断层为成矿期断层,构造地球化学行为显示其与该区的成矿流体有关。

NWW向断层主要有F_2和F_3。F_2发育于高龙穹隆中部,NW向切穿整个穹隆,大致沿高龙穹隆长轴展布,矿区内长7.3km,破碎带宽2~18m。总体倾向北(局部地段倾向南),北盘下降,南盘上升,倾角65°~88°。在断层的东、西两端错动了构造蚀变体含矿层。该断层为一陡倾斜带左行性质的正断层,为成矿期后构造。F_3位于高龙穹隆的南部,长约7km,向南倾斜,倾角75°~85°,局部地方近乎直立,局部见硅化破碎带。该断层为一陡倾斜带右行性质的正断层,为成矿期后构造。

三、矿体特征

矿体在空间上主要沿着高龙穹隆边缘分布,产于长兴组与边阳组之间的构造蚀变体中,倾向于构造蚀变体的细碎屑岩一侧成矿(图7-5)。矿体形态、规模、延伸、产状变化及空间分布主要受高龙穹隆边缘及构造蚀变体形态的控制,为较规则的似层状到规则的透镜状,沿走向和倾向随破碎带的发育程度而出现分支复合、膨胀紧缩、尖灭再现、厚薄交替的现象。矿体的产状在不同部位也存在明显差异，环状蚀变体中及其附近，矿体产状较陡，为脉状矿体，而往外远离穹隆核部稍远，矿体产状变平缓，为似层状、透镜状。

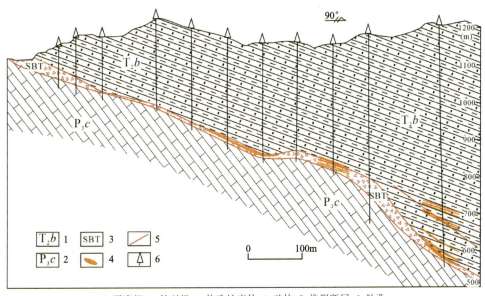

1.百逢组；2.长兴组；3.构造蚀变体；4.矿体；5.推测断层；6.钻孔

图 7-5　高龙金矿鸡公岩矿段 0 剖面示意图

四、矿石特征

矿石类型按照氧化程度分类分为氧化矿石、原生矿石和混合矿石 3 种类型。

氧化矿石一般呈褐—褐红色、灰色、灰白色并杂紫色、红色等，分布较为广泛，褐铁矿化十分发育，几乎见不到自形晶黄铁矿，是目前开采的主要对象。由于矿石主要分布于地表或构造蚀变体内，风化作用强烈，节理及微细裂隙极其发育，因此裂隙中后期石英细脉穿插充填现象比较普遍。原生矿石一般呈浅—深灰色，局部因含碳质颜色加深。由于受到硅化作用影响，原生矿石表现出硬度大、致密的特点。混合矿石分布于地表氧化带之下，介于原生矿石和氧化矿石之间，可以观察到原生黄铁矿与褐铁矿的共生。

五、矿物组成

矿石中金属矿物以黄铁矿为主，辉锑矿、毒砂、闪锌矿、方铅矿、黄铜矿及自然金等次之；非金属矿物以石英为主，水云母（绢云母、白云母、黑云母）、高岭石、方解石、白云石等次之；氧化矿物以褐铁矿为主，孔雀石、铜蓝等次之。主要的载金矿物为黄铁矿，其次为褐铁矿、黏土矿物、辉锑矿、毒砂等。

矿石结构类型较多，主要有草莓状结构、粒状结构、环带状结构、包含结构、交代结构等。矿区矿石构造主要有块状构造、角砾状构造、网脉状构造、层状构造、土块状构造、蜂窝状构造、微细浸染状构造。

六、赋存状态

高龙金矿氧化矿石中94.31%的金为超显微粒自然金,主要赋存在黏土矿物和褐铁矿中(87.53%),少量赋存在黄铁矿和石英中(6.78%);另有5.69%的金呈显微可见金赋存在褐铁矿、黏土矿物等颗粒间隙、裂隙及颗粒中。原生矿石中未见显微可见金,多呈超微粒自然金(可能含微量晶格金),主要赋存在黏土矿物和黄铁矿中(87.86%),少量在褐铁矿中(6.47%)。

七、蚀变特征

高龙金矿床与金成矿作用有关的热液蚀变主要有硅化和黄铁矿化,其次有毒砂化和辉锑矿化,局部可见碳酸盐化(图7-6)。各蚀变现象分述如下。

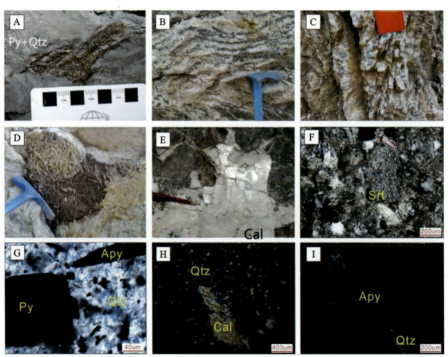

A.石英硫化物脉;B.顺层充填石英脉;C.石英胶结角砾;D.石英岩;E.灰岩孔洞中充填方解石;F.显微镜下绢云母;G.显微镜下黄铁矿与毒砂;H.显微镜下石英-方解石脉;I.显微镜下石英、毒砂。矿物符号:Py.黄铁矿;Apy.毒砂;Cal.方解石;Qtz.石英;Srt.绢云母

图7-6 高龙金矿矿化蚀变(据秦凯,2018)

硅化在矿区范围内分布最广泛,与成矿作用关系最为密切。硅化产物可分为细粒硅化石英和粗粒石英脉。细粒硅化石英见于构造蚀变体两侧的岩石中,尤其是发育于三叠系细碎屑岩一侧。该硅化细碎屑岩构成矿区内的原生微细浸染状金矿石。粗粒石英脉主要见于构造

蚀变体中,表现出条带状或透镜状石英脉沿破碎带分布的特征,偶见粗粒黄铁矿和辉锑矿。

毒砂化分布范围和蚀变强度远不如硅化和黄铁矿化普遍,常与细粒黄铁矿共生,颗粒细小,多见于百逢组细碎屑岩地层中。毒砂化和金矿化关系也很密切,毒砂化强烈部位,也是金矿化较好的部位。

辉锑矿化一般有3种类型:一是产于台地灰岩地层中的粗粒辉锑矿,可与灰岩共生,也可与方解石共生,含金性较差;二是产于石英脉内与石英共生的粗粒辉锑矿,含金性较差;三是产于中三叠统百逢组中的辉锑矿,辉锑矿粒度较前两种细小,多呈团块状、放射状产出,含金性较高。辉锑矿化与硅化、黄铁矿化关系密切,强度一般较弱,往往位于金矿体的旁侧或上方,故地表及浅部辉锑矿化可作为寻找深部金矿体的标志,深部辉锑矿化往往是矿体产出部位。

碳酸盐化在矿区分布较少,主要为粗粒方解石脉或方解石团块,与二叠纪灰岩和断裂带中的石英脉共生,具有成矿晚期形成的特点,含金性较差。

八、地球化学特征

高龙金矿石英包裹体均一温度变化范围较大,最小温度值为92℃,高温部分可达400℃,盐度总体以低盐度为主自石英主脉向外,温度逐渐降低,盐度变化不大(张长青等,2012)。高龙金矿区围岩地层微量元素总体分为2组:一组为Au、Hg、Ba、As、Ag、Sb组合,Au与Hg、Ba、As关系密切,这些元素同样为一组低温元素组合,具有相似的地球化学性质,反映这些元素来源的一致性;另一组为Fe、Cu、Pb、Zn及Co、Ni、Se等组合,具有基性火山碎屑岩来源特征,为围岩砂泥岩地层中的碎屑组分包含有基性火山岩成分所致(张长青等,2012)。

Song等(2022)对高龙金矿矿体中含砷黄铁矿进行LA-ICP-MS微量元素分析和原位硫同位素分析,显示成矿期黄铁矿(环带黄铁矿的外环)具有高的Au[$(0.25 \sim 72.80) \times 10^{-6}$],As[$(13\,958.82 \sim 40\,613.18) \times 10^{-6}$],Sb[$(56.95 \sim 1\,851.93) \times 10^{-6}$],Tl[$(0.95 \sim 109.40) \times 10^{-6}$],Pb[$(83.12 \sim 810.79) \times 10^{-6}$],Cu[$(81.21 \sim 910.82) \times 10^{-6}$],Ni[$(81.49 \sim 2\,579.65) \times 10^{-6}$],Co[$(4.78 \sim 2\,783.85) \times 10^{-6}$],Ti[$(4.69 \sim 3\,168.54) \times 10^{-6}$]和Zr[$(0.26 \sim 98.62) \times 10^{-6}$]含量,以及低的Mn[$(0.00 \sim 3.03) \times 10^{-6}$],Ba[$(0.35 \sim 64.48) \times 10^{-6}$]和W[$(0.01 \sim 4.19) \times 10^{-6}$]含量,$\delta^{34}S$为1.42‰~8.29‰,平均值为6.81‰,显示了原始成矿流体具有岩浆来源的特征。

第六节 浪全金矿床

浪全卡林型金矿床位于广西乐业县雅长乡境内,由核工业中南地质勘探局三〇五大队于1987年发现。勘查工作表明矿床规模为中型,矿体埋藏浅,矿体厚度大,矿石品位较高,开采条件便利,是一个经济效益高的金矿床。

一、矿区地层

浪全金矿区出露的地层较简单,有上二叠统和下、中三叠统,其中以中三叠统分布最广(图7-7)。上二叠统(P_3)分布在矿区东部,岩性为灰色厚层状含生物碎屑灰岩和白云岩,金丰度值不高。下三叠统罗楼组(T_1l)与上二叠统呈假整合接触,其岩相、岩性变化大,主要有青灰色含生物碎屑微晶灰岩、灰色豆状灰岩、泥质灰岩夹页岩、藻纹层灰岩、黄铁矿化微晶白云岩,杂色硅质角岩及其滑移堆积角砾岩。罗楼组厚度仅约20m,部分或全部卷入构造蚀变体,其硅质砾岩为含矿层。中三叠统(T_2)分布于浪全断裂带之西侧,可分为百逢组(T_2b)和河口组(T_2h)。百逢组(T_2b)岩性分为3段:下段为青灰色、灰绿色薄层页岩、泥岩、粉砂岩、粉砂质泥岩互层夹少量泥灰岩,底部有火山碎屑岩厚25~160m;中段为灰绿色、黄绿色中层、厚层细砂岩、粉砂岩夹页岩、泥岩,水平层理、斜交层理、包卷层理、鲍马序列等浊流沉积特征明显,从下至上砂岩减少,泥岩增多;上段为青灰色碳质泥岩、页岩夹泥灰岩、粉砂岩、细砂岩,厚1800~2150m(陈广庆和郑懋荣,2009)。其中上端可细分为3个岩性层,第一层(T_2b^{3-1})是主含矿层,为灰黑色、暗灰色薄层或中层含碳质泥岩,厚度20~40m;第二层(T_2b^{3-2})岩性为灰色、暗灰色泥质灰岩、泥质粉砂岩;第三层(T_2b^{3-3})岩性为灰色、暗灰色中、薄层钙质粉砂质泥岩夹细砂岩。河口组(T_2h)为青灰色中厚层块状钙质粉砂岩夹薄层状钙质泥岩、泥灰岩和泥质粉砂岩,与下伏地层呈整合接触(何希雄和李赞龙,1998;陈锡光和周文芳,2001)。矿区内无岩浆岩出露,在矿区外围的什良短轴背斜有辉绿岩侵位于二叠系中。

二、矿区构造

区域构造以乐业"S"形构造为基本骨架,可分为北、中、南3段,北段主要由金竹洞背斜和滑脱构造带组成,中段由武称背斜及北东向张扭性断裂组成,南段由大龙贯背斜及一系列NE向、NW向压扭性断裂组成(图7-7)(陈锡光,1995)。区内金矿床、矿点、金矿化集中区受弧形构造和NW向、NNW向、NE向背斜及断裂构造控制。如乐业县西浪全矿床多分布在金竹洞背斜南西端受百逢组与长兴组间的构造蚀变体控制。县城北东方向林旺金矿床位于金竹洞背斜东翼东北部,受NNE向幼平区域性断裂带控制。望谟县大观金矿床,乐康金矿床受NW向断裂构造控制。唐家湾、峦结金矿点受NE向断裂带控制(陈广庆和郑懋荣,2009)。

浪全金矿矿区位于乐业"S"形构造金竹洞背斜西翼(图7-7),具单斜构造特征,褶皱程度较弱,总体产状倾向SW,倾角一般20°左右,该区域主要构造为罗楼组沿灰岩与百逢组碎屑岩接触界面发育的滑脱构造带(早期认为是浪全断裂带;陈锡光,1995),呈弧形展布于金竹洞背斜的北西翼部,全长36km,在矿区内延伸9km,走向12°~35°,倾向NW,倾角26°~37°,总体形态复杂,沿走向膨胀收缩现象十分明显,沿倾向倾角变化大,该蚀变带一般宽5~20m,最宽可达50m,带内充填物为硅化角砾岩、硅化破碎岩、硅化破碎灰岩、蚀变泥岩破碎岩、蚀变破碎泥岩、糜棱岩及晚期石英细脉、方解石细脉及岩溶堆积物等。本次研究认为该蚀变带实则是上覆地层百逢组与下伏二叠系长兴组形成的构造蚀变体,罗楼组部分或全部被卷入构造蚀变体中,局部保留了罗楼组的完整的界线,而多数具有突变特征。百逢组/长兴组间的滑脱构造层次在该地区形成的构造蚀变体,表现为多期活动,其本身既是导矿构造又是容矿构造(图7-8)。

1.三叠系河口组;2.三叠系百逢组;3.二叠系;4.石炭系;5.泥盆系;6.中生代辉长岩;
7.地层界线;8.断层;9.金矿床(点);10.村庄或城镇

图7-7 望谟—乐业地区构造地质略图(据陈广庆和郑懋荣,2009)

三、矿体特征

矿床由单一矿体组成,矿体直接产于上二叠统长兴组和中三叠统百逢组之间的构造蚀变体中。矿体形态、产状、规模及空间分布严格构造蚀变体控制(图7-9)。矿体呈不规则透镜状,走向NNE,倾向NW,倾角20°～40°,地表长90m,深部长120m,斜深120～130m,垂深67m。矿体底板为灰岩,顶板为灰黑色含黄铁矿、含碳质泥岩。矿体厚度2.48～20.59m,平均厚10.25m,厚度变化系数43.29%。金品位由地表往深部由低变高,平均品位5.48×10^{-6},变化系数56.9%(陈锡光,1995)。

四、矿石特征

矿石类型主要为氧化矿石,局部有极少量的原生矿石。氧化矿石岩性为硅化角砾岩、硅化破碎岩、蚀变泥岩等,颜色为褐红色、褐黄色、黄色。原生矿为深黑色、灰黑色硅化角砾岩、硅化泥岩、硅化粉砂岩、硅化粉砂碎裂岩、硅化白云质碎裂岩。根据矿物组成,可划分为3种类型泥质矿石、硅质矿石和角砾矿石,这3种矿石在矿床中无明显的分布规律,其中泥质矿石

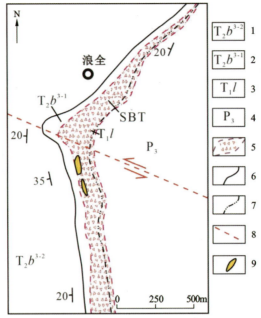

1.百逢组三段二层；2.百逢组三段一层；3.罗楼组；4.上二叠统；5.构造蚀变体；
6.地层界线；7.平行不整合界线；8.推测断层；9.金矿体

图 7-8 浪全金矿床地质略图（据陈锡光和周文芳，2001，修编）

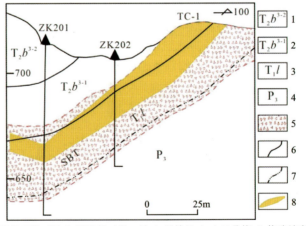

1.百逢组三段二层；2.百逢组二段一层；3.罗楼组；4.上二叠统；5.构造蚀变体；
6.地层界线；7.平行不整合界线；8.矿体

图 7-9 浪全金矿床Ⅰ号矿段 2 号勘探线剖面图（据陈锡光和周文芳，2001）

是浪全金矿床最富的矿石，金含量高达 $n \times 10^{-5}$（陈锡光，1995）。

泥质矿石为氧化矿石，是矿区最富的矿石。主要矿物有水云母及少量高岭石，以及黄铁矿氧化后形成的褐铁矿。矿石中的 Fe^{3+}、K、Al_2O_3、H_2O 的含量都明显增高，Au、As、Sb 等强烈富集，而 Si、Ca、Mg 和 Fe^{2+} 显著降低。这表明，后生改造作用使一些元素富集，另一些元素被淋失。

硅质矿石属原生矿石范畴,其特点是 SiO_2 含量多在90%以上。胶结物为较粗的石英,其中还包含着黏土矿物的小颗粒。角砾为细粒石英集合体。

角砾矿石在矿床中占的比重最大。胶结物为黏土质和铁形晶结构、胶状结构、包裹结构、交代残余结质。

矿石构造有浸染状构造、条带状构造、脉状构造、角砾状构造及蜂窝状构造。矿石结构有泥质结构、粉砂泥质结构、显微粒状结构、自形—半自形结构、胶状结构、包裹结构、交代残余结构、假象结构。

五、矿物特征

矿石中矿石矿物成分主要有黄铁矿、褐铁矿、赤铁矿,其次是辉锑矿、闪锌矿、方铅矿、雄黄、黄铜矿等,脉石矿物有石英、方解石、白云石、高岭石、重晶石、绢云母等。浪全金矿床以自然显微金为主粒径 $1\sim2\mu m$,金多呈薄片状不规则粒状树叶状、棒槌状等。

中三叠统百逢组,尤其是在三段一层(T_2b^{3-1})中最常见的金属矿物是黄铁矿,约占岩石重量的3%,呈立方体、他形晶出现,顺层、浸染状、团状产出,粒径大小不等,0.03～1.0mm,一般小于0.5mm,含金量$(1.48\sim9.31)\times10^{-6}$;偶见黄铁矿结核,具同心结构,是成岩结核,结核制作的光片中,发现有自然金颗粒(牛林,1994)。

六、蚀变特征

热液蚀变沿构造蚀变体、断裂带、破碎带分布,以硅化为主,其次是黄铁矿化、褐铁矿化、赤铁矿化、高岭土化、碳酸盐化(陈广庆和郑懋荣,2009)。中等硅化、黄铁矿化(褐铁矿化)、高岭土化与金矿关系密切(何希雄和李赞龙,1998)。

硅化主要发育在构造蚀变体内,可分为3期:一期硅化呈细小的白色石英脉分布,石英脉中金含量极低;二期硅化呈肉红色硅质脉,胶结围岩角砾,该期硅化宽度可达到,并且被后期细小的含金石英脉所穿插,伴生矿物见有少量黄铁矿和极少量的闪锌矿;三期硅化一方面表现为一种为细小的乳白色石英脉,该石英脉切穿了早期的硅质脉,另一种为白色或黑色石英砂窝,这种石英胶结很差,由一个个小石英晶体组合在一起,石英具有较好的晶形。

黄铁矿化一般以浸染状产出为主,也有呈单脉或与石英组成脉体。不同成矿阶段产出的黄铁矿,其物理特征和含金性均有所不同。

褐铁矿化在矿床中普遍发育,是由黄铁矿氧化而成,常见有褐铁矿呈黄铁矿假象,褐铁矿呈浸染或细脉穿插于矿石中。在显微镜下见有自然金产于褐铁矿的边缘及孔隙中。

黏土化在矿床中普遍发育,黏土矿物以水云母为主,其次是地开石、高岭石,粒径一般为 $1\sim2\mu m$,黏土矿物是一种重要的载金矿物。

碳酸盐化主要形成于成矿后期阶段,以方解石为主,多呈细脉和团块状产出,在断裂构造带内和围岩中均较发育。

七、地球化学特征

浪全矿区中三叠统金的丰度为 6.30×10^{-9},均方差9.91,离散度高;不同岩性金的丰度不同,泥岩类金丰度为 6.32×10^{-9},均方差 8.90;粉砂岩类金的丰度为 7.81×10^{-9},均方差 6.75;砂岩类金的丰度为 1.78×10^{-9},均方差 0.78,金主要富集在泥、粉砂岩中(牛林,1994)。矿石化学成分主要为 SiO_2,含量一般在 65% 以上,其次为 Al_2O_3、Fe_2O_3、K_2O,含少量的 FeO、MgO、Na_2O、TiO_2、CaO、P_2O_5、H_2O;与围岩相比,矿石中 SiO_2、Al_2O_3、Fe_2O_3、K_2O 增高,Na_2O、CaO、MgO、FeO 降低,As、Pb、Ti、Cr、Ag、Sb 增加幅度较大(陈锡光,1995)。

对矿体不同矿化阶段的石英包体测定,最低温度 115℃,最高 351℃,大多低于 200℃。从早期到晚期,浪全金矿石英包裹体的形成温度越来越低,密度越来越大,气液比越来越小。成矿主期阶段的盐度,与早晚阶段相比较,略有增高,但仍属于低盐度范畴,成矿深度也不算大(牛林,1994;陈锡光和周文芳,2001)。

成矿流体的气相成分主要是水,其次是 CO_2,并含有少量的 CH_4 和 H_2;液相中的阳离子主要是 Na^+、K^+、Ca^{2+}、Mg^{2+},阴离子主要是 Cl^-、HCO_3^-,其次是 SO_4^{2-}、F^-(陈锡光和周文芳,2001)。成矿流体的 pH 值为 4.76~6.10,属弱酸性,氧化还原电位(Eh)为 $-0.407\,9$~$-0.306\,8$V,属于低值范畴,这种条件有利于金的沉淀。成矿流体属于氧逸度较低范畴($\lg f_{O_2}$:$-42.188\,9$~$41.537\,7$),硫逸度变化较大($\lg f_{S_2}$:$-23.129\,6$~$-1.926\,3$)。由此可见,成矿流体为弱酸性,氧化还原电位、硫逸度、氧逸度皆为负值,基本属于低值范畴,与区域卡林型金矿床极为相似(陈锡光和周文芳,2001)。

成矿溶液的氢、氧同位素组成及其来源。矿床中与矿化密切相关的石英,形成温度一般为 115~152℃,石英的 $\delta^{18}O$ 值为 11.56‰~21.05‰,由于所测的 δO^{18} 值为矿物的固体氧值,根据石英的形成温度,计算出与石英平衡时水溶液的 δO^{18} 值为 -6.03‰~0.04‰,δD 值为 -49.53‰~-47.52‰。根据氢、氧同位素组成特点,成矿热液应是被加热的大气降水(牛林,1994;陈锡光和周文芳,2001)。

第七节 小 结

二叠系\三叠系层次之间的构造蚀变体主要产于贵州地区的吴家坪组和许满组之间以及广西地区的长兴组和百逢组之间。它们的形成除了区域构造和成矿热液活动外,还受上二叠统厚层灰岩的分布以及下三叠统薄层罗楼组的厚度的控制。下三叠统薄层罗楼组的厚度决定了二叠系\三叠系之间是否能在区域构造热液作用下形成构造蚀变体。构造蚀变体中罗楼组几乎全部卷入或部分卷入,使得在矿区范围内难以识别出罗楼组,造成吴家坪组和长兴组厚层灰岩直接与中三叠统新苑组、许满组和百逢组接触的假象。本层次构造蚀变体的形成往往位于薄层的罗楼组分布区,当罗楼组厚度较厚时,难以形成构造蚀变体。

第八章　下三叠统\中三叠统层次

下三叠统\中三叠统层次在中国南方卡林型金矿地区广泛分布。该层次中 SBT 主要产于安顺组（$T_{1-2}a$）/新苑组（T_2x）、罗楼组（T_1l）/许满组（T_2xm）之间。该层次在贵州分布于紫云、惠水、青岩、龙里、都匀一带和兴义泥凼、册亨、望谟至荔波、平塘一带。赋存于该层次的典型矿床有贵州凤堡金矿和烂泥沟金矿。

第一节　层次特征

依据形成构造蚀变体的地层、岩石组合、沉积相等特征，该层次主要包含 $T_{1-2}a/T_2x$（陈发恩等，2020）和 T_1l/T_2xm（谭亲平等，2023）两种。与 $T_{1-2}a/T_2x$ 构造滑脱成矿系统有关的地层包括下中三叠统安顺组（$T_{1-2}a$）和中三叠统新苑组（T_2x）；与 $T_{1-2}l/T_2xm$ 构造滑脱成矿系统有关的地层包括下中三叠统罗楼组（$T_{1-2}l$）和中三叠统许满组（T_2xm），其中罗楼组较薄，在构造滑脱过程中往往被整体卷入并形成构造蚀变体，导致上二叠统焦灰岩（P_3jh）或吴家坪组（P_3w）与中三叠统许满组（T_2xm）直接接触。

一、地层系统

1. 安顺组

安顺组源自乐森璕（1929）命名于安顺东南 5km 头铺螺丝山附近的"安顺淡水螺层"，时代不详。其后有"安顺石灰岩"（王钰，1959），"安顺群"（赵金科等，1962）之称，地质部第四普查大队（1964）改称安顺组，明确其为整合于大冶组与关岭组底部"绿豆岩"层之间以白云岩为主的早三叠世晚期地层。安顺组顶、底界线均以白云岩为标志层与下伏和上覆地层分界，整合接触。安顺组分布范围除与大冶组相同外，另在平坝—镇宁贞丰坡矗—者相一带，册亨冗渡—安龙及兴义捧鲊等地均有布露，此外在罗甸打讲—坪岩地区亦有少量分布。在广西代表南丹月里地层小区与之相似的地层，在南丹月里一带伴随大冶组外围分布。

安顺组在贵州厚 289（罗甸打讲）～772m（牛田），一般厚 400～500m。其中，在贵阳至花溪一带厚 400m 左右，福泉杨家林、下坝一带厚 459～537m，清镇高铺至安顺及镇宁安西、牛田一带厚达 704（安西）～772m（牛田），贞丰者相、坡矗至安龙德卧及兴义捧鲊一带厚近 600m，在板庚孤台上，本组白云岩最厚约 400m。该地层在广西南丹县中堡乡由元村地区厚约 691m。

2. 罗楼组

罗楼组源自李四光、赵金科、张文佑(1941)命名于广西凌云县罗楼圩东北1km那利岭东坡的"罗楼层",原名逻楼层,赵金科、陈楚震、梁希洛(1959)称罗楼群,广西壮族自治区石油普查队(1960)称罗楼统,广西壮族自治区区域地质调查研究院(1975)和《广西区域地质志》(1985)又称罗楼群,《广西壮族自治区岩石地层》(1997)和《贵州省区域地质志》(2013)改称罗楼组。该地层具体历史沿革与地层特征见第七章第一节。

在贵州,该地层主要分布于青岩相变线以南紫云-都匀小区内,另在望谟-荔波小区的册亨板其—贞丰白层至望谟许满、荔波至平塘、都匀黄良一带,以及铜仁—黎平地区的黎平想钱山、锦屏新化两地亦有布露。地层厚25(许满)～824m(扒子场),一般小于100m。

在广西,罗楼组主要分布在桂西碳酸盐岩台地的边缘及丹池、天等、崇左等地,与南洪组呈相变关系。该组厚80～160m,限定为上二叠统合山组与中三叠统板纳组之间的岩石序列,确定时代的化石有克氏蛤、蛇菊石及新铲刺、埃利森刺等。底以泥岩或含菊石、双壳类灰岩与下伏地层含䗴生物屑灰岩分界,除都安瑶族自治县下坳、隆林各族自治县者保、德峨等地与下伏晚二叠世地层呈平行不整合接触外,其余各地为整合接触;顶以灰岩的消失与上覆地层中泥岩或凝灰岩分界,整合接触。

3. 新苑组

新苑组源自王钰等(1959)创名于紫云县城郊新苑附近的新苑组。原义指整合于下伏罗楼群与上覆"江洞沟组"之间的一套页岩夹砂岩,时代为安尼期。《贵州省岩石地层》(1997)将青岩组、新苑组合并成新苑组,主要代表整合于罗楼组之上、边阳组或杨柳井组(局部)之下的一套黏土岩和碳酸盐岩沉积。该地层具体历史沿革与地层特征见第七章第一节。

该地层主要分布在贵州紫云-都匀地层小区内。该地层厚178(望谟安乐)～956m(贞丰坡稿),一般为400m。在青岩相变带南侧的台缘斜坡地带(宽1～2km)的青岩、安顺肖家庄、镇宁良田及贞丰白层、坡稿、鲁贡等地厚862(白层)～956m(坡稿),在罗甸边阳附近厚406m,在紫云新苑、惠水努力寨、断杉、平塘克渡及望谟甘河桥一带减薄为200～400m。

4. 许满组

该地层源自贵州区调队董卫平等1987年创名于望谟北西30km许满附近的许满组,主要由一套复理石砂页岩及灰岩组成,以厚度巨大(>2700m),分布范围广泛,浊流沉积典型为特征。在后来的1:5万及1:25万区调中广泛使用。本组分布于望谟-荔波小区内,见于兴义洛万、册亨秧坝、望谟许满、乐康、昂武、罗甸濛江、坡球、荔波、平塘及都匀黄良一带。与下伏罗楼组砾屑灰岩及罗康组薄层灰岩呈整合或平行不整合接触。该地层厚1596(许满)～2786m(望谟昂武),一般厚度大于2000m。

二、沉积相特征

该层次上覆地层和下伏地层分别为安顺组、罗楼组和新苑组、许满组,对应地层在紫云—都匀地区,即册亨—紫云—望谟—边阳—平塘狮子桥一线以北的紫云、惠水、青岩、龙里、都匀一带,表现为斜坡-盆地相碳酸盐岩及碎屑岩(包括浊积岩)沉积,在望谟—荔波地区,即紫云-都匀小区之南的兴义泥凼、册亨、望谟至荔波、平塘一带,表现为盆地相碳酸盐岩及碎屑岩(包括浊积岩)沉积。

具体而言,新苑组代表安尼期"广海陆架相"沉积,主要沉积一套台缘斜坡-盆地相黏土岩、薄层灰岩、砾屑灰岩,夹砂岩。许满组代表安尼期深水陆棚盆地相碎屑岩(包括陆源碎屑浊积岩)及碳酸盐岩沉积。安顺组为早三叠世巢湖(奥伦)期至中三叠世关刀(安尼)早期的局限台地相沉积,在贵州主要指代台地边缘相或青岩相变带台地一侧的局限台地相白云岩及膏盐层沉积。罗楼组为早三叠世至中三叠世关刀(安尼)早期孤立台地浅海陆棚或台地前缘斜坡相,在贵州主要代表青岩相变带以南早三叠世斜坡-盆地相薄层灰岩、砾屑灰岩夹碎屑岩,在广西属台地前缘斜坡相或开阔台地相。

三、岩石组合特征

1. 安顺组

安顺组以灰、灰白色中厚—厚层块状白云岩、溶塌角砾状白云岩夹薄层泥质白云岩,底部多为灰色厚层灰岩。该组岩性主要分为3段:第一段灰色至灰白色中厚—厚层块状中—细晶白云岩,夹深灰色薄层微—细晶白云岩、灰白色厚层鲕粒白云岩,顶部多为深灰色厚层夹薄层生物屑白云岩,底部0~113m为浅灰色中厚—厚层块状细—泥晶灰岩,该段厚220(都拉营)~363m(花溪),一般厚300余米;第二段灰色、灰黄色、紫红色薄层泥晶白云岩、泥质白云岩,夹少量灰色中厚层白云岩、岩溶角砾状白云岩及白云质黏土岩,该段厚62~154m(安西),一般厚百余米;第三段灰色、深灰色中厚—厚层细—中晶白云岩夹少量中薄层微—细晶白云岩及泥质白云岩,上部或顶部多为灰色、深灰色厚层溶塌角砾状白云岩,时具膏盐假晶,该段厚83~304m(高铺),一般厚150~200m。

2. 罗楼组

罗楼组岩性组合为灰黄—深灰色泥质灰岩、泥质条带灰岩、生物屑灰岩、砾状灰岩夹钙质泥岩及凝灰岩,局部夹扁豆状灰岩、白云质灰岩或白云岩,偶见数层玄武岩夹层。不同分布区域的罗楼组岩石组合特征存在差异,具体特征见第七章第三节。

3. 新苑组

新苑组以灰色、灰绿色、灰黄色黏土岩、钙质黏土岩为主,夹灰色薄—中厚层泥晶灰岩、泥灰岩、瘤状灰岩、生物介壳灰岩、厚层砾屑灰岩及灰色、深灰色中厚—厚层细砂岩、粉砂岩,底部0.5~8m为灰绿色玻屑、晶屑凝灰岩。根据岩石组合差异分3段,详见第七章第三节。

4. 许满组

许满组由灰色黏土岩、中薄层灰岩及灰色、浅灰色厚层砂岩、粉砂岩组成,富含双壳类。
根据岩性差异,许满组分5段。第一段为深灰色薄—中厚层钙质黏土岩、粉砂质条带状黏土岩,夹少量灰黑色薄层片状泥晶灰岩(夹层厚1~5m)、灰色薄至中厚层钙质粉砂岩及少量砾屑灰岩透镜体。底部2~9.5m(荔波朝阳)为黄绿色玻屑凝灰岩、晶屑凝灰岩、硅化凝灰岩夹灰黑色薄层硅质岩(区域"绿豆岩"层位)。粉砂岩具槽模、沟模构造,在大观附近粉砂岩夹层中见梅花状、叠层状水平觅食迹,黏土岩中小型沙纹层理及水平层理较发育。在罗甸濛江,见本段的基本层序由钙质粉砂岩—粉砂质黏土岩—钙质黏土岩构成,分属鲍马序列的c、d、e段。含双壳类及菊石。厚0~364m(濛江),一般厚度大于200m。在望谟平绕—岜赖、羊架—董万(包树背斜两翼)及册亨洛凡—坡荣(赖子山背斜东翼)一带,本段因超覆而缺失。第二段灰色、深灰色薄—厚层钙质粉砂岩、细砂岩与粉砂质黏土岩、钙质黏土岩组成不等厚韵律层,夹厚层块状钙质粉砂岩、含泥质砾片泥质粉砂岩、细砂岩,及似层状、透镜状薄层泥晶灰岩。砂岩由下向上有层次减薄、占量渐少的趋势。岩层发育粒级递变层理和鲍马序列有a~e段(少)、b~e段(多)、c~f段(少)序列浊积岩。沟模、槽模、重荷模、冲刷面等底模构造发育,发育有平行层理、沙纹层理、爬升层理、包卷层理、水平层理、泄水构造、火焰构造等。含菊石及双壳类。厚69~1478m(昂武),一般厚500~900m。第三段灰色、深灰色、青灰色薄—中厚层泥晶灰岩、泥晶生物屑灰岩、泥灰岩,夹较多深灰色薄—中厚层黏土岩及少量钙质粉砂岩,局部夹块状砾屑灰岩透镜体。粉砂岩具沙纹层理、包卷层理、流水波痕,灰岩中间发育有小褶皱。含菊石,双壳类及箭石。厚300~521m(昂武),一般厚350m。以大套灰岩出现与下伏第二段砂岩分界,本段灰岩是一在滇黔桂交界区域内分布广泛而稳定的重要标志层段。第四段灰色、深灰色薄—厚层块状黏土岩、钙质粉砂质黏土岩与灰色、浅灰色薄—中厚层细砂岩、钙质泥质粉砂岩呈不等厚韵律互层,以黏土岩为主,夹风化呈黄褐色薄片状介壳灰岩(生物层,几乎全由双壳类组成)及厚层块状粉砂岩。砂岩具槽模、沟模构造、爬升沙纹层理、平行层纹及正粒序递变层。上部时夹呈团块状,似层状及不规则状分布的粉砂岩砾块及板片,局部含少量呈不规则状分布的泥晶灰岩、砾屑灰岩砾块及透镜体,似异地滑塌、搬运再沉积的产物。黏土岩中发育有典型的板劈理。顶部数十米为灰色中厚—厚层块状细砂岩、粉砂岩夹黏土岩或厚层块状黏土岩。含双壳类化石,顶部含牙形石类。厚393~471m,一般厚400m。第五段灰色、深灰色薄—中厚层泥质粉砂岩、细砂岩与灰色薄层钙质粉砂质黏土岩呈韵律互层,中部夹2~5m深灰色薄—中厚层瘤状灰岩及泥晶灰岩。在罗甸逢亭濛江一带为黄绿色中薄层黏土岩夹薄层瘤状泥晶灰岩,顶部为砾屑灰岩、砂屑灰岩夹黏土岩。含双壳类及牙形石类。厚17~107m(濛江),一般厚30m。

总体上,该地层岩性在不同区域变化不大,5个段都能划定。在荔波朝阳—都匀黄良一带,本组第二段以黏土岩为主,砂岩明显减少,段厚减至200m左右,只夹2~3层砂岩,夹层厚6~10m。荔波朝阳附近,第一段为厚约100m的黏土岩夹薄层灰岩,底部9.5m为玻屑晶屑凝灰岩夹硅质岩,顶部夹2层(2~4cm)黄绿色玻屑凝灰岩。第三段黏土岩夹薄层片状灰岩,已出露厚度大于500m。另外,本组岩石厚度总体由北往南逐渐增厚。在许满地区,第二段砂岩有数层兼并富集成块状砂岩层,而望谟以南砂岩兼并现象减少。在望谟乐康、昂武至罗甸逢亭、坡球一带,本组厚度大于2000m,昂武一带厚达2786m(由几段剖面拼接而成,厚度可能偏大);在兴义泥凼、洛万一带,只出露本组第三段(未出露全)—呢罗段,出露厚已大于1000m。在望谟许满至册亨一带,本组有减薄趋势,厚1600m以下,许满附近厚1596m。

第二节 构造蚀变体

该层次中 SBT 形成于罗楼组（T_1l）与许满组（T_2xm）之间和安顺组（$T_{1-2}a$）与新苑组（T_2x）之间，是多层次构造滑脱成矿系统在中、下三叠统间的具体表现（刘建中等，2023）。许满组和新苑组为薄层碎屑岩夹碳酸盐岩（钙质砂岩、粉砂岩、粉砂质黏土岩夹灰岩），安顺组和罗楼组为碳酸盐岩（安顺组主要为厚层白云岩，罗楼组主要为薄层泥晶灰岩）夹粉砂质黏土岩，安顺组厚度大，罗楼组厚度较小，但其下伏的吴家坪组碳酸盐岩厚度大（>200m）。因此，许满组、新苑组和安顺组、罗楼组及下伏地层之间岩层厚度差异大，更为关键的是这些地层的岩石能干性差异大，在构造运动中，下部碳酸盐岩变形弱，上部碎屑岩挤压破碎变形强，导致挤压变形不协调发育，从而形成顺层的构造破碎带。构造破碎带有利于流体运移，并促进热液流体与活泼的碳酸盐岩发生水-岩反应，最终形成构造蚀变体。其中，下三叠统罗楼组较薄，在构造滑脱过程中往往被卷入到构造蚀变体中，导致上二叠统吴家坪组（P_3w）与中三叠统许满组直接接触。因此，该层次构造蚀变体发育在新苑组与安顺组和许满组与吴家坪组之间，而许满组与吴家坪组之间的罗楼组由于岩层厚度小，被卷入至构造蚀变体中（图8-1）。

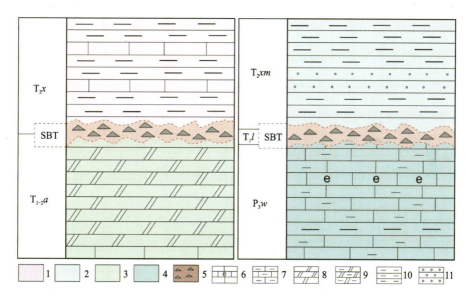

1.新苑组；2.安顺组；3.许满组；4.吴家坪组；5.构造蚀变体；6.生物碎屑灰岩；7.泥质灰岩；
8.白云岩；9.泥晶白云岩；10.黏土岩；11.粉砂岩

图 8-1 下三叠统\中三叠统层次构造蚀变体产出示意图

该层次构造蚀变体宽 0～30m，产状总体与岩层界面一致。构造蚀变体主要表现为角砾岩、碎裂岩、揉皱、节理和劈理发育，滑动镜面、擦痕阶步明显，层间滑动明显。构造蚀变体中硅化角砾蚀变（矿化）岩发育，角砾成分主要为砂岩、粉砂岩和黏土岩，少量为灰岩或白云岩，角砾大小不等，一般为 0.1～20cm，多呈棱角状，钙质及泥质胶结。蚀变体围岩为碎裂泥灰岩、碎裂泥质白云岩、碎裂细砂岩、粉砂岩、粉砂质黏土岩。

该层次 SBT 具有强硅化,伴有黄(褐)铁矿化和碳酸盐化,局部见辉锑矿、萤石化和雄(雌)黄化等。其中,硫化物矿化、硅化、白云石化与金矿化关系密切,尤其是黄铁矿化强烈发育的部位普遍具有金矿化。蚀变强度自下而上为弱→强→弱,接近背斜核部破碎蚀变矿化强,远离背斜核部破碎蚀变矿化逐渐变弱,直至消失。该层次构造蚀变体是成矿流体运移的主要通道,其与背斜近核部的耦合部位往往是成矿流体的就位场所,局部地区形成矿(化)体。

该层次 SBT 中的常见结构包括草莓状结构、环带结构、胶状结构、自形晶结构、交代结构、假象结构、碎裂结构等,构造主要有角砾状构造、浸染状构造、脉(网脉)状构造、晶洞状构造、生物遗迹构造、条纹状构造等。

第三节 凤堡金矿床

一、矿床地质特征

凤堡金矿位于赖子山背斜西翼靠近南倾伏端,区内构造简单,褶皱不发育,以单斜岩层为主。矿体呈透镜状,受构造蚀变体和小断裂带控制,矿体倾角一般较陡,$50°\sim 90°$,矿体走向延伸 $50\sim 200m$,倾斜延深小于 $50m$,水平厚度 $1.8\sim 16m$,金品位$(1.05\sim 9.7)\times 10^{-6}$(方策和张焕超,2011)。

1. 矿区地层

凤堡金矿床出露地层有中上二叠统茅口组、吴家坪组,下三叠统罗楼组,下中三叠统安顺组和中三叠统许满组、新苑组(图8-2)。区内出露地层的岩性、岩相、厚度等在横向、纵向上变化均很大。主要含金地层为三叠系安顺组、新苑组和许满组,矿化围岩为泥灰岩、泥质白云岩、粉砂岩。

茅口组:与下伏栖霞组整合接触。灰色中—厚层灰岩、生物碎屑灰岩和灰质白云岩,含燧石团块或条带,顶部为灰色厚层灰质白云岩,厚度大于 $300m$。

吴家坪组:与下伏茅口组呈假整合接触。根据岩性特征分为 2 段:吴家坪组第二段为灰色厚层状灰岩夹燧石灰岩,具缝合线构造,白云质化强烈,厚 $203m$;吴家坪组第一段下部为灰色、灰黑色中厚层状、厚层状泥晶灰岩、燧石灰岩夹少许钙质黏土岩,含黄铁矿结核,上部为灰色、深灰色中厚层状生物屑灰岩夹少许钙质黏土岩,顶部为薄至中厚层状泥质粉砂岩。厚 $247m$。矿区内自 NW 向 SE 为台地相的吴家坪组向台地边缘礁滩相的礁灰岩过渡沉积,岩性由灰—深灰中层灰岩、生物灰岩、燧石灰岩及白云岩夹深灰色薄层粉砂质黏土岩相变为灰—浅灰色厚层块状生物礁灰岩和生物灰岩。

罗楼组:与下伏吴家坪组为假不整合接触。下部夹黏土岩及泥灰岩,上部夹多层肉红色条带状凝灰岩泥晶灰岩,缝合线构造较发育,产大量菊石。岩石水平纹层理发育,以灰岩、泥灰岩结束为标志与上覆地层分界。厚度为 $10\sim 250m$。

安顺组:与下伏地层呈假整合接触。矿区内自东向西为陆棚相的罗楼组向半局限台地相的安顺组逐渐过渡沉积,岩性由(罗楼组)灰—深灰色薄至中层灰岩、泥灰岩夹紫—灰绿色钙

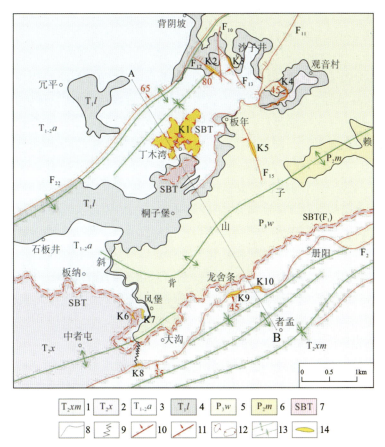

1.中三叠统许满组；2.中三叠统新苑组；3.下中三叠统安顺组；4.下三叠统罗楼组；5.上二叠统吴家坪组；6.中二叠统茅口组；7.构造蚀变体；8.地层界线；9.地层相变线；10.正断层；11.逆断层；12.构造窗和飞来峰；13.背斜和向斜；14.金矿体

图 8-2　册亨县板年金矿地质矿产图(据陈发恩等，2020)

质黏土岩及粉砂质黏土岩相变为(安顺组)灰色厚层白云岩，中部夹粉砂质黏土岩。安顺组厚度为 150～550m。

许满组与新苑组为相变关系，与下伏地层呈假整合接触。许满组为深水浊流沉积，厚度为 400～1000m，分布于矿区东南部；新苑组为陆棚—斜坡过渡相沉积，厚度为 100～350m，分布于矿区东部。上述 2 个地层厚度差异大，但岩性基本一致，上部为灰—深灰色薄—中厚层细砂岩、钙质砂岩、粉砂岩夹粉砂质黏土岩、黏土岩；下部为灰—深灰色薄层灰岩、泥灰岩夹钙质黏土岩、粉砂质黏土岩、黏土岩。

岩浆活动微弱，仅在矿区北部 50km 的贞丰县白层一带出露有燕山期偏碱性超基性岩体。

2. 矿区构造

凤堡金矿区域上位处 NE 向赖子山背斜、册阳伸展断层、NW 向板昌逆冲断层和 EW 向册亨构造带组成的三角形构造变形区内赖子山背斜 SW 倾没端,矿区内发育褶皱和断裂构造(陈发恩等,2020)。

1)褶皱

该构造主要为赖子山背斜,赖子山背斜自北向南总体呈"S"形延伸,长度大于 40km,宽度为 5~16km。区内长约 3.5km,南西端于板纳—风堡附近倾伏,轴向总体呈 NE 向。核部地层为二叠系茅口组及吴家坪组灰岩,NW 翼地层为罗楼组泥灰岩、黏土岩或安顺组白云岩,SE 翼为许满组或新苑组碎屑岩。该背斜为一不对称褶皱,东翼较陡,岩层倾角 20°~40°,西翼较缓,岩层倾角一般 5°~20°,轴面大致向 NW 倾斜。南部受 EW 向构造叠加改造,在板纳附近背斜轴线由 NE→EW→NW 过渡,形成轴线向南凸出而成弧形。同时在赖子山背斜两翼发育有一系列与之近平行的次级背斜和向斜,轴线延伸 2~5km,宽度为 300~500m,南东翼较北西翼发育。该背斜周缘断裂发育,矿化特征明显,已发现的烂泥沟特大型金矿床,纳稀、板年、册阳、尾若、挂榜等金矿(化)点,及砷、汞矿化点均围绕背斜分布。

除赖子山背斜之外,区内碎屑岩地区发育一系列 NE 向的次级褶皱。这些褶皱多延伸不远,构造形变强烈地区(如茅草地南东面)发育紧密褶皱,背向斜相伴产出形成褶皱带。

2)断裂构造

该构造主要发育有 NE 向、NW 向 2 组断层及层间断层。

(1)NE 向断层。有 F_2、F_{11} 和 F_{22} 等,倾向 SE 或 NW,倾角 15°~60°,走向、倾向上呈舒缓波状。局部有牵引揉褶、破碎,揉褶破碎带宽 5~50m。具多期活动特点,以碎裂为主。具硅化、黄铁矿化和褐铁矿化,局部见雄(雌)黄化、锑矿化和辰砂化,以 F_2 为代表,断裂中有矿体产出。

F_2 断层呈 NE-SW 向展布于全区,该断层在区内具明显的含、控矿特征。在册阳东,局部与构造蚀变体重合。断层发育于许满组中,总体走向 NE,倾向 SE,倾角 30°~70°,断层蚀变破碎带宽 5~35m,为逆断层性质。在风堡至纳稀断层蚀变破碎带宽度较大,蚀变强烈,矿化较好。主要蚀变类型有硅化、黄铁矿化、碳酸盐化、黏土化等。断层走向延伸 20km 以上,南西端于风堡一带其性质向西逐渐转化为层间断层并消失。在断层蚀变破碎带上已发现龙舍条、纳稀、风堡等金矿(化)点或金矿化地段多处。目前控制有 4 号、4-1 号、5 号、6 号矿体。

(2)NW 向断层。该组断层(F_{12}、F_{13} 和 F_{15} 等)主要发育于罗楼组和安顺组中,倾角为 40°~80°,破碎带宽 6~20m,主要表现为碎裂岩、揉褶、节理和劈理发育,滑动镜面、擦痕明显,角砾发育,被方解石和泥质胶结,断裂规模小,具硅化、黄铁矿化和褐铁矿化,有小矿体产出。

3. 矿体特征

1)层控型矿体

该类型矿体主要受 SBT 控制。新苑组与安顺组之间 SBT 控制 K1、K6、K7 和 K8 等矿体。在许满组与吴家坪组之间 SBT 中,目前只发现矿化体。矿体产于蚀变体及旁侧许满组中砂岩、黏土岩层中,部分沿蚀变体两侧黏土岩、砂岩层呈透镜状产出,倾向 265°,倾角 5°~20°,代表性矿体为 K1 和 K6(图 8-3)。

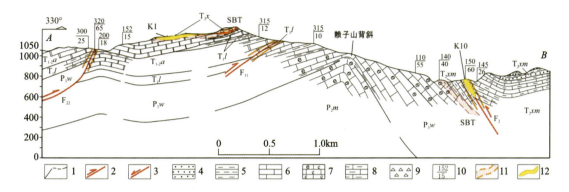

1.地层界线;2.逆断层;3.正断层;4.砂岩;5.黏土岩;6.灰岩;7.生物灰岩;8.泥灰岩;9.角砾岩;10.产状(°);11.构造蚀变体;12.金矿体;T_2xm.许满组;T_2x.新苑组;$T_{1-2}a$.安顺组;T_1l.罗楼组;P_3w.吴家坪组;P_2m.茅口组

图 8-3 凤堡金矿 A—B 剖面图(据陈发恩等,2020)

K1 矿体:为区内目前发现的最大矿体,探明资源量为 1 367.37kg,矿体产状与构造蚀变体一致,走向长 1000m,倾向宽 800m,平面分布呈不规则港湾状,倾向 290°~330°,倾角 5°~20°,中部出现 3 个剥蚀天窗,厚度为 1.00~23.82m,平均厚度为 5.10m,厚度变化系数为 89%,厚度较稳定;金品位为 $(0.40~1.06)×10^{-6}$,平均品位为 $0.64×10^{-6}$,品位变化系数为 25%,有用组分分布均匀。

K6 矿体:产状与构造蚀变体一致,倾向西,倾角为 15°~25°,矿体走向长 140m,延深 20~40m,厚度为 0.96~3.82m,金品位为 $(0.57~1.11)×10^{-6}$,平均品位为 $0.77×10^{-6}$,探明资源量为 26.40kg(陈发恩等,2020)。

2)断控型矿体

目前已发现 K2、K3、K4、K5、K8、K9、K10 等矿体,分别产于 F_{12}、F_{13}、F_{11}、F_{15} 和 F_2 等断裂破碎带中,以 F_2 控制的 K8、K9、K10、F_{12} 控制的 K2 矿体为代表。K8、K9 和 K10 金矿化在走向上和倾向上与 F_2 断层产状一致,总体走向 30°左右,倾向 SEE,倾角 50°~70°(图 8-3)。该类型矿体主要产于 T_2xm 中—厚层砂岩夹黏土岩中,赋存于 F_2 断层蚀变带内,呈透镜状、条带状产出。K2 矿体呈透镜状产于 F_{12} 断层,倾向 SW,倾角 65°~80°,走向长 220m,延深 20m。矿体厚度为 1.10~15.36m,平均厚度为 7.98m,金品位为 $(0.59~4.70)×10^{-6}$,平均品位为 $2.29×10^{-6}$,探明资源量为 141.87kg。

4.矿石特征

矿石岩性为硅化蚀变角砾岩,为砂岩-黏土岩型。根据矿石的结构构造和特征可分为浸染状、角砾状两大类型。根据矿石氧化程度可分为氧化矿、原生矿两大类型。原生矿矿石中的金主要赋存在硫化物(黄铁矿、毒砂等)及硅酸盐中,氧化矿矿石中的金大多以游离金存在,矿石加工技术性能好(丁俊等,2018)。

矿石主要具自形、半自形粒状、针状嵌晶结构。如黄铁矿呈自形、半自形料状或集合体形态产出;毒砂呈自形、半自形晶针状浸染状产出;石英、方解石脉中见黄铁矿等矿物的嵌晶结构。矿石构造以浸染状构造为主,次为细脉状及角砾状构造,如黄铁矿、毒砂呈星点状、粒状、针状或结核状浸染矿石或浸染近矿围岩形成各种浸染状构造。局部石英、方解石及黄铁矿等沿节理裂隙充填形成细脉及网脉状构造,有的石英、方解石及黄铁矿因受动力破坏而形成角砾状或碎裂状构造。斑杂状构造的岩石为基底式胶结,胶结物为他形-半自形粒柱状石英(粒径多为0.01~0.10mm,大者可达0.3mm)。细小鳞片状褐铁矿呈不均匀混染状分布其中。见少量鳞片状高岭石分布于岩石孔隙中,粒径多小于0.03mm。胶结物与砂砾屑形成斑杂状构造。块状构造由黏土岩经后期强烈硅化而成。

5. 矿物组合

矿石物质组成矿石中矿物可分为两大类:金属矿物和非金属矿物。非金属矿物是矿石组成的绝对主量,占总量的97%,以石英、白云石、方解石、石英和水云母为主,见少量萤石、重晶石和高岭石。金属矿物主要是金属硫化物,占3%,其含量虽少但意义重大,并以黄铁矿、褐铁矿和赤铁矿为主,其次有毒砂、辉锑矿、辰砂和雄(雌)黄等。微细粒自然金主要以包裹金的形式赋存于硫化物中(方策和张焕超,2011)。

6. 蚀变特征

热液蚀变有硅化、黄铁矿化、褐铁矿、方解石化、白云石化、毒砂化、雄(雌)黄化、辉锑矿化、萤石化、辰砂化和黏土化等(图8-4)。

硅化:常交代充填呈石英细脉状、网脉状及团块状出现,或交代围岩使其硬度增大。硅化与金矿化关系密切,但并非有硅化都有金矿化。

黄铁矿化:其形态有自形、半自形晶及他形,呈星点状或聚集成细脉状、草莓状等产出,氧化后为褐铁矿。成矿期黄铁矿与金矿化的关系极为密切,对指导找矿意义极大。

碳酸盐化:主要为方解石及白云石、铁白云石呈细脉状、网脉状、团块状等,充填于容矿岩石及其近矿围岩裂隙中。

黏土化:常呈粉末状或细粒状产于石英、方解石细脉附近或形成石英-方解石-伊利石混合体,分布普遍。

毒砂化:呈自形、半自形针状与黄铁矿等浸染于容矿岩石中。

二、地球化学特征

由表8-1可知,3件断裂型矿石成分如下:SiO_2含量为24.87%~42.16%,平均值为30.96%;CaO含量为7.72%~31.73%,平均值为22.29%;Al_2O_3含量为7.38%~13.76%,平均值为9.51%;Fe_2O_3含量为1.48%~10.87%,平均值为5.09%;K_2O含量为2.18%~3.86%,平均值为2.76%;TiO_2含量为1.11%~2.40%,平均值为1.63%。以SiO_2和CaO为主,其他含量甚少。3件构造蚀变体型矿石成分如下:SiO_2含量为66.09%~82.92%,平

A. 雌黄铁矿化金矿石;B. 黄铁矿化灰岩;C. F_{15}断层硅化碎裂构造蚀变特征;D. 构造蚀变岩石镜下特征;E. 构造蚀变体露头特征;F. 构造蚀变体露头特征;Qz. 玉髓和石英;Orp. 雌黄;Py. 黄铁矿;Cal. 方解石粒屑;Cal-1. 亮晶方解石胶结物

图 8-4 凤堡金矿构造热液蚀变特征(据陈发恩等,2020)

均值为 74.32%;Al_2O_3 含量为 8.88%~9.76%,平均值为 9.18%;CaO 含量为 0.46%~8.96%,平均值为 3.76%;Fe_2O_3 含量为 1.92%~6.21%,平均值为 4.25%;K_2O 含量为 0.71%~2.14%,平均值为 1.22%。以 SiO_2 和 Al_2O_3 为主,其他含量甚少(陈发恩等,2020)。

表 8-1 凤堡金矿矿石成分分析结果（陈发恩等，2020）

样品编号	SiO$_2$	Al$_2$O$_3$	Fe$_2$O$_3$	TiO$_2$	K$_2$O	Na$_2$O	CaO	P$_2$O$_5$	MO$_2$	LOSS
LFDGH1	24.87	7.39	2.91	1.11	2.18	0.031	31.73	0.22	0.074	24.08
LFDGH2	25.86	7.38	1.48	1.38	2.25	0.037	27.42	0.17	0.087	24.98
LFDGH3	42.16	13.76	10.87	2.40	3.86	0.046	7.72	0.41	0.115	9.52
LFDGH4	82.92	8.88	1.92	0.55	0.82	0.048	0.46	0.14	0.018	3.71
LFDGH5	73.95	9.76	6.21	0.64	2.14	0.095	0.37	0.16	0.023	4.29
LFDGH6	66.09	8.91	4.62	0.38	0.71	0.043	8.96	0.2	0.04	9.59

样品编号	FeO	有机碳	Au	TS
LFDGH1	0.44	1.9	8.61	2.43
LFDGH2	2.7	1.55	0.59	1.34
LFDGH3	1.01	0.74	0.94	2.05
LFDGH4	0.28	0.07	0.46	0.27
LFDGH5	0.45	0.24	0.68	0.23
LFDGH6	0.2	0.03	0.92	0.07

注：Au 元素含量单位为 $\times 10^{-6}$，其他元素含量单位为 $\times 10^{-2}$；LFDGH1-3 样品为断裂型矿石，赋矿岩石为罗楼组泥灰岩和钙质黏土岩；LFDGH4-6 样品为构造蚀变体型矿石，赋矿岩石为新苑组碎屑岩。

矿石中 Fe$_2$O$_3$ 含量较高，可能与黄铁矿化有关；铝、钾含量表明金矿床中含有一定量的黏土矿物，是成矿过程中黏土化的结果。由图 8-5 可知，多层次滑脱构造与断裂带中矿石主量元素相比，构造蚀变体型矿石以高硅为显著特征，与区域上构造蚀变体特征一致（刘建中等，2018，2022）。SiO$_2$ 与 CaO 之间显示良好的负相关关系，说明随着 SiO$_2$ 含量的增加，CaO 含量反而减少，反映了成矿流体中高硅流体使赋矿碳酸盐岩溶解而发生水-岩交换反应的过程（Tan et al.，2015）。

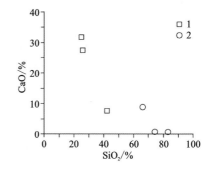

1. 断裂型矿石；2. 构造蚀变体型矿石

图 8-5 凤堡金矿矿石 SiO$_2$ 与 CaO 相关关系图
（据陈发恩等，2020）

矿石主要元素有 Au、Ag、As、Sb、Hg、S 等，有益组分为 Au，有害元素为 As、Sb、Hg、S 等。Au 含量一般为 $(0.71\sim3.54)\times10^{-6}$，平均为 1.35×10^{-6}；Ag$<0.5\times10^{-6}$；As 为

0.02%~0.201%,平均为0.063%;Sb为0.00%~0.01%,平均为0.008%;Hg为0.00%~0.01%,平均为0.002%;TS为0.14%~1.44%,平均为0.886%(方策和张焕超,2011)。

第四节 小 结

下三叠统\中三叠统层次中的构造蚀变体主要形成于安顺组/新苑组和罗楼组/许满组之间,分布在贵州紫云—都匀和望谟—荔波地区。该构造蚀变体上覆的新苑组和许满组均为薄层碎屑岩夹碳酸盐岩,其中新苑组主要是一套台缘斜坡-盆地相沉积的黏土岩、钙质黏土岩,厚178~956m,许满组是一套深水陆棚盆地相碎屑岩(包括陆源碎屑浊积岩)及碳酸盐岩沉积,厚1596~2786m;下伏的安顺组和罗楼组均以碳酸盐岩为主,其中安顺组主体为灰色、灰白色中—厚层块状白云岩夹薄层泥质白云岩,一般厚400~500m,罗楼组岩性主体为薄—中层泥晶灰岩,厚25~824m,一般小于100m,其下的吴家坪组碳酸盐岩为厚层构造,且地层厚度大。

在构造滑脱过程中,一方面由于下中三叠统厚层碳酸盐岩(如$T_{1-2}a$)与中三叠统(如T_2x)薄层细碎屑岩这两种岩石物理性质的不同,在受区域构造运动时沿接触带产生差异性变形,形成层间滑脱面,并在上覆相对塑性岩层中形成背斜构造;另外,下伏的碳酸盐岩地层厚度较小,为薄层构造(如T_1l),但其下为厚度较大的碳酸盐岩(如P_3jh、P_3w),此时上覆细碎屑岩层(如T_2xm)与下伏厚层碳酸盐岩之间也会产生区差异性滑脱变形,并且导致中间厚度较小的薄层碳酸盐岩地层被整体卷入滑脱构造区域。成矿期流体沿滑脱构造破碎带侧向运移,并与围岩发生水-岩反应,伴随温度降低、压力减小,沉淀大量蚀变矿物,从而形成构造蚀变体(SBT),在局部区域,金聚集形成金矿(化)体。因此,该层次构造蚀变体作为区内成矿流体运移的主要通道和金矿(化)体就位场所,约束了卡林型金矿的找矿位置。

贵州凤堡金分布有层控型矿体和断裂型矿体。层控型矿体受构造蚀变体控制,构造蚀变体包含$T_{1-2}a/T_2x$和P_3w/T_2xm两类。层控型矿体主要发育在$T_{1-2}a/T_2x$之间的构造蚀变体中,呈透镜状产于蚀变体及旁侧许满组的砂岩、黏土岩层中,代表性矿体为K1和K6,其中K1矿体为矿区内目前发现的最大矿体。断裂型矿体金矿化在走向上和倾向上与F_2断层蚀变带产状一致,主要产于T_2xm中—厚层砂岩夹黏土岩中,呈透镜状、条带状产出,以F_2控制的K8、K9、K10矿体为代表,其次为F_{12}控制的K2矿体。

综合该层次宏观地质特征和典型矿床特征显示,构造蚀变体是卡林型金矿成矿的关键控制因素,具有明显的硅化、黄铁矿化、褐铁矿化,局部见萤石化、雄(雌)黄化、锑矿化和辰砂化,因而是金矿找矿的直接找矿标志。

第九章 成矿模式与成矿预测

第一节 成矿地质背景

大地构造演化与特定构造环境下的成矿作用过程密切相关,特定矿床类型也反映了大地构造环境的时空专属性。黔西南—桂西北地区的大地构造位于华南板块的西南缘。其所属的南盘江—右江盆地是在特提斯与滨太平洋构造域复合作用下形成的(曾允孚等,1992),形成于早泥盆世晚埃姆斯期(杜远生等,2009,2013)。晚古生代—中生代经历了被动陆缘裂谷盆地和周缘前陆盆地的演化阶段,构造定型印支晚期。此时南侧的印支板块与华南板块发生构造拼合,随后的构造演化不同程度地叠加了燕山期太平洋板块向西俯冲作用的远程效应。区内卡林型金矿床的成矿地球动力学背景可能属于晚三叠世印支板块与华南板块的拼合后期构造应力由挤压向伸展转变过程(靳晓野,2017;高伟,2018)和晚侏罗世至早白垩世晚期古太平洋板块西北俯冲作用导致的盆地伸展背景(Duan et al.,2020)。区内卡林型金矿成矿可能具有与美国内华达地区相似成矿地质背景和经历了相似的岩浆热液演化过程。

第二节 区域构造演化

南盘江—右江地区是在特提斯与滨太平洋构造域复合作用下形成的(曾允孚等,1992),形成于早泥盆世晚埃姆斯期(杜远生等,2009,2013)。其形成演化与金沙江-哀牢山-Song Ma洋开合、太平洋板块的俯冲、江南复合造山带的形成密切相关(曾允孚和刘文均,1995;Li and Li,2007;刘建中等,2022)。从全球板块构造尺度看,洋盆的打开与冈瓦纳大陆的裂解有关(Metcalfe,2013;刘寅,2015)。结合区内的沉积特征及组合、区域构造发育特征、岩石地球化学特征、古生物地层层序、岩浆活动等证据,将南盘江—右江成矿区的构造演化大致分为5个阶段。

一、早中泥盆世裂谷盆地阶段

自早中泥盆世开始,印支板块从冈瓦纳大陆北缘裂解后,古特提斯洋形成(Wang et al.,2000),南盘江—右江成矿区作为古特提斯洋体系的一部分也开始演化。普遍认为自早泥盆世开始处于滨浅海沉积环境(曾允孚和刘文均,1995),盆地裂解时间被限定在早中泥盆世,与晚古生代水城-紫云-南丹断裂的萌生并开始活动时间吻合(黄虎,2013)。在伸展的构造背景下,随着裂陷作用加剧,逐渐形成台-沟-槽格局,开始显示出沉积相带的分野。

二、晚石炭世裂陷洋盆发育阶段

在金沙江地区发现最早的蛇绿岩年龄为 387～374Ma,认为从中晚泥盆世开始,金沙江-哀牢山-SongMa 洋进入剧烈的扩张期(Jian et al.,2009;刘寅,2015),伴随着洋壳的出现,自晚泥盆世以来,受洋盆扩张作用的影响,盆地出现了碳酸盐岩台地为主与深水沟-槽共生的古地理格局(陈洪德等,1994;秦建华等,1996;杨怀宇等,2010;刘寅,2015)。台地边缘相区出现生物礁丘,斜坡相区为礁前角砾岩沉积和重力流沉积,而台地间沟-槽则出现细碎屑岩和硅质泥岩(杜远生等,2009)。石炭系中夹有多层具有双峰、碱性特征的裂谷火山岩(杜远生等,2009),这种局面一直持续到晚石炭世。

三、二叠纪洋盆消失及前陆盆地发育阶段

中二叠世末期,受印支板块与扬子板块俯冲消减和碰撞的影响,金沙江-哀牢山-SongMa 洋逐渐消亡(Wang et al.,2000;Lai et al.,2014),沟-槽逐步消失,水体逐渐变浅,形成前陆盆地。区域上显著的特征是主体在中二叠统茅口组的顶部出现了喀斯特古风化壳,与上覆的龙潭组呈假整合接触,局部沟-槽地段连续沉积了早中二叠世的四大寨组($P_{1-2}s$)和中晚二叠世的领薅组($P_{2-3}lh$)。早中三叠世,盆地以砂岩、粉砂岩与泥页岩的互层产出为特征的浊流沉积,碳酸盐岩台地边缘相的重力流沉积中含有较高的钙屑(陈翠华等,2003;杜远生等,2009;刘寅,2015)。区内晚二叠世—早三叠世的岩浆活动最为强烈,局部地区可延续到中三叠世,主要表现为基性火山岩喷发和侵入,分布面积较广,此阶段是以峨眉山高 Ti 玄武岩碎屑沉积为特征的古特提斯被动大陆边缘盆地(杨江海,2012)。

四、中晚三叠世盆地消亡及碰撞后伸展阶段

在早三叠世晚期,伴随着古特斯洋的俯冲消减,火山弧开始与华南板块发生碰撞,形成以造山带碎屑沉积为主的周缘前陆盆地(杨江海,2012)。这一时期的盆地均以巨厚的陆源碎屑浊积岩为特征,反映了印支板块向扬子地块会聚、陆源碎屑向盆地大量输入和盆地明显收缩变浅的过程。晚三叠世在强烈的印支运动影响下,盆地主体上升成陆,而贵州地区几乎未受到印支运动影响,区内中—晚三叠世之间为连续的海相地层,沉积了深水相的黑苗湾组($T_{2-3}hm$)和台地相的法郎组($T_{2-3}f$)(《贵州省区域地质志》,戴传固等,2012),其后大规模海退,贵州沉积了陆相的晚三叠世—晚侏罗世地层。区域白垩纪紫红色砂砾岩可能代表了印支板块与扬子板块拼合后形成的磨拉石沉积。中三叠世巨厚层陆缘碎屑浊流沉积覆盖在同碰撞型火山岩或凝灰岩之上,代表华南板块西南缘古特提斯洋关闭—初始碰撞后的周缘前陆盆地环境(杜远生等,2013)。

五、中侏罗世—早白垩世晚期北东向挤压构造发育阶段

受太平洋板块向西俯冲于欧亚板块的影响,南盘江—右江盆地大地构造环境由特提斯构造域向滨太平洋构造域转变。在盆地形成了一系列的 NE—NNE 向挤压构造(万天丰,

2004;董树文等,2009;徐先兵等,2009;张岳桥等,2009;张岳桥等,2012),最终大致确定了盆地的构造格局。盆地内侏罗纪广泛发生基性辉绿岩的侵入,区域性断裂对岩浆活动控制明显,沿田林-巴马断裂、右江断裂和紫云-垭都等断裂附近出露了火成岩和火山碎屑岩,基性—超基性火山岩具有裂谷火山岩的特征,断裂具有超壳的性质(庄新国,1995;罗金海等,2009)。到早白垩世晚期,盆地内出现了局部的伸展背景,如广西北部(86.27±0.68)Ma 的车河花岗岩体(罗金海等,2009)、贵州贞丰白层(84±1)Ma 的超基性岩墙(陈懋弘等,2009)等岩体岩石地球化学特征均显示其形成与岩石圈伸展有关,反映了盆地在该时期处于伸展环境,是古太平洋板块西北俯冲作用的结果(Duan et al.,2020;杨成富等,2021)。

贵州三都—丹寨地区的构造演化主体与南盘江—右江地区,略有差异。主要表现在区内自新元古至早古生代,一直处于台地向盆地过渡的斜坡带,沉积了深水陆棚与浅水碳酸盐台地的过渡带的中晚寒武世碳酸盐岩(张秀莲,2005);晚古生代继承了早古生代的斜坡沉积系统,沉积了泥盆纪—石炭纪—二叠纪的砂泥岩组合;早三叠世仍然为斜坡相沉积,其后与南盘江—右江地区成为同一发展历程,经历了盆地消亡及碰撞后伸展阶段和中侏罗世—早白垩世晚期北东向挤压构造发育阶段。

第三节 成矿模式

一、构造条件

从大区域板块划分的尺度上分析,南盘江—右江成矿区位于太平洋板块、印支板块和欧亚板块的接触过渡位置,从大地构造运动上来讲,该区处于三江特提斯构造域和濒太平洋构造域的复合影响部位,特殊的构造位置使得该区经历了复杂的构造演化过程。南盘江—右江地区自新元古代以来先后经历了武陵、加里东、印支、燕山和喜马拉雅运动,其中武陵运动使得古华夏板块和扬子地块碰撞拼贴,华南窄大洋关闭(合),两块古陆合二为一,华南板块形成(戴传固,2010;王岳军等,2003,2005,2008;刘建中等,2020),进入板内发展阶段,与板块碰撞拼贴同时,形成了南华裂谷(开)。而后的加里东运动使南华裂谷关闭(合),华南板块经历了褶皱造山形成华南褶皱系统。海西运动使得华南地块遭受拉张作用,地壳发生裂陷并导致深部地幔来源物质的侵入和喷溢,印支运动时期该区持续坳陷并接受海相沉积,形成南盘江—右江南部海相沉积序列中巨厚的浊积岩建造(杨科佑等,1994)。进入燕山期,该区起初遭受来自太平洋板块向西俯冲形成挤压作用力的影响,同时伴随深部地壳重熔上涌形成该期酸性岩浆岩,到燕山晚期由于俯冲转向和碰撞挤压后的拉张作用,导致深切岩石圈的大断裂复活,形成了特征的超基性岩脉侵入体,其中部分岩脉成为后来卡林型金成矿的容矿岩石。喜马拉雅造山运动使得区内上地壳发生强烈的挤压变形,形成盆-山相间的格局,常常表现为多期次的构造相互叠加的现象,比如前期东西向的构造系统被晚期北东、北东东和南北向构造叠加,同时伴随着褶皱叠加和穹隆构造的广泛形成,显示出本次构造运动联合燕山期运动对本区的构造格架产生的深远影响(王泽鹏,2013)。

南盘江—右江地区内构造类型及其展布严格受 3 条区域深大断裂围限的三角形区域限

制,这 3 条深大断裂就是北东向弥勒-师宗深断裂、北西向南丹-昆仑关深断裂和东西向个旧-宾阳深断裂,形成的三角形区域就是滇黔桂卡林型金成矿的"金三角"。但是,由于沉积相变化和沉积岩岩性的差异,在研究不同区间形成的褶皱变形和构造叠加现象并不一致,例如在南盘江—右江的西北部,沉积了一套浅水碳酸盐岩台地相沉积序列,岩性主要为碳酸盐岩,岩石能干性和强度较大,通常情况形成的变形作用较弱,形成宽缓背斜和中小型断裂构造。在研究区南部和东南部半深水、深水相沉积序列中,形成了特征的下部为碳酸盐岩系统、上部为碎屑岩系统的沉积序列,这些碎屑岩沉积序列的强度和能干性一般较小,在构造应力作用下常常形成强烈的褶曲变形,中小型断裂不甚发育。同时值得一提的是,在碳酸盐岩系统和上覆碎屑岩系统接触的位置(区域不整合面、假整合面、岩性界面等)常常由于强度和能干性的差异发育一套面状展布的构造滑脱层,这些构造滑脱层位常常会成为卡林型金成矿的有利空间(刘建中等,2020,2021;陈发恩等,2021;宋威方,2022)。

二、含金流体特征与成矿物质和流体来源

本次研究对多层次构造滑脱成矿系统不同层位的代表性金矿床(滇东南和桂西北地区的堂上、老寨湾、革档、高龙和马雄金矿床)开展了系统的围岩与矿石主—微量元素分析,载金硫化物原位微量元素和硫同位素,环带黄铁矿的 EMPA 多元素面扫描,方解石矿物原位微量元素和锶同位素,石英流体包裹体和氢氧同位素分析等地球化学研究,获得了大量测试数据,同时,结合前人对黔西南 SBT 控制的典型矿床开展的全岩、矿物微区、同位素和年代学等地球化学数据,通过细致地分析和解读以上数据发现,形成南盘江—右江金矿床的含金流体为中低温(130~380℃)、低盐度(0.43%~11.47% $NaCl_{equiv.}$)、弱酸性、含有少量 CO_2、CH_4、N_2 和 H_2S,贫 Fe 的还原性流体,认为载金流体来源于深部隐伏岩浆岩体分异出的富含 Au、S、As、Sb、Tl、Hg 等矿化元素,而贫 Fe 等的热液流体(本次研究;Hu et al.,2002,2017;苏文超,2002;陈衍景等,2007;陈本金,2010;董文斗等,2016;靳晓野,2017;Su et al.,2018;Jin et al.,2020)。相对于美国内华达的卡林型金矿床,中国西南南盘江—右江的金矿床成矿流体具有更高的成矿温度和盐度,同时含有更高的 CO_2、CH_4、N_2 和 H_2S 等气体,既表现出与内华达相似的特征,又具有自己独特的成矿条件。另外需要指出的是,相对于黔西南地区,滇东南和桂西北地区的金矿床具有更高的成矿温度和盐度,结合热液成因矿物组合、原位微量元素、同位素组成和变化规律,我们推测滇东南和桂西北地区的金矿床更靠近成矿中心,成矿流体具有大致从南向北的演化趋势(宋威方,2022)。

尤其对以峨眉山玄武岩作为容矿岩石的架底和大麦地金矿床进行了研究,石英 H-O 同位素分析显示成矿流体具有岩浆水特征,同时可能由于深部岩浆热液在上升过程中混入了地层中的 $\delta^{18}O_{H_2O}$,而导致成矿流体的 $\delta^{18}O_{H_2O}$ 表现为岩浆水向右漂的特征;架底金矿白云石 C-O 同位素分析表明成矿流体以深部幔源碳为主,主要为岩浆热液,不排除有变质水的加入;架底金矿辉锑矿的硫同位素组成集中在岩浆岩范围内,表明其成矿流体可能主要来源于深部岩浆;架底金矿辉锑矿的铅同位素组成表明架底金矿成矿流体中的铅主要为造山带来源,并有壳源铅的混合;架底金矿全岩 Hg 同位素特征显示了岩浆来源 Hg 的特征,而不是来源于沉积岩(李俊海等,2021)。

热液成因与载金黄铁矿和辉锑矿共生的方解石脉的稀土元素球粒陨石标准化配分图和特征参数揭示,南盘江—右江金矿床成矿流体具有还原性特征(本次研究;Su et al.,2009a;Zhang et al.,2010;王泽鹏,2013;Tan et al.,2015)。而系统的 H-O-Sr-S 多元同位素数据和相图对比显示成矿流体来源于深部花岗岩,在演化过程中存在不同温度、盐度和比例的变质水、大气水和地层水的灌入(李松涛等,2022)。同时,靳晓野(2017)对水银洞、丫他和泥堡等金矿床实施稀有气体同位素研究,以及 Yin 等(2019)对与黔西南卡林型金矿床具有相似特征的滇中长安金矿床开展汞同位素测试,二人均提出了成矿物质的岩浆热液模式。

综合以上认识,我们认为整个南盘江—右江地区的卡林型金矿床均有相同的与隐伏花岗岩体释放的岩浆热液含金流体有关的矿床成因。

三、成矿年代学证据

与内华达卡林型金矿相比,我国西南南盘江—右江的金矿床成矿作用更加复杂。前人通过对多种矿物开展多元定年方法,得到了 225~195Ma 和 145~125Ma 两个相对集中的成矿时代,相应的成矿动力学背景为印支板块向北和太平洋板块向西俯冲到欧亚板块之下(陈懋弘等,2007;Su et al.,2009b;Wang et al.,2013;皮乔辉等,2016;Chen et al.,2015a;谢卓君,2016;Hu et al.,2017b;董文斗,2017;靳晓野,2017;Pi et al.,2017;郑禄林,2017;Su et al.,2018;黄勇,2019;Wang et al.,2021)。相对于内华达金矿,南盘江—右江的金矿床中基本未有冰长石和硫砷汞铊矿的报道,而热液方解石、磷灰石、绢云母和金红石等矿物则被广泛应用于定年工作,并得到了较好的结果。根据年代学研究结果,前人提出了 3 种成因解释:①整个南盘江—右江的卡林型金矿床均形成于侏罗纪至白垩纪太平洋板块向西俯冲作用下的深部地幔上涌和深部地壳重熔形成的花岗岩浆释放的岩浆流体成因模式(刘建中等,2005,2006,2009,2010,2018,2020;宋威方,2019;Wang et al.,2021;杨成富等,2020);②南盘江—右江北部金矿床的成因与燕山期岩浆活动相关,而南部金矿床的形成与印支期岩浆活动有关(董文斗,2017;高伟,2018);③南盘江—右江北部金矿床的成因与燕山期岩浆活动相关,而南部金矿床的形成与印支期造山运动造成的变质流体成矿(Su et al.,2018;Yang et al.,2020;宋威方,2022)。

近期对右江断裂带以南的滇东南底圩金矿床热液白云石 U-Pb 定年,获得 (165.1±6.1)Ma,曼龙沟金矿床热液磷灰石原位 U-Pb 定年,获得 (148±25)Ma 和 (142±69)Ma,两个矿床在误差范围内年龄一致,主要成矿作用在 160~130Ma 之间,属于燕山期成矿(曾礼传,2023),显示了与黔西南一致的特点。

四、成矿年带学宏观地质证据

研究矿床的成因离不开地质、地球物理和地球化学等方面的证据链支撑,而地质证据则是分析矿床形成时代最直接的也是最可信的证据。前人研究显示,在区域上三叠系与侏罗系为整合接触关系,而侏罗系与之上的白垩系则为不整合接触,说明在大区域上从三叠纪到中侏罗世这一时间间隔内未发生大规模的地壳运动事件,而在中侏罗世之后地壳抬升接受剥蚀,并在中白垩世早期该区域地壳又发生沉降并接受沉积形成中白垩统及更新的地层

(图 9-1,Wang et al.,2021)。上述地层接触关系表明了区域上广泛发生的低温成矿事件应该发生在中侏罗世晚期到中白垩世早期这个时间段内,而在晚三叠世应该未发生大规模地壳运动和金成矿事件,这是地质证据展示的支撑信息。另外,根据《云南省区域地质志》(1990)中的描述,在滇东地区下白垩统马头山组与下伏下白垩统普昌河组不整合接触,而下白垩统普昌河组与下部白垩系整合接触,并与下伏整个侏罗系整合或假整合接触。此外,滇东南地区的下侏罗统禄丰组与上三叠统火把冲组呈假整合接触,下中三叠统罗楼组与下伏上二叠统长兴组呈整合接触,而在中三叠世存在大范围的地层缺失,仅存在中三叠统中下部或下部地层,说明在滇东南地区存在中三叠世和早白垩世两期大规模板块运动和地壳升降事件(《云南省区域地质志》,1990)。结合两个集中的年龄数据(225~195Ma 和 145~125Ma),我们认为早白垩世成矿的解释似乎更加合理(宋威方,2022)。

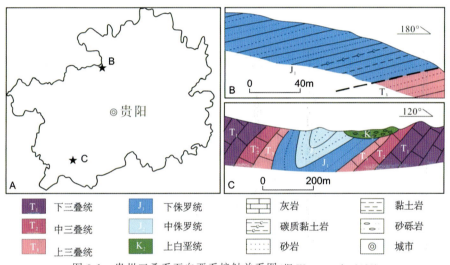

图 9-1 贵州三叠系至白垩系接触关系图(据 Wang et al.,2021)

五、矿床成因

系统归纳解读前人有关地质、地球化学和年代学等研究成果,总结出 3 种矿床成因模式,分别有:①深循环大气降水成因模式。该模式的主要证据包括部分沉积地层(主要以不同时代地层中的黑色泥质岩类为主)中的黄铁矿存在 Au 和其他元素(As、Se、Ni、Ag、Mo 等)富集,暗示了沉积地层可能为金矿化提供了矿化元素,此外,该模式还被流体包裹体、部分传统稳定同位素证据所支持(陈潭钧,1986;蒲含科,1988;刘家军和刘建明,1997;Liu et al.,2002;庞保成等,2005;张敏等,2007;Gu et al.,2012)。②深部变质流体成矿模式。该模式认为南盘江—右江的金矿床的成矿流体主要来源于深部各种成因的变质作用(可能为区域变质作用、动力变质作用和接触变质作用等)产生的变质流体萃取深部基底地层和/或其他地层中的 Au、其他矿化元素并搬运到地壳浅部成矿,该模式的证据主要来自流体包裹体显微测温和多元传统稳定同位素证据(Su et al.,2008,2018;Yang et al.,2020)。③深部岩浆流体成矿模式。该模式认为卡林型金矿成矿相关流体主要来自深部隐伏花岗岩体分异的含金流体,支撑该模式的证据包括载金含砷黄铁矿的原位 S 同位素、热液方解石的 Sr 同位素、流体包裹体稀有气体同位素、非传统同位素（Hg 同位素）和部分定年数据（朱赖民等，1998；苏文超等，2000，2007；刘建中等，2008；Zhang et al.，2010；王泽鹏等，2012；Chen et al.，2015b；Tan et al.，2015；Hou et al.，2016；Hu et al.，2018；Xie et al.，2018b；Yin et al.，2019；Jin et al.，2020；Li et al.，2021）。

以峨眉山玄武岩作为容矿岩石的架底和大麦地金矿的 H-O、C-O、S、Pb、Hg 同位素组成变化范围与黔西南以沉积岩容矿卡林型金矿非常相似，进一步说明这些金矿形成于同一区域成矿事件，它们具有统一的成矿物质和流体来源（李俊海，2021）。分布于三叠系台地区的戈塘金矿、大厂锑矿、雄武金铀矿、水银洞金矿（Ia 矿体）、架底金矿和分布于三叠纪盆地区的隆或金矿、高龙金矿、板其金矿、马雄金锑矿、巴平和琴雷金矿为同一成矿体系，是统一的大规模流体活动在多层次构造滑脱界面上大面积的低温成矿作用的产物（杨成富，2021）。前人对该区金矿开展了大量成矿物质和流体来源研究，除了前面提到的 H-O、C-O、S、Pb 等同位素组成研究之外，还开展了 Hg 同位素组成（Yin et al.，2019）、He-Ne-Ar 稀有气体同位素组成（Jin et al.，2020）等方面研究，这些研究均显示成矿流体具有岩浆热液信息。此外，地球物理研究显示黔西南广大地区深部（>5km）存在大量花岗岩岩体（刘建中等，2017），并且继承锆石显示深部有 140~130Ma 和 242Ma 的岩浆（朱经经等，2016）。近年开展的 Mg 同位素研究，也显示了成矿与岩浆作用密切相关（Xie，et al.，2022）。

综合区域 H-O、C-O、S、Pb、Hg、Mg 同位素和 He-Ne-Ar 稀有气体研究，表明区域卡林型金矿的成矿物质和流体主要是深部岩浆释放形成的岩浆热液成矿流体。深部与花岗岩浆有关的含矿流体在上升和成矿过程中，与围岩发生水-岩反应，从而导致岩浆热液成矿流体中不同程度混有地层的同位素组成信息而有地层水特征，由于深部流经变质基底而含有变质流体成分，成矿作用均位于近地表一定深度范围而有天水的参与。故成矿流体显示了岩浆水、地层水、变质水、大气降水的混合体，成矿物质均指向来源于深部浆（花岗岩）（刘建中等，2022；李松涛等，2022）。

六、热动力条件

扬子与华夏古地块在新元古代碰撞拼贴形成的华南陆块，历经武陵—加里东—峨眉地幔柱—印支持续构造活动，在燕山期区域构造（太平洋板块向西俯冲）作用下，华南陆块处于岩石圈伸展状态，早期古构造（扬子与华夏古地块碰撞带-江南复合造山带）复活，深部热活动加剧，地壳重熔增强，岩石圈减薄，花岗岩浆上侵（图 9-2），形成了大致受控于扬子与华夏古地块碰撞拼贴带的大面积低温成矿域（刘建中等，2015）。

物探解译表明，研究区深部存在大规模的隐伏中酸性岩体，多以岩基形式产出，深部隐伏中酸性岩体可能与金矿成矿作用有密切关系。燕山晚期偏碱性超基性岩脉（筒）的侵入激活了裂谷深大断裂，使成矿热液通过深大断裂进入盖层，为区域内金矿成矿提供物质来源和热动力。

第九章 成矿模式与成矿预测

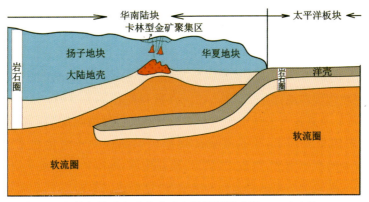

图 9-2　贵州卡林型金矿成矿动力学机制示意图(据刘建中等,2017)

七、成矿模式

结合上述不同区域上各时代地层的接触关系、地球物理、地球化学以及前人获得的金矿床成矿时代数据,我们有理由相信区域上大规模的金成矿事件发生在早白垩世,对应145～125Ma,所以,结合南盘江—右江卡林型金矿床容矿地层、控矿构造和矿体产状的因素,我们构建了南盘江—右江卡林型金矿与隐伏花岗岩有成因联系的以多层次构造滑脱系统控矿为基础的南盘江—右江卡林型金矿多层次构造滑脱成矿系统的成矿模式(图9-3)。

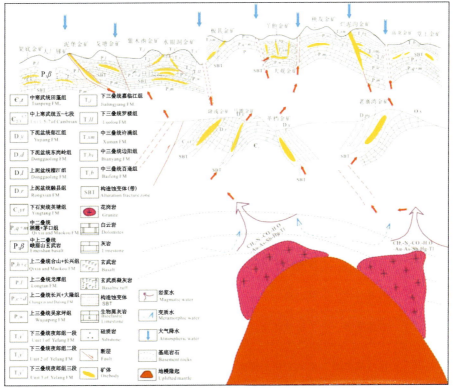

图 9-3　中国南方卡林型金矿成矿模式图(据宋威方,2022)

第四节 综合找矿预测模型

综合找矿预测模型，是指在深入矿床研究的基础上建立包括矿床形成环境和鉴别特征的矿床模型，添加地球物理和地球化学内容，用于开展找矿预测的模型。成矿信息（要素）提取是从复杂的地质特征及其相互关系中提取与矿产预测有直接或间接联系的致矿信息的过程，是成矿预测工作中的重要环节，也是对成矿规律认识的进一步深化和完善的过程（张峰，2014）。与成矿有关的沉积建造、构造、岩浆岩、地球化学、地球物理等地学信息提取的成功与否，直接关系最终成矿预测结果的可靠性和准确性（李松涛，2019）。

团队研究的重点区域为贵州地区，一方面该区研究程度高，另一方面该区勘查程度高，与此相应的取得的找矿效果最好，累计查明金资源量756t，占中国南方卡林型金矿总资源量（964t）的78.42%。基于工作实际（桂西北地区和滇东南地区研究相对较弱），团队通过对贵州地区区域地质背景和成矿规律的分析研究，以卡林型金矿多层次构造滑脱成矿系统为纲，依托勘查区找矿预测理论与方法（叶天竺等，2014），提取成矿地质背景、成矿地质体、成矿构造与成矿结构面特征、典型矿物组合及成矿分带、热液蚀变、成矿流体性质及流体包裹体特征、物化探异常、赋矿地层、容矿岩石、矿体就位空间、成矿年代等要素，结合典型矿床特点，构建了贵州卡林型金矿综合找矿预测模型（表9-1）（刘建中等，2022），同时以"抓主要矛盾和矛盾的主要方面"的哲学思想，进一步厘定贵州卡林型金矿找矿预测核心要素指标（表9-2），据此开展找矿预测。贵州卡林型金矿综合找矿预测模型不包括土型金矿，因土型金矿为卡林型金矿或者矿化体的风氧化产物，卡林型金矿或构造蚀变体分布区的第四系即为找矿范围。

表 9-1 贵州卡林型金矿综合找矿预测模型

找矿模型要素	主要标志	主要特征
成矿地质背景	大地构造背景	扬子与华夏地块的结合部位，扬子西南缘南盘江—右江前陆盆地、鄂渝湘黔前陆褶断带，发育碎屑岩-泥岩建造及火山-碎屑岩建造、碳酸盐岩建造
	成矿动力学	太平洋板块平俯冲效应
成矿地质体	岩体形态	推测隐伏岩基
	形成时代	燕山期
	岩体类型	中酸性花岗岩类
	矿体空间位置	距离岩体与围岩接触面3~5km、岩突部位

续表 9-1

找矿模型要素	主要标志	主要特征
成矿构造与成矿结构面特征	控矿构造系统	"褶皱-断裂"复合系统。 背斜：灰家堡背斜、莲花山背斜、泥堡背斜、赖子山背斜、板纳穹隆、丫他背斜、雄武背斜、戈塘-洒雨背斜、包谷地背斜、大观背斜、乐康背斜、卡务背斜、新寨背斜、白层穹隆、岩架背斜、包树背斜、贞丰背斜、新屯背斜、打尖背斜、王司复背斜、苗龙复背斜及相关背斜之次级褶皱 断裂：滑脱构造、与背斜同期形成的逆断层
	成矿结构面类型	多层次滑脱构造和断裂裂隙构造。 滑脱构造面（P_3l/P_2m、$P_3\beta/P_2m$、$P_{2-3}lh/P_{1-2}s$、P_1ly/CP_1n、T_2x/T_1a、T_2xm/P_2w、T_2x/P_2w）和 P_2q、P_3l、$P_3\beta$ 中部层间构造与有利的岩层；断裂、裂隙
	矿体类型	断控型、层控型、复合型
典型矿物组合及成矿分带	典型矿物组合	黄铁矿+砷黄铁矿+毒砂+辉锑矿+辰砂+雄（雌）黄
	矿化阶段	硅化-白云石化-黄铁矿化-毒砂化-泥化阶段→石英-方解石-辉锑矿-雄黄-雌黄-辰砂阶段
	矿化分带	黄铁矿、砷黄铁矿、毒砂在矿体中下部更富集，金品位亦较高；辉锑矿、辰砂、雄黄、雌黄等低温矿物组合一般在矿体上部和外围更富集
热液蚀变	蚀变类型	硅化、黄铁矿化、毒砂化、辉锑矿化、雄（雌）黄化、辰砂化-白云石化、萤石化、方解石、重晶石化、泥化
成矿流体性质及流体包裹体特征	成矿流体	$NaCl$-H_2O-F^--$S^{2-}\pm CO_2\pm N_2\pm CH_4$ 体系
	包裹体特征	纯液相包裹体为主，可见气液两相包裹体、纯气相包裹体、富 CO_2 包裹体
	流体物理化学参数	成矿流体均一温度 140～250℃，盐度 0.32%～10% $NaCl_{equiv.}$，密度 0.73～0.99g/cm³，pH=4.3～6.87
	稳定同位素特征	$\delta^{18}O=-9.6‰\sim 13.5‰$，$\delta D=-114.1‰\sim -31.5‰$，$\delta^{34}S=1.2‰\sim 3.4‰$

续表 9-1

找矿模型要素	主要标志	主要特征
物化探异常	地球化学异常	Au、As、Sb、Hg、Tl
	地球物理异常	重力异常:局部重力低异常上(特别是重力低异常边部) 磁异常:局部变化激烈的手指异常区或串株状磁异常带附近 电阻率:垂向上低阻与高阻的接触部位
赋矿地层	二叠系—三叠系; 寒武系—奥陶系	茅口组(P_2m)、四大寨组($P_{1-2}s$)、吴家坪组(P_3w)、龙潭组(P_3l)、峨眉山玄武岩组($P_3\beta$)、领薅组($P_{2-3}lh$)、夜郎组(T_1y)、安顺组(T_1a)、许满组(T_2xm)、新苑组(T_2x)、边阳组(T_2b)、紫云组(T_1z)、罗楼组(T_1l)、乌训组(ϵ_2w)、都柳江组(ϵ_2d)、三都组($\epsilon_{3-4}s$)、锅塘组(ϵ_4O_1g)
容矿岩石	主要	灰岩、泥灰岩、钙质粉砂岩、凝灰岩、玄武岩
	次要	钙质砂岩、辉绿岩
矿体就位空间	断控型	断裂破碎带
	层控型	背斜:核部附近1500m、翼间角100°～160°、轴面倾角70°～90°、轴倾伏角5°～15°;穹隆:核部附近2000m
		构造蚀变体(SBT):本身就是矿化体,矿体呈层状、似层状赋存其中;厚度:5～35m
成矿年代	160～130Ma	
典型矿床	水银洞、烂泥沟、紫木函、泥堡、架底、戈塘、板其、丫他、烂木厂、风堡、百地、上大观、大麦地、雄武、乐康、卡务、白层、万人洞、那郎、排庭、宏发厂、苗龙	

第九章　成矿模式与成矿预测

表 9-2　贵州卡林型金矿找矿预测核心要素

典型矿床	水银洞金矿床		
核心要素	构造	背斜	灰家堡背斜
	构造特征	翼间角	100°～160°
		轴面倾角	70°～90°
		轴倾伏角	5°～15°
	构造蚀变体	厚度	5～35m
		岩石组合	上：黏土岩/泥质碎屑岩(P_3l)
			下：灰岩(P_2m)
	成矿范围	背斜轴附近2000m	
	成矿面积	30km²	
	矿床规模	300t	
	SBT中矿体规模	80t	
	单位面积SBT中矿体	2.67t	
	成矿背景	在大区域上是一致的,与此相对比来确定相似性,以此作为预测核心要素	
	成矿条件		
	成矿要素		
	地球化学特征		

第五节　预测成果

基于建立的综合找矿预测模型,采用地质、地球物理、地球化学综合方法,重点总结成矿构造、成矿结构面、成矿作用特征标志等,参照全国矿产资源潜力评价技术流程有关按照复合"内生"型矿产预测方法(陈毓川等,2007),以区域及工作区地质矿产工作程度为参照,以1:20万建造构造图为底图,开展贵州卡林型金矿成矿预测。本次预测评价采用矿产资源评价系统(MRAS),通过预测单元、地质信息的提取与赋值、预测模型单元的建立,从而进行定位预测,人机结合优选出预测区,并进行资源量的估算,最终达到定量预测的目的(图9-4)。

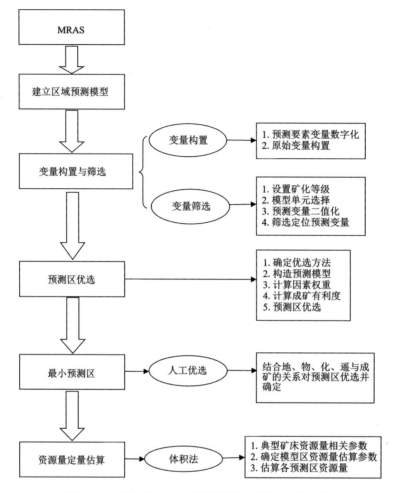

图 9-4　基于 MRAS 2.0 的矿产资源预测工作流程图

成矿预测和找矿预测的核心是人的行为,尽管利用 MRAS 2.0 软件优选出可能得出与实际情况吻合程度较高的结果,但也存在预测区地质情况与实际有一定出入,如部分地区已做过工作且已发现有矿化,但用 MRAS 预测成矿概率太小而被删掉,需要人工添加等;又如在泥堡地区已经出露茅口组,即含矿地层已被剥蚀,用 MRAS 预测出来的预测区需要人工抠出。因而得出来的预测区与地质认识会有一定偏差,有时甚至出现南辕北辙情况,人工干预尤其重要,在对预测区进行人工修改过程中,利用预测区岩性、构造条件、剥蚀程度、物探研究成果综合考虑优选预测区,圈定了 24 个卡林型金矿找矿预测区块(表 9-3、图 9-5、图 9-6)(刘建中等,2022),区内确查明金资源量 756t,预测 2000m 以浅金资源量 1600t(刘建中等,2021)。其中黔西南地区 1546t,三都—丹寨地区 54t。

表9-3 贵州卡林型金矿预测成果

序号	名称	预测要素与结果
1	莲花山预测区	成矿构造:莲花山背斜;成矿结构面:北东向褶皱、断裂及层间构造破碎带、$P_3\beta/P_2m$ 之间 SBT;赋矿地层:$P_3\beta$;容矿岩石:构造角砾岩、凝灰岩、凝灰质黏土岩、玄武质火山角砾岩;矿体类型:以层控型为主,有断控型矿体;热液蚀变:硅化、黄铁矿化、褐铁矿化、毒砂化、白云石化、方解石化、辉锑矿化、雄(雌)黄化、黏土化;已有矿床(点):架底(51t)、大麦地(6.03t)等;矿体埋深:0~500m;相似系数 0.527;预测资源 150t
2	灰家堡预测区	成矿构造:灰家堡背斜;成矿结构面:背斜轴、平行背斜轴发育逆断层、P_3l/P_2m 之间 SBT;赋矿地层:P_3l、P_3c、P_3d、T_1y;容矿岩石:生物屑灰岩、钙质砂岩、钙质粉砂岩、泥灰岩、构造角砾岩;矿体类型:顺层矿化的层控矿体、逆断层蚀变矿化断控矿体、区域滑脱构造控制矿体;热液蚀变:硅化、黄铁矿化、白云石化、雄(雌)黄矿化、毒砂化、方解石化、辉锑矿化、辰砂化;已有矿床(点):水银洞(295t)、紫木凼(75t);矿体埋深:0~1500m;相似系数 0.609;预测资源 450t
3	龙井预测区	成矿构造:贞丰背斜;成矿结构面:P_3l/P_2m 之间 SBT、北西向断裂;赋矿地层:P_3l;容矿岩石:构造角砾岩、生物屑灰岩、钙质粉砂岩;矿体类型:层控型、断控型;热液蚀变:硅化、黄铁矿化、毒砂化、萤石化、辉锑矿化、方解石化;已有矿床(点):鸭平田金(锑);矿体埋深:0~500m;相似系数 0.434;预测资源 30t
4	泥堡预测区	成矿构造:泥堡背斜、二龙枪宝背斜、F_1;成矿结构面:P_3l/P_2m 之间 SBT;赋矿地层:P_3l;容矿岩石:构造角砾岩、凝灰岩、钙质砂岩、粉砂岩;矿体类型:以断控型为主,层控型为辅;热液蚀变:硅化、黄铁矿化、毒砂化、辉锑矿化、雄(雌)黄矿化、方解石化、白云石化;已有矿床(点):泥堡(70t)、三道沟(1.83t)等;矿体埋深:0~1200m;相似系数 0.254;预测资源 150t
5	包谷地预测区	成矿构造:包谷地复式背斜;成矿结构面:背斜轴、断裂、P_3l/P_2m 或 $P_3\beta/P_2m$ 之间 SBT;赋矿地层:$P_3\beta$、P_3l、T_1y;容矿岩石:构造角砾岩、钙质砂岩、粉砂岩、生物屑灰岩、凝灰岩、凝灰质黏土岩、玄武岩质火山角砾岩;矿体类型:断控型、层控型;热液蚀变:硅化、黄铁矿化、毒砂化、辉锑化、褐铁化;已有矿床(点):核桃树(0.05t)、虎场(0.04t)、油菜冲(0.04t);矿体埋深:0~1200m;相似系数 0.197;预测资源 135t

续表 9-3

序号	名称	预测要素与结果
6	戈塘预测区	成矿构造:戈塘-洒雨背斜;成矿结构面:P_3l/P_2m 之间 SBT、断裂;赋矿地层:P_3l;容矿岩石:构造角砾岩、生物屑灰岩、钙质粉砂岩、砂岩;矿体类型:层控型矿体;热液蚀变:硅化、黄铁矿化、褐铁矿化、白云石化、方解石化、辉锑矿化、雄(雌)黄矿化、黏土化;已有矿床(点):戈塘(33.63t)、万人洞(2.02t)、豹子洞(2.46t)等;矿体埋深:0~1000m;相似系数 0.168;预测资源 100t
7	烂泥沟预测区	成矿构造:赖子山背斜、断裂;成矿结构面:断裂;赋矿地层:T_1l、T_2x、T_2b;容矿岩石:钙质砂岩、钙质粉砂岩、钙质黏土岩、泥灰岩;矿体类型:断控型;热液蚀变:硅化、黄铁矿、毒砂化、方解石化、辰砂化、白云石化、黏土化;已有矿床(点):烂泥沟(106t);矿体埋深:0~1500m;相似系数 0.293;预测资源 150t
8	雄武预测区	成矿构造:雄武背斜;成矿结构面:P_3l/P_2m 之间 SBT、断裂;赋矿地层:P_3l、P_3c+d、T_1y;容矿岩石:构造角砾岩、钙质砂岩、粉砂岩、生物屑灰岩、泥灰岩;矿体类型:以层控型为主、断控型为辅;热液蚀变:硅化、黄铁矿化、毒砂化、褐铁矿化、黏土化、方解石化;已有矿床(点):雄武(1.35t);矿体埋深:0~800m;相似系数 0.251;预测资源 20t
9	新寨预测区	成矿构造:百层背斜、断裂;成矿结构面:T_1l/P_3w 之间 SBT、断裂;赋矿地层:T_1l、T_2xm、T_2b;容矿岩石:构造角砾岩、钙质砂岩、钙质粉砂岩、黏土质粉砂岩;矿体类型:层控型、断控型;热液蚀变:硅化、黄铁矿化、毒砂化、褐铁矿化、方解石化、白云石化、黏土化;已有矿床(点):那郎(1.58t)、新寨(2.83t)等;矿体埋深:0~500m;相似系数 0.432;预测资源 20t
10	卡务预测区	成矿构造:卡务背斜;成矿结构面:$P_{2-3}lh/P_{1-2}s$ 之间 SBT、断裂;赋矿地层:$P_{2-3}lh$;容矿岩石:构造角砾岩、玄武质岩屑砂岩、凝灰质黏土岩、粉砂岩;矿体类型:以断控型为主,层控型为辅;热液蚀变:硅化、黄铁矿化、毒砂化、褐铁矿化、方解石化、白云石化;已有矿床(点):卡务(0.26t)等;矿体埋深:0~500m;相似系数 0.495;预测资源 50t

续表9-3

序号	名称	预测要素与结果
11	包树预测区	成矿构造:包树背斜;成矿结构面:T_1l/P_3w之间SBT;赋矿地层:T_1l;容矿岩石:钙质粉砂岩、泥灰岩;矿体类型:层控型;热液蚀变:硅化、黄铁矿化、褐铁矿化、萤石化、方解石化;已有矿床(点):包树;矿体埋深:0~300m;相似系数0.73;预测资源25t
12	洛东预测区	成矿构造:赖子山背斜;成矿结构面:T_1l/P_3w之间SBT、断裂;赋矿地层:P_3w、T_1l;容矿岩石:粉砂黏土岩、泥灰岩、钙质黏土岩;矿体类型:层控型、断控型;热液蚀变:硅化、黄铁矿化、褐铁矿化、黏土化、方解石化、白云石化;已有矿床(点):塘新寨(2.04t)、庆平(0.52t));矿体埋深:0~800m;相似系数0.117;预测资源10t
13	风堡预测区	成矿构造:赖子山背斜;成矿结构面:T_2x/T_1a和T_1l/P_3w之间SBT、断层;赋矿地层:T_1l、T_2x;容矿岩石:钙质粉砂岩、粉砂岩、构造角砾岩;矿体类型:层控型、断控型;热液蚀变:硅化、黄铁矿化、褐铁矿化、方解石化、黏土化;已有矿床(点):风堡等(3.74t);矿体埋深:0~500m;相似系数0.162;预测资源10t
14	尾怀预测区	成矿构造:东西向和南北向构造叠加部位;成矿结构面:T_1l/P_3w之间SBT、断层;赋矿地层:T_1l、T_2xm、T_2b;容矿岩石:钙质黏土岩、粉砂岩、砂岩;矿体类型:断控型;热液蚀变:硅化、黄铁矿化、毒砂化、褐铁矿化、方解石化、泥化;已有矿床(点):华新(0.96t);矿体埋深:0~800m;相似系数0.477;预测资源20t
15	丫他预测区	成矿构造:黄厂沟复式背斜;成矿结构面:T_1z/P_3w之间SBT、断层;赋矿地层:T_1z、T_2x、T_2b;容矿岩石:钙质黏土岩、钙质粉砂岩、砂岩、泥灰岩;矿体类型:断控型、层控型;热液蚀变:硅化、黄铁矿化、毒砂化、褐铁矿化、雄(雌)黄化、方解石化;已有矿床(点):丫他(23.20t);矿体埋深:0~1500m;相似系数0.819;预测资源50t
16	板其预测区	成矿构造:板其背斜;成矿结构面:T_1z/P_3w之间SBT、断裂;赋矿地层:T_1z、T_2x;容矿岩石:钙质砂岩、钙质粉砂岩、砂岩、泥灰岩;矿体类型:层控型、断控型;热液蚀变:硅化、黄铁矿化、褐铁矿化、方解石化、雄(雌)黄化、毒砂化;已有矿床(点):板其(7.71t)等;矿体埋深:0~500m;相似系数0.251;预测资源50t

续表 9-3

序号	名称	预测要素与结果
17	百地预测区	成矿构造：弄丁背斜；成矿结构面：T_1z/P_3w 之间 SBT、断裂；赋矿地层：T_1z、T_2xm、T_2b；容矿岩石：钙质砂岩、钙质粉砂岩、泥灰岩、构造角砾岩；矿体类型：层控型、断控型；热液蚀变：硅化、黄铁矿矿、毒砂化、雄（雌）黄化、褐铁矿化、方解石化；已有矿床（点）：百地（5.61t）；矿体埋深：0～800m；相似系数 0.189；预测资源 20t
18	上大观预测区	成矿构造：大观背斜；成矿结构面：T_1l/P_3w 之间 SBT、断裂；赋矿地层：T_1l、T_2xm；容矿岩石：钙质砂岩、钙质粉砂岩、泥灰岩、构造角砾岩；矿体类型：层控型、断控型；热液蚀变：硅化、黄铁矿化、毒砂化、褐铁矿化、方解石化、白云石化、黏土化；已有矿床（点）：上大观（3.26t）、杨家堡上（1.99t）；矿体埋深：0～500m；相似系数 0.89；预测资源 35t
19	乐康预测区	成矿构造：北西向乐康背斜；成矿结构面：断裂，$P_{2-3}lh/P_{1-2}s$ 之间 SBT；赋矿地层：P_3lh、T_2xm；容矿岩石：凝灰岩、玄武质粉砂岩、砂岩、辉绿岩、构造角砾岩；矿体类型：以断控型为主，层控型次之；热液蚀变：硅化、黄铁矿化、褐铁矿化、毒砂化、方解石化；已有矿床（点）：乐康（1.74t）、洛郎（0.08t）；矿体埋深：0～500m；相似系数 0.44；预测资源 25t
20	打郎预测区	成矿构造：北西向打郎背斜；成矿结构面：$P_{2-3}lh/P_{1-2}s$ 之间 SBT、断裂；赋矿地层：$P_{2-3}lh$ 凝灰质黏土岩、玄武质岩屑砂岩；容矿岩石：粉砂岩；矿体类型：层控型、断控型；热液蚀变：硅化、黄铁矿化、毒砂化、褐铁矿化、方解石化；已有矿床（点）：无；矿体埋深：0～500m；相似系数 0.319；预测资源 5t
21	交烈预测区	成矿构造：北西向交烈背斜；成矿结构面：$P_{2-3}lh/P_{1-2}s$ 之间 SBT、断裂；赋矿地层：$P_{2-3}lh$；容矿岩石：粉砂岩、凝灰岩、玄武质粉砂岩、砂岩、构造角砾岩；矿体类型：层控型、断控型；热液蚀变：黄铁矿化、硅化、方解石化、褐铁矿化；已有矿床（点）：无；矿体埋深：0～300m；相似系数 0.216；预测资源 5t
22	宏发厂预测区	成矿构造：排庭背斜、王司复背斜、麻夜复向斜；成矿结构面：断裂；赋矿地层：ϵ_2w、ϵ_2d、$\epsilon_{3-4}s$；容矿岩石：泥质粉砂岩、水云母黏土岩、粉砂岩、泥晶灰岩、构造角砾岩；矿体类型：断控型；热液蚀变：硅化、毒砂化、锑化、黄铁矿化、白云石化、铁方解石化、重晶石化、萤石化、沥青化等；已有矿床（点）：丹寨（0.30t）、宏发厂（3.17t）、排庭（4.16t）；矿体埋深：0～500m；相似系数 0.185；预测资源 14t

续表 9-3

序号	名称	预测要素与结果
23	苗龙预测区	成矿构造:苗龙复背斜;成矿结构面:断裂;赋矿地层:$\epsilon_{3-4}s$、ϵ_4O_1g;容矿岩石:灰岩、泥灰岩、砾屑灰岩、砂(泥)质灰岩、生物屑灰岩、黏土页岩、泥晶白云岩、白云岩角砾岩、泥质白云岩角砾岩;矿体类型:断控型;热液蚀变:硅化、毒砂化、辉锑矿化、黄铁矿化、方解石化、白云石化、重晶石化、萤石化等;已有矿床(点):苗龙(5.41t);矿体埋深:0~800m;相似系数 0.211;预测资源 30t
24	坝桥预测区	成矿构造:坝桥背斜;成矿结构面:断裂;赋矿地层:$\epsilon_{3-4}s$;容矿岩石:灰岩、泥灰岩、砾屑灰岩、砂(泥)质灰岩、生物屑灰岩、黏土页岩、泥晶白云岩、白云岩角砾岩、泥质白云岩角砾岩;矿体类型:断控型;热液蚀变:硅化、黄铁矿化、毒砂化、方解石化、白云石化、重晶石化、萤石化、炭化等;已有矿床(点):坝桥;矿体埋深:0~800m;相似系数 0.183;预测资源 10t

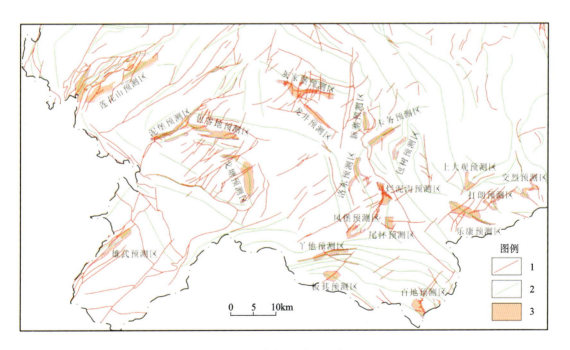

1.断层;2.褶皱;3.成矿预测区

图 9-5 贵州西南地区卡林型金矿预测区分布图(据刘建中等,2022)

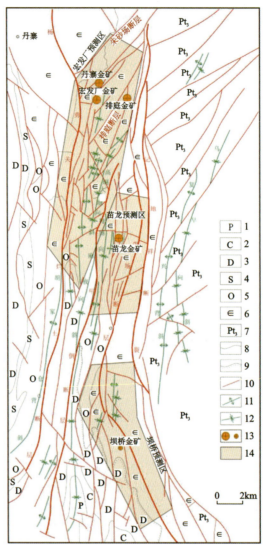

1.二叠系;2.石炭系;3.泥盆系;4.志留系;5.奥陶系;
6.寒武系;7.新元古界;8.地质界线;9.角度不整合界线;10.断层;11.背斜;12.向斜;13.金矿床;14.预测区

图 9-6 贵州黔南三都—丹寨地区卡林型金矿预测区分布图

第十章 贵州卡林型金矿成矿系列与找矿实践

矿床的成矿系列,简称成矿系列,指在一定的地质历史时期或构造运动阶段,在一定的地质构造单元及构造部位,与一定的地质成矿作用有关,形成的一组具有成因联系的矿床的自然组合(陈毓川等,2007),由以下 5 个级序次组成:第一序次,即矿床成矿系列组合;第二序次,即矿床成矿系列;第三序次,即矿床成矿亚系列;第四序次,即矿床式/矿床类型;第五序次,即矿床。矿床成矿系列的基础是矿床本身,关键是矿床之间的相关关系(时间、空间、成因)。本章讨论的贵州卡林型金矿成矿系列实际上是指与贵州卡林型金矿有关的在成矿时间、成矿空间、成矿条件、成矿过程有联系的系列矿床的组合,主要描述卡林型金矿床相应特征,其他矿种则仅仅在成矿亚系列和成矿系列部分略作阐述。关于土型金矿,虽单独成型,但因其实为卡林型金矿体或矿化体的第四系风氧化产物,故仍一并列入卡林型金矿统一表述。

贵州矿床成矿系列研究始于 2000 年,冯学仕等(2002,2004)将贵州矿床划分为 20 个成矿系列、16 个成矿亚系列,其中与卡林型金矿有关的成矿系列 4 个,成矿亚系列 7 个;在全国层面上,陈毓川等(2004)将贵州与卡林型金矿有关的置于 2 个成矿系列(燕山期 1 个、喜马拉雅期 1 个)、4 个成矿亚系列;陶平等(2019)沿用了陈毓川等(2004)建立的贵州与卡林型金矿有关的 2 个成矿系列,新增加了 1 个成矿亚系列(5 个)、建立矿床式 8 个;不同时期的成矿系列和亚系列存在差异,但其成矿系列和成矿亚系列建立的核心思想均主要体现为容矿岩石和地层时代的差异性方面,尤其是容矿岩石类型的表述更为明显。近年研究成果显示区域卡林型金矿具有"赋矿地层的多样性(无论什么时代的地层)"和"容矿岩石的多样性(无论什么岩石类型均可以容矿,尤其是以峨眉山玄武岩作为容矿岩石的盘州架底大型金矿床的发现,拓展了找矿空间)"(刘建中等,2021,2022),近年随着构造蚀变体(SBT)研究的深入,区域卡林型金矿越来越多地因构造蚀变体的有无而表现出矿床的差异性,矿体的产出形式与成矿环境的关系越来越突出,区域卡林型金矿为一个成矿系统。以容矿岩石为核心建立的矿床成矿系列和成矿亚系列,局限性越来越明显,贵州作为中国最重要的卡林型金矿产出区,深入研究贵州卡林型金矿成矿系列,揭示成矿作用过程,总结成矿规律,进而指导找矿勘查,支撑国家新一轮找矿突破战略行动。

第一节 成矿系列

贵州卡林型主要分布于黔西南布依族苗族自治州及六盘水市西南部、黔南布依族苗族自治州的西南部(简称"黔西南地区"),次为分布于黔南三都—丹寨地区(简称"三丹地区")

(图10-1)。区内发现卡林型金矿床47个,其中,超大型2处(水银洞、烂泥沟)、大型6处(紫木凼、戈塘、丫他、泥堡、架底、老万场)、中型4处(大麦地、板其、百地、苗龙)、小型35处,累计查明金资源量756.09t(陶平等,2019),占贵州金资源总量的96.43%,占滇-黔-桂"金三角"资源总量的85%。黔西南地区累计查明金资源量742.46t,三丹地区累计查明金资源量13.63t。

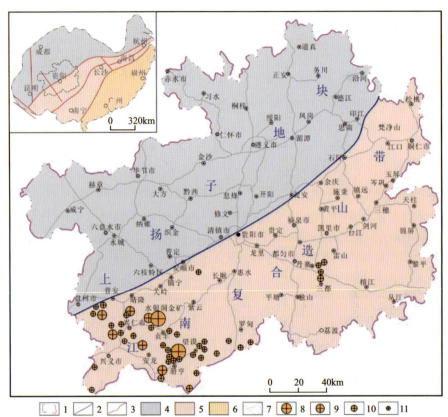

1.省界;2.构造界;3.深大断裂;4.扬子地块;5.江南复合造山带;6.华夏地块;
7.地区边界;8.超大型金矿床;9.大型金矿床;10.中型金矿床;11.小型金矿床

图10-1 贵州省卡林型金矿产地分布图(据陶平等,2019,修编)

贵州卡林型金矿大地构造位处扬子地块西南缘江南复合造山带西段,普遍发育中低温热液矿物组合及Au-As-Sb-Hg-Tl成矿元素组合,矿种大多为单一金矿床,少数为金锑矿床(板其、百地、苗龙)、金汞矿床(宏发厂、丹寨)、金汞铊矿床(烂木厂),成矿年代为燕山期(胡瑞忠等,2007;闫宝文,2012;陶平等,2019)。黔西南地区金矿赋矿地层为二叠系—三叠系,黔南三丹地区金矿赋矿地层为寒武系—奥陶系。区域上(南盘江—右江成矿区)几乎每一个时代地层(寒武系、奥陶系、泥盆系、石炭系、二叠系、三叠系)均有卡林型金矿产出,展示了赋矿地层的多样性;容矿岩石主要为碳酸盐岩、陆源细碎屑岩、火山碎屑岩,几乎所有岩石(火山岩-玄武岩、侵入岩-辉绿岩、沉积岩)均可以作为容矿岩石,展示了容矿岩石的多样性;控矿构造主要为背斜、穹隆、切层断裂、顺层断裂,以背斜和穹隆核部附近的滑脱构造控矿为最典型特征,以区域多层次滑脱构造控矿而独具特色(刘建中等,2021,2022)。

第十章　贵州卡林型金矿成矿系列与找矿实践

贵州卡林型金矿分布隶属江南复合造山带西段，卡林型金矿成矿与江南复合造山带和哀牢山造山带形成演化以及峨眉山地幔柱活动关系密切；贵州卡林型金矿为同一成矿系统的产物，为华南大面积低温成矿域中生代大规模成矿作用的重要组成部分。建立贵州卡林型金矿成矿系列3个、成矿亚系列5个、矿床式10个。

一、典型矿床

成矿系列研究的核心基础是矿床本身，根据区域矿床产出形态、赋矿地层、容矿岩石、矿物组合、蚀变类型、成矿元素关系、控矿构造样式等特征，选取水银洞（超大型）、紫木凼（大型）、泥堡（大型）、烂泥沟（超大型）、烂木厂（小型）、架底（大型）、戈塘（大型）、板其（中型）、宏发厂（小型）、苗龙（中型）、老万场（大型）等作为典型矿床进行系统研究（表10-1），总结其主要特征，为矿床式建立奠定基础。贵州典型卡林型金矿床的详细特征，本书其他章节有非常具体的阐述，在本章成矿系列研究中，则仅概要总结，另外，本章主要讨论卡林型金矿的成矿系统，故在矿体特征部分，仅描述金矿体特征，其他诸如与金矿体共生的汞、铊、锑、萤石、砷等则不予表述。

二、矿床式

矿床式是指产于某一特定地质时空位置的矿床成因类型中的某一研究程度相对较高者，或者虽然研究程度不高但对矿床成矿系列研究具有较大意义者。按矿床式定义，将贵州卡林型金矿进一步划分为10个矿床式，其主要特征如表10-2所示。

三、矿床成矿亚系列

研究表明，一方面区域卡林型金矿最显著特征表现为以构造蚀变体为核心的多层次产出，层状产出的矿体占主导地位；另一方面区域卡林型金矿展示了赋矿地层多样性和容矿岩石多样性。基于此，矿床成矿亚系列以金矿体产出形态为基，辅以赋矿地层来进行划分，与其相关的脉状、层状、脉+层状的其他矿床一道构成卡林型金矿成矿亚系列。伴生组分不进入矿床亚系列的矿种表述，矿点不列入矿床亚系列。据此，将贵州与卡林型金矿有关的矿床划分为5个成矿亚系列。

1. 黔西南二叠纪及三叠纪地层赋矿的层控型金、锑、汞、铊、萤石、贵翠矿床成矿亚系列

本亚系列包括17个金矿床，4个金矿床式（水银洞式、板其式、架底式、烂木厂式）。其他矿种有大厂式锑矿、大厂式萤石矿、大厂式贵翠、大坝田式汞矿。

金矿：包括17个金矿床（水银洞、戈塘、万人洞、雄武、卡务、央友、架底、大麦地、三道沟、虎场、板其、上大观、杨家堡上、那郎、老王山、烂木厂、塘新寨），4个金矿床式（水银洞式、板其式、架底式、烂木厂式），累计查明金资源量414.74t，占总资源量的54.85%。金矿体主要受控于背斜核部的构造蚀变体，矿体呈层状、似层状、透镜状产出。

表 10-1 贵州典型卡林型金矿床特征一览表

	水银洞	紫木凼、烂木厂	泥堡	架底	烂泥沟	戈塘	板其	宏发厂	苗龙	老万场
赋矿地层	P_2m、P_3l	P_2m、P_3l、P_3c、T_1y	P_2m、P_3l	P_2m、$P_3\beta$	T_1l、T_2x	P_2m、P_3l	P_3w、T_1z、T_2x	(ϵ_2d)、$(\epsilon_{3-4}s)$	$\epsilon_{3-4}s$、ϵ_4O_1g	Q
容矿岩石	生物屑灰岩、灰岩、泥质灰岩、钙质粉砂岩、钙质砂岩、泥质黏土岩		砂岩、粉砂岩、凝灰岩、沉凝灰岩、黏土质凝灰岩	玄武岩、玄武质火山砾岩、凝灰岩、灰岩	钙质细砂岩、粉砂岩、砂岩、泥岩、灰岩	粉砂岩、灰岩、碳质黏土岩	黏土岩、黏土质粉砂岩、细粒砂岩、含碳质黏土岩	泥质粉砂岩、水云母黏土岩、砂岩、泥晶灰岩	灰岩、泥灰岩、砾屑灰岩、生物屑灰岩、黏土岩、页岩、角砾岩	黏土、亚黏土、碎屑角砾、硅质岩、玄武岩砂土
主要控矿构造	灰家堡背斜、P_3l/P_2m 之间的滑脱构造、F_{101}、F_{105}	灰家堡背斜、烂木厂背斜、F_1、P_3l/P_2m 之间的滑脱构造	泥堡背斜、二龙抢宝背斜、P_3l/P_2m 之间的滑脱构造、F_1	莲花山背斜、架鞍褶带、$P_3\beta/P_2m$ 之间的滑脱构造	赖子山背斜、矿厂沟背斜、林坛背斜、F_3、F_2	戈塘-洒雨背斜、P_3l/P_2m 之间的滑脱构造	纳板弯隆、T_1z/P_3w 之间的滑脱构造	王司复背斜、北北东向压扭性断裂、F_{17}、F_{110}、F_{118}	苗龙复背斜、野记-地祥勇断裂带、杨关卡烂土断层、Fm_1、Fm_{14}、F_{70}	碧痕营弯隆

· 174 ·

续表 10-1

	水银洞	紫木凼	烂木厂	泥堡	架底	烂泥沟	戈塘	板其	宏发厂	苗龙	老万场
矿体特征	层状、似板状、脉状、透镜状	层状、似层状、透镜状、似板状、透镜状、囊状	层状、透镜状、似板状、脉状、透镜状、囊状	层状、似板状、脉状、透镜状、囊状	层状、似层状、透镜状	似板状、脉状、透镜状、囊状	层状、似层状、透镜状	层状、似层状、透镜状	透镜状、扁豆状、脉状	脉状、透镜状、扁豆状，少数呈薄层状、囊状、楔状	似层状、漏斗状、囊状、不规则状
热液蚀变	黄铁矿化、白云石化、硅化、毒砂（雌雄）黄化、方解石化、辉锑矿化、萤石化、滑石化、辰砂化等	硅化、黄铁矿化、毒砂矿化、黄铁矿化、雄黄化、方解石化等	硅化、黄铁矿化、毒砂矿化（雌雄）黄化、方解石化、白云石化、辰砂化、黏土化、碳酸盐化等	硅化、黄铁矿化、褐铁矿化、毒砂矿化、白云石化、黏土化、高岭石化、辰砂化、萤石化、（雌）黄、雄黄化、辉锑矿化等蚀变	硅化、黄铁矿化、白云石化为主，毒砂、黏土化、雄黄化、萤石化、绿泥石化等	硅化、毒砂矿化、辉锑矿化、汞矿化、碳酸盐化、黏土化等。硅化和黄铁矿化为主要蚀变类型	硅化、黄铁矿化、褐铁矿化、方解石化、辉锑矿化、高岭土化、地开石化、萤石、黄钾铁矾化、石膏化、绿泥石化等	硅化、黄铁矿化、毒砂矿化、辰砂化、（雌）黄化、碳酸盐、黏土化	硅化、毒砂矿化、黄铁矿化、雄黄化、黄铁矿化、白云石化、方解石化、萤石晶洞、沥青石化等	硅化、方解石化、白云石化、铁石化、黄铁矿化、萤石化、辉锑矿化、毒砂化等	红土化

续表10-1

	水银洞	紫木凼	烂木厂	泥堡	架底	烂泥沟	戈塘	板其	宏发厂	苗龙	老万场
矿物组合	金属矿物：黄铁矿、毒砂矿、赤铁矿、辉锑矿（偶见）、辰砂（偶见）、雄黄（偶见）；非金属矿物：石英、白云石、方解石、水云母、绢云母、高岭石、萤石、海绿石、沸石、有机碳、变质沥青	金属矿物：黄铁矿、毒砂、闪锌矿、磁铁矿、钛铁矿、黄铜矿、黄铁矿、磁黄铁矿、雄黄、方铅矿、蓝辉铜矿、斑铜矿、辉锑铅矿、辉铜矿等。非金属矿物：石英、方解石、白云石、重晶石、水云母、高岭石、角闪石、石榴石、黑云母、白云母、绿泥青、蒙脱石、透闪石等	金属矿物：黄铁矿、毒砂、辰砂、雄黄（雌）、红铊矿、辉锑矿等。非金属矿物：石英、方解石、白云石、萤石、重晶石、高岭石等	金属矿物：黄铁矿、毒砂、磁铁矿、褐铁矿、辉锑矿、雄黄、雌黄、辰砂、非金属矿物：石英、方解石、绿泥石、萤石、绢云母、高岭石、有机碳与变质沥青	金属矿物：黄铁矿、褐铁矿、毒砂、雄黄、辉锑矿、黄铜矿等。非金属矿物：方解石、白云石、石英、水云母、高岭石、钾长石、斜长石、重晶石等	金属矿物：黄铁矿、毒砂、辉锑矿、雄黄、辰砂、方铅矿、闪锌矿、黄铜矿等。非金属矿物：石英、方解石、白云石、高岭石等	金属矿物：自然金、褐铁矿、黄铁矿、磁黄铁矿、钛铁矿、毒砂、辉锑矿、雄黄、辰砂、黄铜矿、方铅矿、闪锌矿、铜蓝；非金属矿物：石英、方解石、方解石、高岭石等	金属矿物：黄铁矿、毒砂、含砷黄铁矿、辉锑矿等；非金属矿物：石英、方解石等	金属矿物：黄铁矿、毒砂、辰砂、汞、黄化、闪锌矿、褐铁矿、锐钛矿、金红石、以及电气石等。非金属矿物：石英、玉髓、水云母、白云母、白云石、方解石、铁白云石、重晶石及磷灰石等	金属矿物：毒砂、黄铁矿、闪锌矿、辉锑矿、辰砂、自然银、辉银矿等。非金属矿物：石英（玉髓）、铁白云石、方解石、水云母、萤石、重晶石等	金属矿物：褐铁矿、钛铁矿、非金属矿物：石英、高岭石、伊利石、绢云母、水云母、泥云母、绿泥石、白云石、长石等

第十章 贵州卡林型金矿成矿系列与找矿实践

续表 10-1

	水银洞	紫木凼	烂木厂	泥堡	架底	烂泥沟	戈塘	板其	宏发厂	苗龙	老万场
构造蚀变体(SBT)	有	有	有	有	有	无	有	有	无	无	风氧化
元素特征	Au、As、Sb、Hg、Tl	Au、As、Sb、Hg、Tl	Au、As、Sb、Hg、Tl	Au、As、Sb、Hg、Tl、Ag、W	Au、As、Sb、Hg	Au、As、Sb、Hg	Au-As (Sb-Hg)	Au、As、Sb、Hg	Au、As、Hg、Sb、Pb、Zn、Cu等	Au、As、Sb、Hg	Au、As、Sb、Hg
成矿年龄(Ma)	134			142±3Ma				100	114		
矿体埋深(m)	150~1400	0~800	300~400	0~500	0~500	0~800	0~500	0~300	0~600	0~500	0~100
资源量(t)	295	75	1.3	70	52.1	106	35	7	3.17	6.1	28.81
共生矿产	汞	汞	汞铊	无	无	无	无	锑	汞	锑	
类型	层控型	复合型	复合型	复合型	层控型	断控型	层控型	层控型	断控型	断控型	

表 10-2 贵州卡林型金矿矿床式主要特征

区分要素	水银洞式	紫木凼式	架底式	泥堡式	烂泥沟式	板其式	烂木厂式	老万场式	宏发厂式	苗龙式
分布区域	贞丰、兴仁、安龙、兴义、普安	兴仁	盘州	普安、兴仁	兴义、册亨、贞丰、册亨、望谟、罗甸	贞丰、望谟、册亨	兴仁	晴隆、安龙、盘州、安顺	丹寨	三都
成矿构造环境	南盘江—右江裂陷(晚古生代)-坳陷(中生代)盆地								江南复合造山带西段(古生代黔南坳陷)	
成矿单元	华南金成矿省南盘江—右江成矿区								上扬子金成矿省江南复合造山带西段金成矿区三都-丹寨金矿带	
	贞丰-普安金矿带和册亨-望谟金矿带	贞丰-普安金矿带	晴隆-罗平金矿亚带	贞丰-普安金矿带	册亨-望谟金矿带	册亨-望谟金矿带	贞丰-普安金矿带	贞丰-普安金矿带		
赋矿地层	P_2m、P_2q、P_3l、$P_{1-2}s$、P_3lh	P_2m、P_3l、T_1y	P_2m、$P_3\beta$	P_2m、P_3l、T_1a、T_2x	P_3lh、T_1l、T_2x、T_2by	P_3w、T_1z、T_1l、T_2x	P_2m、P_3l	Q	$\in_2d$、$\in_{3-4}s$	$\in_2w$、$\in_2d$、$\in_{3-4}s$、$\in_4O_1g$
控矿构造	背斜,P_3l/P_2m、$P_3lh/P_{1-2}s$、P_2q^2/P_2q^1之间的滑脱构造	背斜,断层,P_3l/P_2m之间的滑脱构造,背斜核部层间破碎带	背斜,$P_3\beta/P_2m$之间的滑脱构造,背斜核部层间破碎带	背斜,断层,P_3l/P_2m、T_2x/T_1a、$P_3lh/P_{1-2}s$之间的滑脱构造,背斜核部层间破碎带	背斜,断层,层间破碎带	穹隆,断层,T_1z/P_3w、T_1l/P_3w之间的滑脱构造	背斜,P_3l/P_2m之间的滑脱构造	背斜,穹隆	复背斜,断裂	

续表 10-2

区分要素	水银洞式	紫木凼式	架底式	泥堡式	烂泥沟式	板其式	烂木厂式	老万场式	宏发厂式	苗龙式
矿体特征	层状、似层状、透镜状	脉状、似板状、似层状、透镜状	层状、似层状	脉状、似板状、似层状、透镜状	脉状、似板状、透镜状、似层状	似层状、透镜状	似层状、透镜状	透镜状、囊状	透镜状、扁豆状、囊状	脉状、透镜状、豆荚状、囊状
成矿元素组合	Au-As-(Sb-Hg)	Au-As-Hg-Sb	Au-As-Hg-Sb	Au-As-Sb	Au-As-Hg	Au-As-Sb	Au-As-Sb-Hg-Tl	Au	Au-As-Sb-Hg	Au-As-Sb-Hg
矿种组合	金、砷	金、汞	金	金	金、锑，少见砷	金、锑、砷	金、汞、铊	金	金、汞	金、锑
主要矿床	水银洞、戈塘、万人洞、雄武、卡务、央友	紫木凼、核桃树	架底、大麦地、三道沟、虎场	泥堡、风堡、乐康、交贯	烂泥沟、丫他、百地、陇纳、新寨、洛郎、弄朗、上饶、拉怀、新场、庆坪、长坪、华新、坝赖	板其、上大观、杨家堡上、那郎、老王山、塘新寨	烂木厂	老万场、砂锅厂、豹子洞、油菜冲、红岩洞、躲牛洞	丹寨、宏发厂	苗龙、排庭

锑矿：包括 1 个锑矿床,2 个矿床式(大厂式、板其式)。锑矿体主要受控于背斜核部的构造蚀变体，包括独立锑矿体和与金锑矿体,矿体呈层状、似层状、透镜状产出。与金矿体呈同体共生和异体共生。

汞矿：包括 1 个汞矿床(烂木厂大型),1 个矿床式(烂木厂式)。为烂木厂金汞铊矿床的一部分,与金、铊共生,为独立汞矿体和汞铊矿体。汞矿体主要受控于背斜近核部的层间破碎带和节理裂隙带,矿体呈似层状、透镜状、扁豆状、囊状产出。与金矿体呈异体共生。

铊矿：包括 1 个铊矿床(烂木厂大型),1 个矿床式(烂木厂式)。为烂木厂金汞铊矿床的一部分,独立铊矿床,达大型铊矿床规模,与金、汞共生,独立铊矿体和铊汞矿体。铊矿体受控于背斜近核部的层间破碎带和断裂裂隙带,矿体呈似层状、透镜状、囊状产出。与金矿体呈异体共生。

萤石矿:包括4个萤石矿床(晴隆后坡、关岭坡贡、望谟老王山、贞丰小屯),1个矿床式(大厂式)。晴隆后坡与大厂锑矿共生,贞丰小屯与金、锑矿共生,其他为独立萤石矿,受控于穹隆或背斜核部的构造蚀变体,矿体呈层状、似层状、透镜状产出。与金矿体呈同体共生和异体共生。

贵翠矿:构造蚀变体下部灰岩的次生石英岩化成矿,包括1个矿床(大厂贵翠矿),1个矿床式(大厂式)。与大厂锑矿共生,受控于穹隆的构造蚀变体,矿体呈层状、似层状、透镜状产出。与金矿体呈同体共生和异体共生。

2. 黔西南三叠纪地层赋矿的断控型金、砷、锑矿床成矿亚系列

本亚系列包括14个金矿床,1个金矿床式(烂泥沟式);其他矿种有百地式锑矿、丫他式砷矿。

金矿:包括14个金矿床(烂泥沟、丫他、百地、陇纳、新寨、洛郎、弄朗、上饶、拉怀、新场、庆坪、长坪、华新、坝赖),1个金矿床式(烂泥沟式),累计查明金资源量143.10t,占总资源量的18.92%。金矿体主要受控于背斜近轴部的高角度逆断层及层间破碎带,矿体呈层状、似层状、脉状、透镜状、囊状产出。

砷矿:包括1个砷矿床,1个砷矿床式(丫他式)。矿体受控于背斜近轴部的高角度逆断层,矿体呈脉状、透镜状、囊状产出。与金矿体呈同体共生和异体共生。

锑矿:包括1个锑矿床,1个锑矿床式(百地式)。矿体受控于背斜近轴部的高角度逆断层,矿体呈脉状、透镜状、囊状产出。与金矿体呈同体共生和异体共生。

3. 黔西南二叠纪及三叠纪地层赋矿的复合型金、汞矿床成矿亚系列

本亚系列包括4个金矿床,2个金矿床式(紫木凼式、泥堡式);其他矿种有大坝田式汞矿。

金矿:包括6个金矿床(紫木凼、核桃树、泥堡、风堡、交贯、乐康),2个金矿床式(紫木凼式、泥堡式),累计查明金资源量150.74t,占总资源量的19.94%。金矿体主要受控于背斜核部构造蚀变体和背斜近轴部产出的与背斜轴走向一致的逆断层,矿体呈层状、似层状、似板状、脉状、透镜状产出。

汞矿:包括1个汞矿式(大坝田式)。大坝田汞矿与紫木凼金矿床太平洞矿段的金矿体共生,为独立汞矿体,主要受控于背斜近核部的层间破碎带和节理裂隙带,矿体呈似层状、透镜状、扁豆状、囊状产出。与金矿体呈异体共生。

4. 黔南寒武纪及奥陶纪地层赋矿的断控型金、汞、锑、硫铁矿床成矿亚系列

本亚系列包括4个金矿床,2个金矿床式(宏发厂式、苗龙式);其他矿种有丹寨式汞矿,苗龙式锑矿,排带式硫铁矿。

金矿:包括4个金矿床(丹寨、宏发厂、排庭、苗龙),2个金矿床式(宏发厂式、苗龙式),累

计查明金资源量13.63t,占总资源量的1.80%。金矿体主要受控于复背斜及与其相关的纵向横向逆断层,产出独立金矿体、金汞矿体、金锑矿体,金矿体呈脉状、透镜状、囊状、扁豆状产出(注:丹寨金矿床为丹寨汞矿山冶炼炉渣中圈定,矿体以似层状为主,透镜状次之)。

汞矿:包含2个汞矿床(丹寨和宏发厂),1个汞矿床式(丹寨式)。金矿体主要受控于王司复背斜及与其相关的纵向横向逆断层,产出独立汞矿体及金汞矿体,与金矿床一道构成金汞矿床,汞矿体呈脉状、透镜状、囊状、扁豆状产出。累计查明汞资源量11 065t,达超大型矿床规模。与金矿体呈同体共生和异体共生。

锑矿:包含1个锑矿床(苗龙),1个锑矿床式(苗龙式)。锑矿体主要受控于苗龙复背斜及与其相关的纵向横向逆断层,产出金锑矿体,与金矿床一道构成金锑矿床,锑矿体呈脉状、透镜状、囊状、扁豆状产出。累计查明锑资源量4662t,小型。与金矿体呈同体共生。

硫铁矿:有排带式硫铁矿,为脉状充填型和交代型并存的浅成中—低温热液型矿床,分布于三都-独山地区,以三都县排带硫铁矿床为代表。独立硫铁矿床。

5. 黔西南第四纪地层赋矿的金、磷矿床成矿亚系列

本亚系列包括6个金矿床,1个金矿床式(老万场式);另外产出板其式磷矿。

金矿:包括6个金矿床(老万场、砂锅厂、豹子洞、油菜冲、红岩洞、躲牛洞),1个金矿床式(老万场式),累计查明金资源量35.43t,占总资源量的4.69%。卡林型金矿的矿体或矿化体(往往是构造蚀变体)遭受风化剥蚀,崩塌堆积及成壤、富集作用形成土型金矿体,产于岩溶洼地、漏斗等负地形中,其基底一般为茅口组灰岩。土型金矿按矿体或矿化体(往往是构造蚀变体)容矿原岩的差异性,可以分为以沉积岩为主的豹子洞、躲牛洞类型和以峨眉山玄武岩为主的老万场、砂锅厂、油菜冲、红岩洞类型。

磷矿:包括1个磷矿床(板其),1个磷矿床式(板其式)。为贵州首次发现的风化淋滤型磷矿,矿体呈似层状、透镜状、囊状产于二叠系吴家坪组礁灰岩分布区的古溶洞和第四系残坡积物中,为富含磷质的原岩(吴家坪组礁灰岩)风化成矿,可进一步分为溶洞堆积型和风化-淋滤残积型两种类型。

四、矿床成矿系列

华南大面积低温成矿是全球独特的重要成矿事件,华南地区扬子地块西南部的广大范围,低温矿床广泛发育,包括卡林型金矿床、MVT型铅锌矿床和脉型锑、汞、砷等矿床,构成华南低温成矿域。该成矿域由川滇黔接壤区的Pb-Zn、右江盆地Au-Sb-As-Hg和湘中盆地Sb-Au 3个矿集区组成(Hu Ruizhong et al.,2017)。浅成中低温热液成矿作用矿床归属于"含矿流体作用矿床(非岩浆-非变质作用矿床)"(《中国矿产地质志省级矿产地质志研编技术要求》,2016),是贵州及其周边地区极为重要和富有特色的一类内生矿床,尤以贵州广泛发育的卡林型金矿最具特色(陶平等,2007)。

最新研究表明,贵州卡林型金矿集中分布区(黔西南和黔南三都-丹寨地区)位处江南复合造山带西段,最显著的大地构造特征表现为武陵以来多次碰撞拼贴,大地构造经历了从活动型地壳向稳定型地壳演化,从洋陆活动阶段向板内活动阶段的地壳演化历程(戴传固,

2005,2013),相应的地层系统为碰撞拼贴不同时段的产物,江南复合造山带西部边界受限于哀牢山构造体系,南盘江—右江受控于江南复合造山带和哀牢山造山带的构造演化。基于前述卡林型金矿典型矿床、矿床式、成矿亚系列研究,贵州卡林型金矿为华南低温成矿域中的重要矿种,作为成矿系列不能仅仅考虑贵州,而应体现成矿的核心思想即构造单元、地质作用、成矿过程等,因此贵州的成矿系列应置于全国尺度而不仅考虑贵州的地域范畴。成矿系列研究的目的是要树立起一个整体观念,根据已知矿床,找寻未知矿床,起到拓展找矿思路,明确找矿方向的作用,故成矿系列的建立还要充分考虑"区域"尺度不应该太大。鉴于黔西南地区与黔南三丹地区的差异性(赋矿地层时代和沉积环境),建立贵州与卡林型金矿有关的成矿系列2个,另外一个为与喜马拉雅期风化作用有关的成矿系列(表10-3)。

表10-3 贵州与卡林型金矿有关的矿床成矿系列

序号	成矿系列	成矿亚系列	金矿床式	典型金矿床
1	黔南地区(三都-丹寨)与燕山期浅层中低温热液成矿有关的Au、Hg、Sb、As、Pb、Zn、萤石、重晶石矿床成矿系列	黔南(三丹地区)寒武纪及奥陶纪地层赋矿的断控型金、汞、锑、硫铁矿床成矿亚系列	宏发厂式、苗龙式	宏发厂、丹寨、排庭、苗龙
2	黔西南地区(南盘江—右江盆地北段)与燕山期浅层中低温热液成矿有关的Au、Sb、Hg、As、Tl、Pb、Zn、萤石、重晶石矿床成矿系列	黔西南二叠纪及三叠纪地层赋矿的层控型金、锑、汞、铊、萤石、贵翠矿床成矿亚系列	水银洞式、板其式、架底式、烂木厂式	水银洞、戈塘、万人洞、雄武、卡务、央友、板其、上大观、杨家堡上、那郎、老王山、架底、大麦地、三道沟、虎场、烂木厂、交贯、塘新寨
		黔西南三叠纪地层赋矿的断控型金、砷、锑矿床成矿亚系列	烂泥沟式	烂泥沟、丫他、百地、陇纳、新寨、洛郎、弄朗、上饶、拉怀、新场、庆坪、长坪、华新、坝赖
		黔西南二叠纪及三叠纪地层赋矿的复合型金、汞矿床成矿亚系列	泥堡式、紫木凼式	泥堡、凤堡、紫木凼、核桃树、乐康
3	黔西南地区(南盘江—右江盆地北段)与喜马拉雅期风化作用有关的稀有、稀散元素、镍、金、铝土矿、重晶石、铂族元素、钛铁矿、砂锡成矿系列	黔西南第四纪地层赋矿的金、磷矿床成矿亚系列	老万场式	老万场、砂锅厂、豹子洞、油菜冲、红岩洞、躲牛洞

1. 黔南地区（三都-丹寨）与燕山期浅层中低温热液成矿有关的 Au、Hg、Sb、硫铁矿矿床成矿系列

本成矿系列的成矿时代为燕山期，为燕山旋回末期成矿。成矿的大地构造环境为江南造山带（燕山旋回）前陆坳陷盆地，动力机制为汇聚，成矿作用主要为浅层中低温热液成矿作用，形成的矿种较为丰富，有汞、金、锑等。黔南三都-丹寨地区为卡林型金矿重要产出区，主要产出金、锑、汞、硫铁矿等，卡林型金矿赋矿地层为早古生代岩石，与黔西南地区卡林型金矿属于同一个成矿系统，其成矿作用主要受燕山期造山运动远程效应控制。

2 黔西南地区（南盘江—右江盆地北段）与燕山期浅层中低温热液成矿有关的 Au、Sb、Hg、As、Tl、萤石、贵翠矿床成矿系列

本成矿系列的成矿时代为燕山期，为燕山旋回末期成矿。南盘江—右江地区在新元古代以来经历的手风琴式三期的"开-合"演化过程及哀牢山造山作用和峨眉山地幔柱活动，导致华南板块拼贴带位置深部地壳物质的多次重组，同时造成矿化元素的预富集，形成体积非常庞大的富金特殊地壳（刘建中等，2022）。燕山期太平洋板块向西平板俯冲，扬子与华夏拼贴形成的华南地块沿拼贴带再次复活，深部地幔物质上涌，岩石圈减薄，富金地壳重融，与花岗岩有关的含矿流体沿着穿壳深大断裂向地壳浅部迁移形成中低温热液矿床（矿化），区域构成金、汞、锑、铊、砷、萤石矿床成矿域。黔西南地区主要产出金、汞、锑、铊、砷、萤石、重晶石、贵翠等。

3. 黔西南地区（南盘江—右江盆地北段）与喜马拉雅期风化作用有关的 Au、磷矿成矿系列

本成矿系列的成矿时代主要为喜马拉雅期，成矿的大地构造环境为板内隆升活动。燕山运动之后区域进入板内隆升活动阶段，形成一系列地垒-地堑式构造组合，明显切割先期构造形迹和地质体，控制了古近纪渐新世、新生代地层呈山间磨拉石盆地产出，并造就了表生成矿作用环境，导致早期形成的黔西南卡林型金矿的矿体或矿化体以及含磷岩石，遭受风化剥蚀、崩塌堆积及成壤、富集而成，产于岩溶洼地、漏斗等负地形中，其基底一般为灰岩。黔西南地区仅仅产出土型金矿、板其磷矿等。

第二节　构造地球化学弱信息提取方法

随着经济和社会的不断发展，国家对于矿产资源的需求更加迫切。同时，由于地表和浅表矿逐渐找寻殆尽，"向深部进军"的号角已经吹响，全国范围内的找矿勘查工作进入了"攻深找盲"的新阶段，而如何准确高效地获取与深部成矿作用有关的信息成为制约找矿勘查实现突破的重要因素，同时也是急需解决的重大科学问题。对于矿（化）体直接出露地表的矿床，利用岩石地球化学和土壤地球化学测量等传统的测量方法可以轻而易举地发现矿致异常。而对于深埋地下的全隐伏矿体，与矿化有关的信息到达地表时已经非常微弱，土壤、水系沉积物和岩石地球化学测量很难把这些异常信号挖掘出来，急需开发一种适用于隐伏矿找矿预测的地球化学勘查方法。

早在20世纪70年代末期，陈国达(1987)便提出了构造地球化学的概念，并阐述了构造地球化学在找矿勘查中的应用，标志着构造地球化学被正式应用于地质找矿。随后许多专家和学者在理论方法、采样技术、采样介质和实际应用等方面作出了重要的贡献并取得显著的实际效果(章崇真，1983；韩润生，2020，2019，2013，2005；钱建平，2009；王学求，2012；谭亲平等，2017；程志中等，2021)，如程志中等(2021)在甘肃西地区和江西岩背通过构造地球化学测量，成功预测并实施钻探，验证了深部隐伏的金矿和锡矿体，实现了找矿突破，并详细论述了网格内多点采样组合分析采样方法和采样介质(构造破碎带物质、裂隙充填物和蚀变岩石等)。然而，根据团队多年的找矿预测实践和野外地质调查的积累与总结，认为传统的构造地球化学测量方法虽然对于基岩区隐伏矿找矿是一种行之有效的方法，但是由于布点方法、采样方式、采样介质的选择和多个样品组合分析测试等局限，如传统的构造地球化学测量一般采用固定网格方式布点，单个采样点附近采集多个构造地球化学样并进行组合，没有发现构造的点位则采集岩石样品作为背景值，虽然采集的都是所谓构造地球化学样品，但是不能保证每个构造样品都有矿致异常，所以这样的一组样品进行组合必然导致矿化异常信息的弱化。而且传统的构造地球化学测量采集的构造样品(以包含方解石或石英细脉的样品为例)还包含大量围岩的成分，同样会造成矿化异常信号的降低，不能准确高效地提取地表非常微弱的与成矿相关的弱信息。同时，传统的构造地球化学测量主要采集固定网格节点附近的构造地球化学样，采样覆盖区域较小(采样范围不能有效覆盖整个网格区域)，这样的采样方法会漏掉部分异常信息。基于此，结合团队找矿勘查实践，我们提出了构造地球化学弱信息提取方法(刘建中等，2015，2016)，该方法的核心在于突出采样方法的合理性，所有样品不组合，以及样品和矿化信息"有"和"无"的问题。

所谓弱信息是相对于传统的土壤地球化学测量、岩石地球化学测量、水系沉积物测量和传统的构造地球化学测量，其往往要求异常元素的"高、大、全"，而对于弱异常和无异常区域往往表述和重视程度不够，乃至得出勘查区某些具有找矿潜力的区域被判定为成矿条件差和不利于实施钻探工程验证的错误结论。比如，在黔西南贞丰县灰家堡背斜卡林型金矿分布区，早期的土壤和水系沉积物地球化学测量显示背斜东段的者相地区 Au-As-Sb-Hg 特征元素组合异常值较低，部分区域没有发现异常，该区一度被认为成矿条件较差，而在实施了构造地球化学弱信息提取后，发现该区域仍然具有较高的组合元素异常梯度，同时识别出一条南北向导矿或容矿断层，经找矿预测、靶区优选和钻探验证，在灰家堡背斜东段的者相地区发现了深部的多层金矿体，预测金资源量超过 20t，实现了找矿突破，同时也证实了构造地球化学弱信息提取方法是一种在基岩出露区寻找(岩浆)热液矿床行之有效的地球化学勘查方法。构造地球化学弱信息提取方法的布点方式依然采用传统网格式，但不拘泥于传统的网格节点处采样或者节点附近采集多个构造样并进行组合分析，构造地球化学弱信息提取方法要求以网格节点为圆心，以 20m 为半径，在该圆形区域内采集构造地球化学样品，并且采集的多个样品不组合，以化验结果最大值代表该点的异常值。同时，构造地球化学弱信息提取方法采集的构造地球化学样品不是传统的包含构造介质的大块岩石样品(如包含方解石脉的大块灰岩样品)，而是严格抠取角砾岩、胶结物、石英和方解石细脉等介质，坚决要求不包含围岩。对于单个节点周围20m范围内采集的多件样品分别做化学分析。没有构造样品的点位则舍弃,允许图幅内有空白区出现,并以最大的异常值数据和点位坐标作为该点的参数进行制图。该方法不仅补充和完善了传统构造地球化学测量方法在采样介质和样品组合等方面的不足,还尽可能地获取与成矿相关的弱信息同时降低勘查成本,具有较好的应用前景和推广价值。

一、原理

构造地球化学弱信息提取方法的理论基础与传统的构造地球化学测量有一定相似之处,但在布点方法、采样介质和单个网格多件样品组合分析测试、测试数据的处理方式方面存在较大差异(苑顺发等,2018;宋威方等,2019;李松涛等,2021)。传统的构造地球化学测量的工作原理,不同时代的学者具有不同的认识,近代学者在前人认识的基础上做出了补充和创新,现分述如下。陈国达(1987)早在20世纪70年代末期首先提出构造地球化学的概念。刘泉清(1982,1981)认为,构造地球化学是通过研究构造地球化学形迹来阐明化学元素在构造作用过程中的分布分配、共生组合、迁移富集规律和演化历史,并最终指示构造地球化学异常的形成及岩石圈构造演化历史的一门边缘学科。陈国达和黄瑞华(1983)认为,构造地球化学是研究化学元素在地质构造中分散、迁移、分配和富集等关系的科学,构造地球化学一方面是研究构造作用过程中化学元素的迁移转化,另一方面是研究地球化学过程中所反映和引起的构造作用。章崇真(1983)提出构造地球化学是研究地层发生变形过程中化学元素的迁移特征和变化机制,同时也是研究地壳运动与原子、离子等迁移之间的关系和规律的科学。涂光炽(1984)认为,构造地球化学是探索构造运动与地球化学行为内在联系的一门学科。徐光荣(1986)认为,构造地球化学是研究在不同层次的结构单元内,在不同期次的构造作用中,在各种构造应力作用下化学元素的地球化学性状和行为规律,以及它们的分布和分配特征。刘洪波等(1987)认为,构造地球化学是研究所有构造环境中化学元素的迁移、分配、分散和富集规律及其动力学机制的一门交叉学科。吴学益(1988,1987)指出构造地球化学是从构成地球的岩石、矿物、元素、同位素在时空上的运动和分配入手,用运动构造地质学的观点来解释地球的结构与构造、地球的运动与岩浆作用、变质作用和成矿作用之间的关系。孙岩等(1993)指出构造地球化学是研究构造作用过程中元素的时空分布、演化规律和成因联系的学科。韩润生(2012)认为,构造控矿的物质表现通过构造地球化学现象反映出来,成矿元素的来源、迁移、分散、聚集等过程能过解读地质构造的发展和演化,从而反映出控矿构造演化过程与异常元素的迁移和聚集特征。程志中等(2021)认为,构造地球化学测量是利用地球化学和构造地质学的原理和方法,研究化学元素在各种地质构造环境中的迁移、分配、分散、富集的特征、规律和过程机制的一种方法。

构造地球化学弱信息提取方法的理论基础是构造破碎带、断层、节理、裂隙发育的岩石或者地层在含矿热液迁移的过程中必然会留下或多或少气液活动的"痕迹",含矿热液在这类岩石中活动性很强,热液沿通道垂直向上长距离迁移,使得成矿的指示性元素被带至地壳浅部或地表形成包含丰富成矿信息的细脉、蚀变角砾岩和蚀变岩石等,相对于构造不发育的围岩而言,提取的构造部位的地球化学异常(原生晕)不但明显而且梯度大(图10-2),最能代表矿化异常,从而能为深部隐伏矿找矿预测提供相关信息(刘建中等,2016,2015;宋威方等,2019;李松涛等,2021)。所谓的构造地球化学弱信息提取,是相对于矿石和近矿构造介质而言的,在基岩覆盖区,矿床常常埋藏在地下深处,而与成矿相关的矿化信息通过构造(断层、节理、裂隙、穿层细脉等)到达地表时异常信号其实已经非常微弱(就是所谓的弱信息),传统的构造地球化学测量采集的样品是包含了构造介质的大块岩石样品,这种采集方法必然带来矿化异常信号的降低,而构造地球化学弱信息提取中提到的构造部位是严格受构造控制的位置(比如采样介质是方解石细脉,则只抠取方解石脉,细脉所在的灰岩围岩则完全不要;若采集的是胶结物,则断层或构造角砾完全不要)。构造地球化学弱信息提取方法的理论实际上就是融合构造地质学、地球化学、矿床学和蚀变矿物学等学科,辩证地把各种构造应力下形成的构造形迹和该过程中的元素化学行为作为一个动态的系统进行研究,通过分析构造演化史和相应的元素组合的迁移、分配和富集规律,进而指导基岩区全隐伏(岩浆)热液矿床的找矿预测。

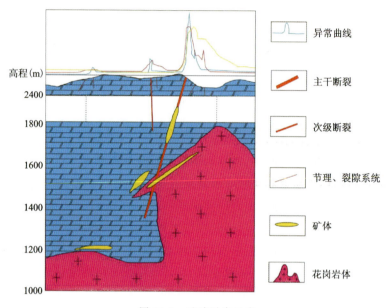

图 10-2 矿致异常示意

二、目的与意义

目的:浅表的找矿工作已基本结束,找矿已全面进入"攻深找盲"阶段,深部找矿技术将是制约找矿突破的关键因素。构造地球化学弱信息测量能够有效地提取深部隐伏矿成矿信息,查明区内成矿信息的"有"和"无",为深部工程部署提供依据。

意义:地球化学测量是寻找热液矿产的有效途径,然而隐伏矿在地表矿化信息必然非常微弱甚至没有显示,传统的地球化学测量(水系、土壤、岩石)难以有效提取深部弱矿化信息。构造地球化学弱信息测量方法所反映的找矿信息对深部成矿作用有直接而明显的指示意义,能够获得精准和实用的找矿信息,分析成矿物质的来源、迁移和沉淀机制,同时可作为成矿构造的判别依据。

基础:构造地球化学弱信息提取方法适用于在基岩区寻找与(岩浆)热液成矿作用有关的内生矿床,在实施该方法之前,需要查明矿区内已发现的矿床类型,并要求对这些矿床已具备较高的研究程度。在查明区域和矿区地质背景、矿床类型和成因、矿体就位空间及展布特征、容矿岩石类型及其组合、主要控矿和导矿构造、成矿模式和成矿元素组合等要素的基础上，才能根据上述信息有针对性地进行布点、采样和确定分析测试的元素异常组合。而对于没有研究基础的区域，则需要对采集的构造地球化学样品进行全分析（目前能够分析的 37 种元素），然后与各种成因的典型矿床的矿化元素组合进行对比分析，初步查明矿床类型和成因，再结合区域地质、构造、地球物理等已有资料进行找矿预测。

适用范围：热液矿产找矿信息提取。

三、主要技术内容

1. 布样方法

一般按 1∶10 000 比例尺开展工作，大致采用 100m×40m 设计采样点；部分地区也可以采用 1∶50 000 比例尺进行，大致采用 500m×40m 间距设计采样点。

矿区范围内实施构造地球化学弱信息提取工作，其目的是在查明关键构造（控矿和导矿构造）展布方向和产状的基础上，搞清楚高地球化学梯度异常带及其与矿区内主要导矿、控矿构造的关系，在此基础上结合地质、地球物理等资料，圈定并优选靶区和靶位，实施钻探工程验证，并最终达到准确预测深部隐伏矿体的目的。地球化学测量的采样点布置方式主要包含两种：规则网和方格网，前人研究和实践认为采用方格网的布设方法，在单个采样单元同时采集多个构造样品，能够最大限度地捕捉地球化学异常信号，又能兼顾采样的代表性和均匀性（程志中等，2021）。矿区内通常实施 1∶10 000 或 1∶5000 比例尺的构造地球化学测量，一般采用 100m×40m 网格单元的方格网，以单个网格节点为圆心，以 20m 为半径，在圆形区域内仔细寻找各种构造类型，并采集构造化学样（图 10-3），在构造发育等需要重要控制的地段适当加密布点和采样。

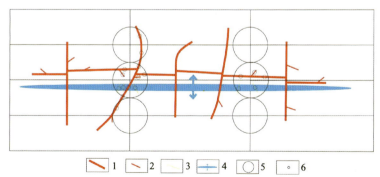

1. 主干断裂；2. 次级断裂；3. 节理和裂隙；4. 背斜轴；5. 节点位置及其采集点范围；6. 采样点

图 10-3　构造地球化学弱信息提取方法采样点布置示意图

2. 采样原则与采样介质

采样原则：样品的"有"和"无"。"发现构造/蚀变即采样"（否则不采样），采样点上有构造或者蚀变即"有"样品,没有构造蚀变即没有样品。不拘泥于传统化探中的固定式网格取样,图面上在采样点位20m范围内采构造/蚀变样。针对勘查区采样网格布设范围内的采样介质(构造岩、蚀变岩石和断层泥、胶结物、节理和裂隙充填物、剪切带和劈理带以及各种脉体等)进行全面查找和系统采样,以单个网格点为圆心,以20m为半径,突出样品的"有"和"无",即在圆形区域内发现构造即采样,未发现构造和蚀变岩石则不采样,也不采集新鲜岩块样品,要求所有类型构造控制的介质均需采样,采集的多个样品以圆心节点的编号为标准进行顺序编号,所有样品不组合,以异常程度最高的样品和坐标代表本采样点,所有样品都没有异常则舍弃,突出化学异常的"有"和"无",允许存在空白区。这里提到的异常信息的"有"和"无"是指异常元素的含量(例如在黔西南卡林型金矿分布区异常元素为Au、As、Sb、Hg、Tl元素组合)与容矿岩石的背景值相比,接近或低于背景值则视为无异常,一般以高于背景值5倍视为存在异常。这里合理舍弃没有异常信号的点位是为了突出、放大有异常信号的位置和信号强度,同时,没有异常信号的空白区也不能说明该区域深部就没有热液矿床的存在,具体的矿化异常信息图件的使用还要结合控矿构造类型及其展布特征进行找矿预测。采用这种采样原则的依据是单个圆形区域内采集的多个构造介质样品含矿性或异常梯度存在较大差异,甚至大部分样品不存在地球化学异常,这样的一组样品若进行组合将大大降低组合样品的异常梯度值,甚至是掩盖了本来应该存在的地球化学弱信息。而构造地球化学弱信息提取方法则关注样品的"有"和"无"的问题,突出不同采样介质对于异常信息的代表性,对于评价何种采样介质能够更加有效地提取深部成矿弱信息具有重要意义,同时大大减少构造样品的数量,降低了分析测试成本,这也是构造地球化学弱信息提取相较其他地球化学测量的优越性之一。

采样介质:断裂构造岩、断层泥、角砾岩、胶结物、节理裂隙充填物、劈理带、剪切带及细小脉体(石英细脉、方解石细脉、黄铁矿细脉等)、蚀变岩石。构造地球化学弱信息的提取,顾名思义,其采样介质主要为各种类型构造控制的介质,主要包括断裂破碎带控制的构造岩、蚀变岩石、断层泥、胶结物、节理和裂隙充填物、剪切带和劈理带以及各种脉体(石英脉、方解石脉和黄铁矿脉等,主要采集穿层脉)。其采集的构造地球化学样品不是传统的包含构造样品的大块岩石样品(如包含方解石脉的大块灰岩样品),而是严格抠取角砾岩、胶结物、石英和方解石细脉等介质,坚决要求不包含围岩。对于单个节点附近采集的多件样品分别做化学分析,没有构造样品的点位则舍弃,允许图幅内有空白点出现,并以最大的异常值数据和点位坐标作为该点的参数进行制图。在滇黔桂卡林型金矿分布区还应该重点采集构造蚀变体(SBT)控制的硅化角砾岩,这种蚀变岩石类型往往就是矿体或矿化体在地表的露头,也是重要的找矿标志。详细描述介质样品所处构造的类型、性质、形态、产状、规模、样品蚀变类型与特征、矿物组成等,标注样品编号,记录采样点坐标,并拍下采样点照片,同时对照片进行整理保存。对于断裂破碎带和SBT控制的角砾岩、断层泥、蚀变岩石等量大易采集位置,要求采集的样品质量为300~500g;对于胶结物、节理和裂隙充填物以及各种细脉,要求采集的样品质量为10~30g,以满足分析测试的最低样品重量要求。

3. 样品数量与重量

一个采样点不限于一件样品,可以根据采样介质的不同,分别采集多件样品。样品以能够满足微量元素分析的最少重量为基础,一般样品质量为 200~500g。

4. 采样记录与样品测试

采样记录:详细描述样品所处构造的形态、产状、规模、性质、样品蚀变特征、矿物组成等。标注样品编号、记录采样点坐标,并拍下采样点照片,同时对照片进行整理保存。样品编号以构造二字拼音首字母开头加数字顺序号加化学样品号,连续编号,样品编号注记形式如:构造+顺序号+化学样品号,GZ001H1;若同一点采集多件样品则在数字后加 H1、H2、H3,如 GZ001H1、GZ001H2、GZ001H3 等。

样品测试:拟寻找矿床的成矿指示元素(视典型矿床指示元素的多寡确定分析的元素);或者区内没有典型矿床,采用同一矿床类型的指示元素进行分析;或者不知道具体矿床类型,则可以分析目前能够测试的 37 个元素,按数据结果再来分析可能的矿床类型。

5. 异常确定

一般采用《应用地球化学元素丰度数据手册》数据(鄢明才等,2007),选择与工作区相同岩石组成的地球化学元素值作为背景值,如果有多种岩石则取其平均值。按地球化学异常公式获得异常下限及相应的异常梯度。

6. 数据选择

"有"和"无"。背景值及其以下的数据值不进入统计分析,即就是有异常的数据"有"用,无异常的数据"无"用。针对不同的矿种和矿床类型根据其特征元素组合将采集的所有构造地球化学样进行化学分析(例如在黔西南卡林型金矿分布区主要分析构造地球化学样品的 Au、As、Sb、Hg、Tl 元素组合),而以每个节点为中心采集的多个构造地球化学样品的分析数据,以其异常最大值及其所在位置代表该采样单元的元素异常值和异常坐标,若所有样品均未有异常,则舍弃该点,查明矿区成矿信息的"有"和"无",允许出现空白区。使用这种取值方法的理论依据:热液系统进入成矿空间之后直到矿液冷却和矿床形成,越是接近成矿中心或者矿体的采样介质,其元素异常梯度值(累积频率)越高,而采集的构造地球化学样品的异常值为客观事实,除实验分析测试造成的误差外,这种异常信号没有被人为改变,能够客观地代表本采样单元的异常信息,无须多件样品组合和异常值平均化。如果将该采样单元处的多个样品组合或者将所有样品的异常数据取平均值之后来代表该节点的元素异常梯度值,则会导致元素异常值被人为地降低甚至消失,同时,也不能真实地代表异常梯度最大值所在的坐标位置,从而最终造成优选的靶区或者靶位发生偏离,甚至导致找矿预测失败。

7. 成图方法与异常分析

成图方法:以采样设计图为基础,增加采样过程中获得的构造信息(突出构造特色),以地球化学图谱来代表异常梯度,以单点形式表达在图上形成单元素图;选择指示元素的单元素图进行组合,形成指示元素综合信息图。

异常分析:在"有"信息的基础上,根据指示元素组合信息图,结合地质、地球物理相关特征,开展找矿预测,圈定找矿靶区。

第三节 控矿构造识别关键技术

构造运动是趋势成矿物质运动的主导因素,同时也为成矿流体提供通道及堆积空间,构造运动是控矿因素中的主导因素。按构造发育的规模分为全球构造,区域构造,矿田、矿床构造;按构造与成矿的时间可分为成矿前、成矿期、成矿后构造;按构造在成矿过程中的作用分为导矿、配矿和容矿构造。

一、控矿构造

按成矿构造规模、级别、作用等将其划分为一级控矿构造——导矿构造,二级控矿构造——储矿、容矿构造。构造背景对成矿的控制作用:大地构造背景是矿床形成最根本的控制因素,它决定了成矿物质来源、深度、元素种类、成矿类型及矿床时空分布。

1. 导矿构造及其类型

含矿流体从源区(深部-上地幔-地壳深部)进入成矿物质沉淀空间(矿田范围内)经过的通道;导矿构造也存在级别问题,如矿带、矿田、矿区范围,可大可小。

深大断裂、剧烈褶皱地区的部分陡倾岩层或岩系、节理裂隙带往往是导矿构造。

2. 导矿构造识别

1)地质(主)

(1)区域性平行不整合面之间的滑脱构造:中二叠统茅口组与上二叠统龙潭组;中二叠统茅口组与上二叠统峨眉山玄武岩组;中上二叠统礁灰岩组与中三叠统新苑组。

(2)区域性厚层碳酸盐岩与碎屑岩界面之间的滑脱构造:中二叠统四大寨组厚层碳酸盐岩与中上二叠统领薅组细碎屑岩泥质岩组合;下中三叠统安顺组厚层碳酸盐岩与中三叠统新苑组细碎屑岩泥质岩组合;上石碳统至下二叠统南丹组厚层碳酸盐岩与下二叠统龙吟组细碎屑岩及泥质岩组合。

(3)区域挤压背斜构造伴生断裂构造及次级构造(多为逆断层):上二叠统龙潭组至上二叠统长兴组和大隆组及下三叠统夜郎组;中三叠统许满组及中三叠统新苑组等。

2)地球物理(次)

(1)综合地球物理方法(重磁电联合)判别的不整合面和岩性界面。

(2)综合地球物理方法(重磁电联合)判别的限制矿田和矿床分布的深大断裂(带)。

3)地球化学(次次)

(1)具有 Au-As-Sb-Hg-Tl 异常分布的深大断裂(带)。

(2)具有 Au-As-Sb-Hg-Tl 异常分布的不整合面、岩性界面。

(3)具有 Au-As-Sb-Hg-Tl 异常分布的褶皱及褶皱带。

3. 容矿构造及其类型

容矿构造是矿体赋存的构造,它直接控制矿体的形态、产状,并在某些情况下影响矿体的内部结构构造。

褶皱(穹隆)、断裂、节理-裂隙、层状及层控构造、复合构造。一般容矿构造为张性-张扭性构造,压性-压扭性构造则往往为导矿构造(但是在压扭性构造的局部地段为张性空间,可以含矿,如逆冲断层的从陡产状变为平缓处)。

4. 容矿构造识别

1)地质

(1)构造蚀变体(SBT):区域性不整合面之间的滑脱构造或区域性厚层碳酸盐岩与细碎屑岩泥质岩组合界面之间的滑脱构造因成矿热液交代形成的地质体。产出部位为茅口组与龙潭组、茅口组与峨眉山玄武岩组、礁灰岩组与新苑组、四大寨组与领薅组、安顺组与新苑组、南丹组与龙吟组之间。

(2)翼间角在 100°~160°之间的背斜构造轴部 1500m 范围内。

(3)穹隆构造中线附近 2000~2500m 范围内。

(4)倾伏角在 8°~15°之间背斜构造轴部。

(5)与背斜构造同期形成的逆断层及其牵引构造。

(6)与主背斜同期的靠近轴部的次级褶皱带。

2)地球化学

(1)具有 Au-As-Sb-Hg-Tl 异常的断裂(带)。

(2)具有 Au-As-Sb-Hg-Tl 异常的不整合面、岩性界面。

(3)具有 Au-As-Sb-Hg-Tl 异常的背斜及褶皱带。

(4)具有 Au-As-Sb-Hg-Tl 异常的节理裂隙。

3)地球物理

(1)音频大地电磁法(AMT)判别的具有"高—低—高"三层式结构的背斜。

(2)综合地球物理方法(重磁电联合)判别的与背斜构造同期的逆断层。

第四节 找矿实践

基于系统研究成果,区内实施工程化示范,近年新增金资源量 363t,实现贵州卡林型金矿找矿的历史性突破。

一、水银洞

1994年通过成矿预测,1995年工程化验证而发现水银洞金矿中矿段,2004年查明金资源量55t。2006年,基于P_3l/P_2m之间构造蚀变体(SBT)呈"面状"展布及背斜核部狭窄空间控矿的规律,开展灰家堡背斜东段水银洞(中矿段)以东"大尺度、大深度、大面积"(8000m长—1400m深—30km²)隐伏矿成矿预测并工程化验证,设计35个钻孔,见矿34个,矿体埋深200~1400m,开启贵州二度空间找矿历程。截至2021年,水银洞金矿床累计查明金资源量295t,近年新增240t(刘建中等,2017),跃居同类型金矿中国第一、亚洲第一、世界第十。

二、万人洞

万人洞金矿为开采茅口灰岩喀斯特凹函中氧化矿体的小企业,为规范生产,矿山已投入相当大的资金,但资源不明,潜力不清,生产无助。为破解难题,团队受邀开展研究。通过调查研究,识别出矿山正在开采部分不是构造蚀变体风化残留与茅口灰岩喀斯特凹函中氧化矿体,而更应该是龙潭组中的层状碳酸盐岩型矿体的氧化产物,基于P_3l/P_2m之间构造蚀变体(SBT)呈"面状"展布及背斜核部狭窄空间控矿规律,认为工作区位于背斜近核部,深部具有找矿潜力。2016年开展工程化验证,发现龙潭组中的层状碳酸盐岩型矿体和SBT中的角砾岩型矿体,矿体埋深20~100m,为矿山企业提供了资源保障,预测资源量5t。

三、大麦地

20世纪90年代发现区内存在赋存于茅口灰岩喀斯特凹函中的氧化矿体,研究认为金矿体为峨眉山玄武岩风化残留次生淋滤富集的产物(王砚耕等,2000)。基于$P_3l/P_2\beta$之间存在构造蚀变体(SBT)的新认识,认为莲花山背斜发现茅口灰岩喀斯特凹函中的氧化矿体为构造蚀变体(SBT)之风氧化产物,背斜近轴部可能存在原生金矿体,据此于2008年实施工程化验证,发现了矿体埋深100~300m的原生金矿体,估算资源量6t,实现峨眉山玄武岩分布区金矿找矿新突破,拓展找矿空间(吴小红等,2013;Li et al.,2021)。

四、架底

基于大麦地金矿新突破,证实区内构造是变体的存在,重新分析莲花山背斜架底地区成矿条件,识别出早期发现的金矿化点实为构造蚀变体的出露点,位于莲花山背斜之次级揉褶带,2010年实施工程化验证,发现赋存于构造蚀变体中的矿体和峨眉山玄武岩层间破碎带中的原生金矿体(王大福等,2014;Li et al.,2021),矿体埋深100~500m,查明金资源量57.48t,实现峨眉山玄武岩分布区金矿找矿重大突破,成为中国南方第五大卡林型金矿床。

五、泥堡

20世纪90年代初发现金矿体,2007年提交勘探报告,提交金资源量22t。为实施深部找矿,2010年,项目组接受委托并开展系统研究,发现早期勘探之二龙抢宝背斜为牵引褶皱,矿体为赋存于P_3l/P_2m之间的构造蚀变体(SBT)中,形成牵引褶皱的断裂具有矿化信息,区内低缓地带分布的氧化矿体为卷入滑坡体中的构造蚀变体(SBT)的风氧化产物,认为断裂带及其下盘构造具有良好的找矿空间,2010年实施工程化验证(刘建中等,2017)。发现断裂型金矿体和断层下盘的层状矿体,矿体埋深200~800m,仅对断裂型矿体进行勘探,新增金资源量

48t,实现老矿区和最高勘查阶段区块范围内找矿的重大突破。累计查明金资源量63t,成为中国南方第四大卡林型金矿床。

六、紫木凼

20世纪80年代初发现金矿体,1995年提交勘查成果报告(紫木凼矿段勘探、太平洞矿段普查、香巴河矿段普查),提交金资源量50t。为实现太平洞矿段及香巴河矿段开发,2004年以来,项目组基于水银洞中矿段勘探成果和总结的矿田成矿模式,重新梳理太平洞矿段和香巴河矿段的控矿构造,发现早期认识的绝大部分断控型矿体实为与水银洞中矿段一致的背斜核部"层控型"矿体和深部SBT的存在,调整工作部署,以背斜核部为主攻方向,以揭穿SBT为目标的工程布置,同时对其以东的落水洞矿段进行探索,截至2013年,区内新增金资源量25t,相当于又探获一个大型矿床,实现区内隐伏矿找矿的重大突破。累计查明金资源量75t,成为中国南方第三大卡林型金矿床。

七、苗龙

20世纪80年代初发现金矿体,截至1995年,查明金资源量5.41t。随着矿山多年开采,已处于危机矿山状态。2021年,团队受邀开展矿山深部找矿,基于贵州-三丹汞金矿带与黔西南金矿属于同一成矿系统的新认识,重新梳理控矿构造关系和开展构造地球化学弱信息提取,识别出北东向断裂与早期勘查的东西向断裂为同期构造,据此实施深部工程验证,目前施工的8个钻孔均揭露金矿体,有望达到大型矿床规模,实现了三-丹金矿带找金重大突破和老矿山深部找矿重大突破。赋矿地层为寒武系三都组,容矿岩石为钙质碎屑岩,处于斜坡相沉积。

第五节 几个典型矿床找矿突破过程

贵州省贞丰县水银洞超大型金矿床找矿勘查过程,是成矿预测和理论找矿的典范,全面演绎了"理论→实践→再认识→创新→再实践"的过程。理论的持续创新、科研与实践的全面结合,是贵州金矿找矿历史性突破之关键。在当前找矿难度越来越大的现实,加强理论研究就显得更加重要(于晓飞等,2019,整装勘查区重大勘查成果百例)。

通过对紫木凼金矿发现和实践,初步总结了成矿模式,以此预测并发现了隐伏的水银洞金矿(中矿段);经过对水银洞中矿段勘查提出了构造蚀变体(SBT)、总结了成矿规律、建立了成矿模式,对东部(雄黄岩-簸箕田-纳秧)进行"大面积、大尺度、大深度"成矿预测,发现了全隐伏金矿,进一步验证了成矿模式;开展又一轮的成矿预测,在灰家堡背斜东段倾伏端近核部的者相二金矿探矿权进行深部找矿验证,发现了埋深800～1400m以下大型金矿床。实现深部二度空间隐伏矿找矿及成矿预测研究重大突破。

一、水银洞金矿

1994年,一○五地质大队承担了"贵州省西南部灰家堡背斜金(铊)大比例成矿预测"项目,根据地、物、化、遥综合资料信息研究和紫木凼金矿床勘探建立的"两层楼"模式开展研究,当年提交了成矿预测报告,选定水银洞(中矿段)为A类找矿靶区,明确产于龙潭组地层中"楼下矿"为主要探寻对象,预测资源量50t。

1995年,一〇五地质大队针对成矿预测报告的A类靶区进行钻探工程验证,施工的5个钻孔均见矿,发现了产于龙潭组中"楼下矿",估算(334类)金资源量55.65t。

1996—1998年,一〇五地质大队对矿体形态产状进行了较深入的研究,认为矿体形态与背斜形态基本一致,矿体一般分布于背斜轴线两侧300m范围,为进一步工作指明了方向。

2001—2002年,一〇五地质大队受贵州紫金矿业股份有限公司委托,开展水银洞详查工作,明确水银洞金矿(中矿段)主要矿体为层状碳酸盐岩型矿体,并通过坑道验证证实。

2001—2004年,一〇五地质大队开展了水银洞金矿中矿段(38线—47线)的勘探,获得金资源量54.62t,建立了水银洞金矿成矿模式。

2004—2006年,一〇五地质大队基于成矿模式,开展水银洞金矿东矿段(47线—59线)、雄黄岩矿段(59线—97线)的普查找矿,发现金矿体。提交东矿段(47线—59线)普查报告,获得333类金资源量19.88t。

2006年6月,一〇五地质大队根据水银洞金矿中矿段建立的区域成矿模式,对灰家堡背斜东段进行了"大尺度、大面积、大深度"成矿预测,预测中矿段以东7km范围找矿前景好,当年在59线—151线按160m×160m的间距、151线—295线按320m×160m的间距、295线—439线按640m×160m的间距进行了隐伏矿探索。发现了埋深500～1400m厚大的金工业矿体,翻开了探寻水银洞金矿隐伏矿找矿的新篇章。

2006—2011年,一〇五地质大队完成簸箕田1金矿(223线—247线)勘查,2011年提交详查报告,获得332+333类金资源量18.26t。

2011—2014年,一〇五地质大队开展水银洞金矿(采矿权外围)详查,获得332+333类金资源量58.10t。

2006—2015年,一〇五地质大队开展了簸箕田二金矿(143线—439线)勘查,2015年提交详查报告,获得332+333类金资源量120.93t。

2014—2017年,一〇五地质大队基于新的成矿预测成果,开展了者相二矿段金矿隐伏找矿勘查,初步估算333+334类金资源量24.55t。

2020—2021年,一〇五地质大队开展者相二矿段勘探(贵州省地质勘查专项基金大精查项目),查明金资源量28.40t,其中,工业资源量11.66t,低品位资源2.62t,暂难利用资源14.12t。

二、泥堡金矿

1992—1993年,贵州省地质矿产勘查开发局一〇六地质大队在区内开展了泥堡金矿普查,编制了《贵州省普安县泥堡金矿区普查地质报告》,提交D+E级金资源量3.11t。

2001—2006年,贵州省地质调查院、贵州亚太矿业有限公司、贵州省地质矿产勘查开发局一一七地质队在泥堡金矿区开展金矿的勘查、评价工作,一一七地质队于2006年12月提交了《贵州省普安县泥堡金矿区二龙抢宝矿段勘探报告》,(赋存标高1525～1300m)累计查明

(331+332+333类)金资源量20.42t。其中贵州亚太矿业有限公司采矿证范围内查明金资源量18.74t。

2010年5月,一○五地质大队受贵州亚太矿业有限公司委托开展公司自有的矿业权勘查工作(公司拥有采矿权1个,探矿权1个,两者关系为平面重叠。即1300m标高以上为采矿证,以下为探矿证。采矿证范围已经提交勘探报告——二龙抢宝矿段勘探报告,探矿权未开展工作)。

2010年6月,根据团队建立的区域成矿模式,以及构造蚀变体(SBT)及其与金矿成矿的关系研究成果,对以往大量地质资料重新认识,提出泥堡金矿早期发现并探明的金矿为赋存于构造蚀变体(SBT)中的层状矿体及滑坡体中堆积型氧化矿体的新认识;识别出泥堡背斜为区内主干构造,认为早期勘探对象之二龙抢宝背斜为隐伏的F_1断层上盘的牵引褶皱;认为F_1断层破碎蚀变带可能为金矿导矿和容矿场所;根据新认识,编制以揭露断裂破碎带为勘查目的的工作方案,实施深部(采矿权+探矿权)探索。

2010—2013年,深部钻探施工揭露了F_1断层破碎蚀变带中的厚大金矿体,控制单矿体达大型矿床规模,并新发现了深部泥堡背斜核部的层控型矿体,截至2013年9月25日,泥堡金矿累计查明(111b+331+332+333+334类)金资源量70.26t(其中低品位金资源量18.68t)。

2014—2018年,对矿权分别开展详查和勘探,资源量类别显著提高。

2017—2019年,一○五地质大队开展泥堡金矿资源储量核实及勘探,查明金资源量45.38t,其中开采消耗金资源量2.55t,保有金资源量42.84t。

2017—2019年,一○五地质大队开展泥堡南金矿详查,查明金资源量17.35t。

三、者相二矿段

2006年6月,一○五地质大队根据水银洞金矿中矿段建立的区域成矿模式,对灰家堡背斜东段进行了"大尺度、大面积、大深度"成矿预测,预测中矿段以东7km范围找矿前景好,当年在59线—151线按160m×160m的间距、151线—295线按320m×160m的间距、295线—439线按640m×160m的间距进行了隐伏矿探索。发现了埋深500~1400m厚大的金工业矿体,翻开了探寻水银洞金矿隐伏矿找矿的新篇章。

2010—2012年,一○五地质大队开展了贵州省地质矿产勘查开发局"贵州西南部SBT与金锑矿成矿找矿"科研项目,对与SBT密切相关的金锑矿的成矿时间、成矿物质来源、成矿流体来源与性质、成矿的动力学条件和成矿热液运移方向进行了探讨,建立了区域金锑成矿模式和找矿模型,提出了金锑矿找矿靶区。为区内找矿提供依据。

2012—2013年,一○五地质大队开承担中国地质调查局"贵州省兴仁县灰家堡背斜矿山密集区深部金矿战略性勘查"项目,提供两个一类后备勘查基地(纳秧——中型,雄黄岩——中型)和两个二类后备勘查基地(战马田——中型和刘家纱厂——小型)。

2014年,一○五地质大队开展了者相地区成矿地质条件研究,编制了《贵州省贞丰县水银洞金矿区者相二金矿成矿条件与成矿预测报告》,认为区内含矿地质体均深埋于地表600m以下,是寻找隐伏金矿床的有利地段,预测者相二金矿334类资源量38t。

2014—2017年,一〇五地质大队开展了者相二金矿普查工作,通过深部钻探验证发现埋藏于地表800m以下的全隐伏者相二大型金矿床,获得333+334类资源量24.55t。

2020—2021年,一〇五地质大队开展者相二矿段勘探(贵州省地质勘查专项基金大精查项目),查明金资源量28.40t,其中,工业资源量11.66t,低品位资源2.62t,暂难利用资源14.12t。

四、架底金矿

2007—2012年,受贵州格瑞兰矿业有限公司委托,一〇五地质大队基于本队建立的区域成矿模式先后对砂锅厂、呼都、黄家寨、架底、砂厂、老寨等探矿权内开展金矿普查找矿工作。期间预测并发现以峨眉山玄武岩作为容矿岩石的赋存与构造蚀变体(SBT)大麦地(砂锅厂)原生金矿,实施详查,达中型矿床规模,实现了峨眉山玄武岩地区卡林型金矿找矿零的突破。

2011年4月,一〇五地质大队受贵州中银信矿业投资有限公司委托,基于矿权内识别出来的构造蚀变体(SBT)确定以边探索边总结的思路开展工作,2011—2012年主要开展资料收集及综合研究工作。

2013—2018年,基于金矿团队对黔西南地区金矿勘查研究成果的总结、成矿规律的研究及邻区砂锅厂金矿的找矿实践,明确矿权内的架底和法土两个金矿化点为一个体系,据此开展系统的勘查工作。发现金矿体受莲花山背斜北东翼的次级揉褶带控制,矿体赋存于构造蚀变体和峨眉山玄武岩层间破碎带中,初步估算金资源量(控制+推断)51.23t,实现了以峨眉山玄武岩作为容矿岩石的卡林型金矿找矿重大突破。

2016—2022年,团队实施了国家自然科学基金联合基金(U1812402)课题4、国家重点研发计划(2017YFC0601500)子课题7、中国地质调查局(12120114016301、12120115036301)、贵州省科技项目(CXTD〔2021〕007)、贵州省地勘资金项目(520000214TLCOG7DGTNRG),全面提升区域研究水平。

2021—2022年,一〇五地质大队受贵州中银信矿业投资有限公司委托,开展架底金矿勘探,查明金资源量57.48t。

第十一章 结　语

在系列基金和项目的资助下,团队耗十年之功,方有此成果。既有国家自然科学基金、省科学研究基金,又有地质调查项目、公益性勘查项目、社会性勘查项目,经费多来源,项目多类别;既有前沿研究,又有勘查实践;既有原创的方法技术,又有优选的技术体系;团队理论研究成果,及时转化为找矿实践过程;实现了从成矿系统向勘查系统的全流程的团队工作研究思路,构建了卡林型金矿成矿与找矿创新人才团队,既有高类别期刊论文,又有重大找矿突破的勘查成果。

(1)构造蚀变体(SBT)是沉积作用、构造作用和热液蚀变作用的综合产物,为一跨时代的地质体,是与金矿成矿相关的蚀变岩石单元,是成矿作用的产物。包含平行不整合型、角度不整合型和岩层界面型等类型,该地质体既是最直观的找矿预测标志,又是重要的容矿空间。其产出的最根本原因在于岩石的能干性差异,由于不整合面上下岩石往往能干性差异很大,故不整合面往往为重要产出部位。区域上构造蚀变体产于 $D_1y/∈_{3-4}b$、D_1ps/O_1s、C_1yt/D_3r、$P_3l\ /P_2m$、$P_3\beta/P_2m$、$P_{2-3}lh/P_{1-2}s$、P_1ly/CP_1n、T_2b/P_3c、T_2xm/P_3w、T_2x/P_3w、T_2x/T_1a 等大约 11 个层次,空间上形成从寒武系—奥陶系—泥盆系—石炭系—二叠系—三叠系的多层次组合。

(2)区域卡林型金矿床的成矿背景、地质特征、矿物构成、蚀变类型、元素组合、成矿温度、流体性质、同位素特征、金的赋存状态、成矿物来源、主要的年代学证据、宏观地质学证据等,均主体展示其相似性,尤其与构造蚀变体(SBT)的密切关系,显示区域卡林型金矿床为同一成矿系统的产物,具体矿床的差异性更多体现为多层次构造滑脱成矿系统不同层次的表现形式,我们更倾向于区域卡林型金矿是一次大规模成矿作用的产物,成矿流体具有以与花岗岩浆水为核心,混合了变质水、地层水、天水的多来源特点。

(3)燕山期太平洋板块向西平板俯冲过程中,华夏地块与扬子地块拼贴带西南段历经武陵—加里东—印支多次碰撞以及受峨眉地幔柱的影响而形成的特殊的体积极其庞大的富金地壳发生重熔,形成与隐伏花岗岩有关的含矿热液,可能是金成矿最主要的动力学过程。区内频繁的构造演化导致地层系统的多样性和岩石组合的多样性,形成中国南方卡林型金矿"赋矿地层的多样性"和"容矿岩石的多样性"的显著特征,以峨眉山玄武岩作为容矿岩石的显著差异表现在其 SiO_2、Fe_2O_3、CaO、MgO、TiO_2 和 P_2O_5 含量基本不变,但存在形式发生了改变。

(4)构建了以构造蚀变体为核心的与深部隐伏花岗岩有关的中国南方卡林型金矿多层次构造滑脱成矿系统,建立了区域卡林型金矿成矿模式,原创了隐伏热液矿床构造地球化学弱信息提取方法技术体系,开展了贵州卡林型金矿成矿系列研究,建立了贵州卡林型金矿综合找矿预测模型并厘定了预测核心要素,圈定 24 个找矿预测区,预测贵州卡林型金矿资源潜力 1600t。

(5)团队的研究核心是卡林型金矿成矿与找矿科技创新,因而理论研究成果得以及时指导矿产勘查,科学问题来源于生产实践,理论研究成果又全面服务于生产,十年来,研究成果指导国家级整装勘查、省级整装勘查、省公益性勘查、商业性勘查,无论是新区找矿(架底-层系)还是老区(泥堡-构造)均取得重大成果,新增金资源量 380t,实现贵州金矿找矿历史性突破,支撑中国南盘江—右江千吨级黄金资源基地建设。

本专著虽然取得了上述主要成就,但因成矿过程的复杂性和成矿作用的特殊性,以及经费项目的有限性和研究者能力认识的局限性,尚存在某些不足和问题,容后续研究中重视和注意。

新发现的世界唯一的贵州烂木厂金汞铊矿床,初步研究显示其具有独立金矿体、独立汞矿体、独立铊矿体和汞铊同体共生矿体,展示了"下金—中汞铊—上铊"的就位特点,由于时间关系,研究尚未能更进一步,金汞铊共生分异特征研究不足。

由于低温矿床中矿物细、小、散的特点,目前团队尚未发现美国卡林型金矿比较标准的定年矿物——硫砷汞铊矿,尽管区域卡林型金矿的年代学数据丰富,但对成矿年代仍然有不同的认识,团队更倾向于一次大规模成矿的观点,尚未得到卡林型研究者趋于一致的认同。

团队的研究项目虽然覆盖全区,而勘查项目则仅限于贵州,故贵州卡林型金矿的研究程度和勘查程度均远远高于桂西北和滇东南地区,可能也间接导致了桂西北和滇东南地区近年金矿成果寥寥。本次仅仅开展了贵州卡林型金矿成矿系列研究,构建了贵州卡林型金矿综合找矿预测模型,预测贵州卡林型金矿资源潜力,未对邻区进行预测,实为憾事。

卡林型金矿成矿与找矿科技创新人才团队已经构建,人才得以快速全面成长,团队研究能力已经有了大的提升,原创的新的技术方法体系已主体成型,新的项目已经在谋划,我们秉承理论联系实际,聚焦成矿与找矿科技创新,在实践中凝练科学问题,在研究中解决实际问题,既要将论文写在期刊上,更要将论文写在祖国大地上。我们相信,我们有能力、有信心在国家新一轮找矿突破战略行动中再立新功,全面提升卡林型金矿研究水平,同时取得卡林型金矿找矿新的重大突破。

主要参考文献

安鹏,陈懋弘,孔志岗,等,2023.桂西隆林地区隆或金矿构造控矿模型及成矿预测[J].地球科学与环境学报,45(1):27-41.

陈本金,2010.黔西南水银洞卡林型金矿床成矿机制及大陆动力学背景[D].成都:成都理工大学.

陈翠华,何彬彬,顾雪祥,等,2003.一种典型的同生沉积型微细浸染型金矿床——桂西北高龙金矿床[J].吉林大学学报:地球科学版,33(3):6.

陈翠华,何彬彬,顾雪祥,等,2004.桂西北高龙金矿床含矿硅质岩成因及沉积环境分析[J].沉积学报,22(1):54-58.

陈翠华,何彬彬,顾雪祥,等,2003.右江盆地中三叠统浊积岩系的物源和沉积构造背景分析[J].大地构造与成矿学(1):77-82.

陈翠华,赵德坤,顾雪祥,等,2014.云南老寨湾金矿床成矿物质来源探讨[J].矿物岩石地球化学通报,33(1):23-30.

陈大经,黄有德,谢世业,2003.广西高龙金矿热水沉积成矿作用研究[J].矿产与地质,17(5):6.

陈大经,谢世业,2004.广西高龙金矿成矿地质特征及成矿模式[J].地质找矿论丛(4):228-232.

陈发恩,王文勇,陈明,2007.贵州省贞丰县卡务地区金矿地质特征[J].贵州地质,24(2):6.

陈发恩,刘建中,王大福,等,2020.贵州册亨县板年金矿多层次滑脱构造控矿及找矿预测[J].黄金科学技术(6):800-811.

陈丰,杨科佑,何志海,等,1991.板其金矿原生矿石中发现自然金[J].科学通报,36(23):1838-1838.

陈广庆,郑懋荣,2009.贵州望谟、广西乐业地区金成矿基本特征及找矿前景[J].贵州地质(2):90-94.

陈国达,黄瑞华,1983.构造地球化学刍议[M].北京:地质出版社.

陈国达,黄瑞华,1987.关于构造地球化学的几个问题[J].大地构造与成矿学(1):7-18.

陈宏毅,钱建平,刘青,2012.广西高龙金矿鸡公岩矿段地质特征和构造地球化学找矿[J].地质科技情报,31(3):89-97.

陈宏毅,钱建平,2011.广西高龙金矿鸡公岩矿段地质特征和原生晕分带性研究[J].南方国土资源(10):40-43.

陈宏毅,钱建平,刘青,2012.广西高龙金矿鸡公岩矿段地质特征和构造地球化学找矿[J].地质科技情报,31(3):89-97.

陈洪德,张锦泉,刘文均,1994.泥盆纪—石炭纪右江盆地结构与岩相古地理演化[J].广西地质(2):15-23.

陈开礼,徐智常,2000.高龙鸡公岩金矿床成因新认识及找矿意义[J].广西地质,13(2):17-22.

陈懋弘,黄庆文,胡瑛,等,2009.贵州烂泥沟金矿层状硅酸盐矿物及其$^{39}Ar-^{40}Ar$年代学研究[J].矿物学报,29(3):353-362.

陈懋弘,毛景文,屈文俊,等,2007.贵州贞丰烂泥沟卡林型金矿床含砷黄铁矿 Re-Os 同位素测年及地质意义[J].地质论评,53(3):371-382.

陈懋弘,吴六灵,Phillip J. Uttley,等,2007.贵州锦丰(烂泥沟)金矿床含砷黄铁矿和脉石英及其包裹体的稀土元素特征[J].岩石学报(10):2423-2433.

陈名全,解文伟,李智初,2010.滇东南金成矿区(带)划分及找矿潜力分析[J].云南地质,29(1):13-18.

陈潭钧,1986.册亨板其金矿矿床地质特征及成因初探[J].贵州地质,3(4):325-339.

陈锡光,周文芳,2001.广西乐业县浪全金矿床地质特征与矿床成因探讨[J].黄金科学技术(2):12-17.

陈锡光,1995.广西乐业县浪全金矿床地质特征[J].黄金地质(2):36-40.

陈星,陈昌阔,黄庆,等,2021.贵州六枝平桥萤石矿床与晴隆大厂锑矿床含矿层特征的对比研究[J].贵州地质,38(2):213-219.

陈衍景,倪培,范宏瑞,等,2007.不同类型热液金矿系统的流体包裹体特征[J].岩石学报(9):2085-2108.

陈毓川,王登红,朱裕生,等,2007.中国成矿体系与区域成矿评价[M].北京:地质出版社.

陈毓川,王登红,徐志刚,等,2004.中国成矿体系与区域成矿评价成果报告[R].中国地质科学院.

陈远明,张爱华,李建全,1987.册亨板其金矿地球化学特征及其找矿意义[J].贵州地质(4):80-88.

程志中,袁慧香,彭琳琳,等,2021.基岩区寻找隐伏矿的地球化学方法:构造地球化学测量[J].地学前缘,28(3):328-337.

丛源,肖克炎,刘增铁,等,2016.南盘江—右江 Sn-Sb-Mn-Zn-Al-Au 多金属成矿区主要地质特征及资源潜力[J].地质学报,90(7):1573-1588.

戴传固,张辉,王敏,等,2010.江南造山带西南段地质构造特征及其演化[M].北京:地质出版社.

戴传固,王雪华,陈建书,等,2017.中国区域地质志·贵州志[M].北京:地质出版社.

戴传固,李硕,张慧.2005.试论江南造山带西南段构造演化——以黔东及邻区为例[J].

主要参考文献

贵州地质,22(2):98-102.

戴传固,王雪华,陈建书,等,2013.贵州省区域地质志[M].北京:地质出版社.

戴传固,张慧,王敏,等,2010.江南造山带西南段地质构造特征及其演化[M].北京:地质出版社.

单娜琳,阮百尧,程志平,2000.二维有限元反演法在金矿电法勘探中的应用[J].桂林工学院学报(S1):14-21.

丁俊,王伟,向通,等,2018.贵州省册亨县枫堡金矿点控矿地质特征及找矿方向浅析[J].西部探矿工程(7):115-118,121.

董树文,李廷栋,钟大赉,等,2009.侏罗纪/白垩纪之交东亚板块汇聚的研究进展和展望[J].中国科学基金,23(5):281-286.

董文斗,2017.右江盆地南缘辉绿岩容矿金矿床地球化学研究[D].贵阳:中国科学院地球化学研究所.

杜建波,罗先熔,王钟,等,2001.广西高龙金矿地电化学深部找矿研究[J].黄金地质,7(3):5.

杜远生,黄宏伟,黄志强,等,2009.右江盆地晚古生代—三叠纪盆地转换及其构造意义[J].地质科技情报,28(6):10-15.

杜远生,黄虎,杨江海,等,2013.晚古生代—中三叠世右江盆地的格局和转换[J].地质论评,59(1):1-11.

杜远生,杨江海,黄虎,2014.右江造山带海西-印支期沉积地质学研究[M].武汉:中国地质大学出版社.

方策,张焕超,2011.贵州册亨县板年-风堡金矿(化)区地质特征及找矿方向探讨[J].贵州地质(2):99-103,113.

方策,2014.贵州望谟大观金矿地质地球化学特征及找矿方向探讨[J].贵州地质,31(3):175-181,194.

冯学仕,罗孝桓,邓小万,等,2002.贵州主要矿床成矿系列[J].贵州地质,19(3):141-147.

冯学仕,王尚彦,邓小万,等,2004.贵州省区域矿床成矿系列与成矿规律[M].北京:地质出版社.

冯运富,向通,朱光荣,2013.对册亨县板其金矿床控矿断裂构造(F_1)的新认识[J].低碳世界(11X):3.

冯运富,2020.望谟大观背斜南西段金矿成矿地质背景与找矿潜力分析[J].西部资源(5):3.

高伟,2018.桂西北卡林型金矿成矿年代学和动力学[D].贵阳:中国科学院地球化学研究所.

高泽培,任运华,张准,2013.云南广南堂上金矿床地质特征及远景预测[J].地球学报(Z1):76-80.

广西壮族自治区地质矿产局,1985.广西壮族自治区区域地质志[M].北京:地质出版社.

贵州省地质调查院,2017.中国区域地质志贵州志[M].北京:地质出版社.

贵州省地质矿产局,1997.贵州省岩石地层[M].武汉:中国地质大学出版社.

贵州省地质矿产局,1987.贵州省区域地质志[M].北京:地质出版社.

国家辉,1994.桂西北地区超微粒型金矿成矿条件及其成矿预测[J].贵金属地质(3):233-240.

韩润生,吴鹏,王峰,等,2019.论热液矿床深部大比例尺"四步式"找矿方法——以川滇黔接壤区毛坪富锗铅锌矿为例[J].大地构造与成矿学,43(2):246-257.

韩润生,赵冻,吴鹏,等,2020.湘南黄沙坪铜锡多金属矿床构造控岩控矿机制及深部找矿勘查启示[J].地学前缘,27(4):199-218.

韩润生,2005.隐伏矿定位预测的矿田(床)构造地球化学方法[J].地质通报,24(10):104-110.

韩润生,2013.构造地球化学近十年主要进展[J].矿物岩石地球化学通报,32(2):198-203.

何希雄,李赞龙,1998.浪全微细粒浸染型金矿综合找矿模型[J].铀矿地质(1):12-19.

胡明安,2003.广西田林高龙卡林型金矿床成矿物质来源的稀土元素示踪[J].地质科技情报(3):45-48.

胡明安,2003.正构烷烃的成矿意义——以广西田林高龙卡林型金矿为例[J].地球科学:中国地质大学学报,28(3):5.

胡瑞忠,彭建堂,马东升,等,2007.扬子地块西南缘大面积低温成矿时代[J].矿床地质(6):583-596.

黄虎,2013.右江盆地晚古生代—中三叠世盆地演化[D].武汉:中国地质大学(武汉).

黄世财,2021.高龙金矿外围找矿新发现及意义[J].世界有色金属(11):63-64.

贾大成,胡瑞忠,2001.滇黔桂地区卡林型金矿床成因探讨[J].矿床地质,20(4):378-384.

姜云武,李力,1995.高龙式金矿地质特征及成矿机理[J].沈阳黄金学院学报(4):14.

金中国,戴塔根,张应文,2005.贵州水城铅锌-矿带成矿条件及控矿因素与成因[J].矿产与地质,19(5):491-494.

靳晓野,2017.黔西南泥堡、水银洞和丫他金矿床的成矿作用特征与矿床成因研究[D].武汉:中国地质大学(武汉).

雷威,林锦富,解庆林,2001.广西高龙金矿床存在热水沉积事件的地球化学证据[J].南方国土资源,14(3):19-22.

李存有,1994.高龙金矿地质—地球化学特征及找矿意义[J].地质与资源(4):278-288.

李存有,1994.高龙金矿同位素地球化学特征及其地质意义[J].地质与资源,3(2):123-130.

李吉祥,2016.贵州板其金矿床含(控)矿断裂构造新认识[J].资源信息与工程,31(3):27-28.

李建全,刘恩法,刘亚南,等,2016a.贵州大观金矿床地质特征及控矿规律[J].矿产与地质(1):65-69.

李建全,孙保平,杜建松,等,2016b.贵州大观金矿床地质特征及控矿因素分析[J].西部探矿工程,28(10):129-132.

李建全,杜建松,刘恩法,等,2015.激电测深法在贵州大观金矿区勘查中的应用[J].工程地球物理学报,12(4):4.

李建全,刘恩法,刘亚南,等,2016.贵州大观金矿床地质特征及控矿规律[J].矿产与地质(1):5.

李俊海,2021.贵州西南部架底和大麦地玄武岩中金矿床成矿过程研究[D].贵阳:贵州大学.

李连生,敬成贵,魏震环,等,1992.云南革档金矿地质地球化学特征及成矿模式[J].地质找矿论丛,4:24-34.

李庆华,2011.田林高龙金矿地质特征及找矿思路[J].科技风(4):2.

李松涛,刘建中,夏勇,等,2022.黔西南泥堡—包谷地卡林型金矿田热液矿物地球化学特征及其地质意义[J].地质论评,68(2):551-570.

李松涛,刘建中,夏勇,等,2021.黔西南卡林型金矿聚集区构造地球化学弱矿化信息提取方法及其应用研究[J].黄金科学技术,29(1):53-63.

李松涛,2019.黔西南泥堡-包谷地地区卡林型金矿成矿规律与找矿预测研究[D].贵阳:中国科学院大学.

李彦春,2017.云南省广南县堂上金矿矿床成因综述[J].世界有色金属(21):147-149.

李治平,皮桥辉,2021.老寨湾金矿热液独居石地球化学特征及地质意义[J].山东国土资源,37(5):17-25.

廖开立,吕昶良,马文富,2020.贵州杉树林铅锌矿床中闪锌矿Rb—Sr定年及其意义[J].矿产与地质,34(2):273-277.

刘宝珺,许效松,1994.中国南方岩相古地理图集[M].北京:科学出版社.

刘桂梅,2015.高龙金矿地球物理找矿研究[J].西部探矿工程,27(9):3.

刘洪波,关广岳,金成洙,1987.构造地球化学的研究现状及发展趋向评述[J].地质与勘探(8):53-56.

刘家军,刘建明,1997.黔西南微细浸染型金矿床的喷流沉积成因[J].科学通报,42(19):2126-2127.

刘建中,陈景河,陈发恩,2020.贵州省贞丰县水银洞金矿外围详查[J].中国科技成果,21(2):78-79.

刘建中,邓一明,刘川勤,等,2006.贵州省贞丰县水银洞层控特大型金矿成矿条件与成矿模式[J].中国地质(增1):169-177.

刘建中,李建威,周宗桂,等,2017.贵州贞丰—普安金矿整装勘查区找矿与研究新进展[J].贵州地质,34(4):244-254.

刘建中,刘川勤,2005.贵州水银洞金矿床成因探讨及成矿模式[J].贵州地质,22(1):9-13.

刘建中,王大福,王泽鹏,等,2021.黔西南金矿资源潜力评价与深部找矿预测示范[R].贵阳:贵州省地质矿产勘查开发局一○五地质大队.

刘建中,王泽鹏,李俊海,2016.贵州西南部 SBT 与金矿成矿动力学及找矿预测地质模型[J].地质论评,62(增1):117-118.

刘建中,王泽鹏,宋威方,等,2020.中国南方卡林型金矿多层次构造滑脱成矿系统[J].中国科技成果,21(4):49-51.

刘建中,王泽鹏,宋威方,等,2021.中国南方卡林型金矿多层次构造滑脱成矿系统的构建[C].首届全国矿产勘查大会:合肥.中国地球物理学会.

刘建中,王泽鹏,宋威方,等,2021.中国南方卡林型金矿多层次构造滑脱成矿系统的构建[C]//.首届全国矿产勘查大会论文集.[出版者不详]:1061-1066.

刘建中,王泽鹏,宋威方,等,2022.中国滇黔桂及周邻区卡林型金矿构造蚀变体判别指标及其意义[J].黄金科学技术,30(4):532-539.

刘建中,王泽鹏,宋威方,等,2023.滇黔桂地区卡林型金矿多层次构造滑脱成矿系统构建和找矿实践[J].地质论评,69(2):513-525.

刘建中,王泽鹏,杨成富,等,2015.贵州西南部 SBT 分布区金锑矿成矿机制与成矿模式[J].矿物学报,35(S1):895-896.

刘建中,王泽鹏,杨成富,等,2017.南盘江—右江成矿区金矿成矿模式构想[J].矿物学报,37(增1):139-140.

刘建中,王泽鹏,杨成富,等,2018.南盘江—右江成矿区多层次构造滑脱与金矿成矿找矿[C].第十四届全国矿床会议论文摘要集.石家庄:中国地质学会:1075-1076.

刘建中,王泽鹏,杨成富,等,2020.中国南方卡林型金矿多层次构造滑脱成矿系统[J].中国科技成果,21(4):49-51.

刘建中,夏勇,邓一明,等,2009.贵州水银洞 SBT 研究及区域找矿意义探讨[J].黄金科学技术,17(3):1-5.

刘建中,夏勇,陶琰,等,2014.贵州西南部 SBT 与金锑矿成矿找矿[J].贵州地质,31(4):267-272.

刘建中,夏勇,陶琰,等,2017.贵州西南部 SBT 研究[M].武汉:中国地质大学出版社.

刘建中,杨成富,王泽鹏,2017.贵州贞丰县水银洞金矿床地质研究[J].中国地质调查,4(3):32-41.

刘建中,杨成富,夏勇,等,2010.贵州西南部台地相区 Sbt 研究及有关问题的思考[J].贵州地质,27(3):178-184.

刘泉清,1981.构造地球化学的研究及应用[J].地质与勘探(4):53-61.

刘泉清,1982.应重视勘查地球化学中某些基础理论问题的研究[J].矿物岩石地球化学通讯(2):4-6.

刘显凡,杨科佑,张兴春,1998.从桂西北隆或金矿的地质地球化学特征看微细粒浸染型金矿的可能成因[J].地质地球化学,26(4):1-8.

刘寅,2015.右江盆地卡林型金矿成矿流体性质与成矿模式研究[D].南京:南京大学.

刘增铁,刘远辉,周琦,2015.中国重要成矿区带成矿特征、资源潜力和选区部署.南盘江—右江成矿区[M].北京:中国原子能出版社.

主要参考文献

卢光辉,2007.桂西北马雄金矿地质特征及找矿标志[J].矿产与地质(3):266-269.

陆尚游,徐海棚,黄喜,2008.广西隆林县马雄锑矿床地质特征与找矿标志[J].科技情报开发与经济(22):140-142.

罗金海,车自成,郭安林,等,2009.桂北南丹-河池构造带晚白垩世岩石圈伸展作用及其对油气成藏条件的影响[J].石油与天然气地质,30(5):619-625.

马坚高,马水满,2020.田林县八渡—高龙地区金矿床地质特征与成矿模式[J].世界有色金属(4):2.

毛德明,黎文辉,陈庆年,等,2002.泥质-硫化物型矿石中伊利石载金的探讨[J].矿物学报,22(2):4.

莫荣志,1998.高龙金矿区鸡公岩矿段成矿条件分析与成矿预测[J].广西地质,11(2):13-16.

聂爱国,2019.峨眉地幔热柱活动控制贵州西部成矿系统研究[M].北京:科学出版社.

聂爱国,2007.黔西南卡林型金矿的成矿机制及成矿预测[D].昆明:昆明理工大学.

牛林,1994.浪全金矿床矿石特征及成因[J].地质与勘探(3):1-8.

庞保成,胡云沪,毛军强,等,2005.高龙金矿金品位统计分布特征及其对深部矿化信息的指示[J].矿产与地质,19(3):3.

庞保成,林畅松,罗先熔,等,2005.右江盆地微细浸染型金矿成矿流体特征与来源[J].地质与勘探,41(1):13-17.

彭建堂,胡瑞忠,蒋国豪,2003.萤石Sm-Nd同位素体系对晴隆锑矿床成矿时代和物源的制约[J].岩石学报,19(4):785-791.

皮桥辉,胡瑞忠,彭科强,等,2016.云南富宁者桑金矿床与基性岩年代测定——兼论滇黔桂地区卡林型金矿成矿构造背景[J].岩石学报,32(11):3331-3342.

蒲含科,1987.板其金矿矿物岩石特征及矿床成因讨论[J].贵州地质(2):151-161.

蒲含科,1988.黔西南金矿沉积—改造成因的某些特征[J].黄金地质(4):26-27.

钱建平,2009.构造地球化学找矿方法及其在微细浸染型金矿中的应用[J].地质与勘探,45(2):60-67.

秦建华,吴应林,颜仰基,等,1996.南盘江盆地海西-印支期沉积构造演化[J].地质学报(2):99-107.

秦凯,2018.广西高龙金矿矿床地球化学与成矿作用研究[D].北京:中国地质大学(北京).

宋威方,2019.黔西南地区典型金、锑矿床矿相学研究及成矿演化[D].贵阳:贵州大学.

宋威方,2022.南盘江—右江卡林型金矿多层次构造滑脱成矿系统地球化学研究[D].贵阳:贵州大学.

苏城鹏,2019.黔西南泥堡金矿床构造地球化学研究[D].贵阳:贵州大学.

苏文超,胡瑞忠,彭建堂,等,2000.滇黔桂地区卡林型金矿床成矿物质来源的锶同位素证据[J].矿物岩石地球化学通报,19(4):256-259.

苏文超,夏斌,张弘弢,等,2007.隐伏卡林型金矿区碳酸盐脉地球化学及其对深部矿体的指示作用[J].矿物学报,27(Z1):525-526.

谭亲平,谢卓君,周克林,等,2023.烂泥沟金矿成矿流体运移规律与地质综合研究及成矿预测[R].贵阳:中国科学院地球化学研究所.

谭亲平,2015.黔西南水银洞卡林型金矿构造地球化学及成矿机制研究[D].北京:中国科学院大学.

谭忠厚,陈功全,2011.基于GIS的中国南北分界的计算和模拟[D].甘肃:兰州大学.

陶平,曾昭光,刘建中,等,2019.中国矿产地质志·贵州卷·金矿[M].北京:地质出版社.

陶平,马荣,雷志远,等,2007.扬子区黔西南金矿成矿系统综述[J].地质与勘探,43(4):24-28.

涂光炽,1984.构造与地球化学[J].大地构造与成矿学(1):1-6.

万天丰,2004.侏罗纪地壳转动与中国东部岩石圈转型[J].地质通报(Z2):966-972.

王灿章,钱建平,2003.广西高龙金矿鸡公岩矿段构造地球化学找矿研究[J].矿产与地质,17(3):5.

王大福,刘建中,熊灿娟,等,2014.贵州省盘县架底金矿矿石特征初步研究[J].贵州大学学报,31(6):55-60.

王登红,2000.卡林型金矿找矿新进展及其意义[J].地质地球化学,28(1):92-94.

王加昇,韩振春,李超,等,2018.黔西南板其卡林型金矿床方解石REE、Fe、Mn元素特征及其对找矿的指示意义[J].大地构造与成矿学,42(3):494-504.

王明聪,2011.云南老寨湾金矿金的赋存状态及金矿物特征研究[J].黄金科学技术,19(6):40-43.

王尚彦,张慧,彭成龙,等,2005.贵州西部古-中生代地层及裂陷槽盆的演化[M].北京:地质出版社.

王学求,张必敏,刘学敏,2012.纳米地球化学:深透覆盖层的地球化学勘查[J].地学前缘,19(3):101-112.

王砚耕,陈履安,李兴中,2000.贵州西南部红土型金矿[M].贵阳:贵州科技出版社.

王砚耕,王立亭,张明发,等,1995.南盘江地区浅层地壳结构与金矿分布模式[J].贵州地质,12(2):91-183.

王燕,2021.板其金矿矿物岩石特征及矿床成因探析[J].科技经济导刊(1):97-98.

王友谊,2017.贵州省望谟大观金矿地质特征及找矿标志[J].低碳世界(4):2.

王友谊,2019.大观金矿矿体地质特征,矿床成因及找矿标志[J].有色金属设计,171(2):82-87.

王泽鹏,夏勇,宋谢炎,等,2012.太平洞-紫木凼金矿区同位素和稀土元素特征及成矿物质来源探讨[J].矿物学报,32(1):93-100.

王泽鹏,2013.贵州省西南部低温矿床成因及动力学机制研究——以金、锑矿床为例[D].贵阳:中国科学院大学.

王志星,向丰,韦银科,等,2012.基于遥感的桂西高龙金矿典型矿床研究[J].广东科技,

21(13):2.

魏震环,李连生,敬成贵,1993.云南革档金矿地质特征及成因[J].黄金地质科技,3(37):22-28.

吴江,李思田,1993.桂西北微细粒浸染型金矿成矿作用分析[J].广西地质,6(2):39-51.

吴小红,程鹏林,肖成刚,等,2013.贵州西部玄武岩分布区大麦地金矿成矿地质特征[J].贵州地质,30(4):283-288.

吴学益,1987.构造地球化学讲座第一讲——构造地球化学概念、研究内容、意义及发展方向[J].地质地球化学(11):64,71-74.

吴学益,1988.构造地球化学讲座第二讲——构造地球化学的研究方法[J].地质地球化学(2):62,69-72.

吴学益,1988.构造地球化学讲座第三讲——大地构造地球化学[J].地质地球化学(10):76-78.

吴治君,赵明峰,张钟华,等,2018.贵州省望谟县大观金矿成矿模式探讨[J].西部探矿工程,30(12):135-137,141.

伍三民,王海良,1993.板其金矿金的赋存状态研究[J].铀矿冶,12(1):15-20.

夏勇,张瑜,苏文超,等,2009.黔西南水银洞层控超大型卡林型金矿床成矿模式及成矿预测研究[J].地质学报,83(10):1473-1482.

夏勇,2005.贵州贞丰县水银洞金矿床成矿特征和金的超常富集机制研究[D].贵阳:中国科学院地球化学研究所.

肖振,2010.广西高龙金矿区鸡公岩矿段地质特征及成矿成因探讨[J].矿床地质(S1):2.

肖振,王广南,2011.广西高龙金矿区鸡公岩矿段地质特征及矿床成因[J].黄金,32(11):6.

谢卓君,2016.中国贵州卡林型金矿与美国内华达卡林型金矿对比研究[D].北京:中国科学院大学.

谢卓熙,2000.广西田林高龙金矿地质特征及成因[J].黄金科学技术,8(5):28-36.

徐光荣,1986.试论金的构造地球化学及其找矿的几个问题[J].地质与勘探(8):53-56.

徐先兵,张岳桥,贾东,等,2009.华南早中生代大地构造过程[J].中国地质,36(3):573-593.

鄢明才,顾铁新,程志中,2007.地球化学标准物质的研制与应用[J].物探化探计算技术(S1):257-261.

闫宝文,2012.贵州三都-丹寨成矿带卡林型金矿地质地球化学特征及成因探讨——以排庭和苗龙矿床为例[D].贵阳:中国科学院地球化学研究所.

燕守勋,孟宪刚,1996.桂西北高龙金矿床的控矿构造[J].地质力学学报,2(4):5.

杨昌华,刘星,罗荣生,2006.广南堂上金矿多种金矿化的发现[J].云南地质(3):286-290.

杨昌华,佘中明,陈书富,2013.云南堂上金矿床成因探讨[J].矿产勘查,4(4):387-394.

杨成富,刘建中,顾雪祥,等,2020.黔西南水银洞超大型金矿龙潭组赋矿层岩相特征及对金成矿的控制[J].地质通报,39(8):1221-1232.

杨成富,2021.黔西南-桂西北地区卡林型金矿床地球化学特征、成矿规律与找矿方向[D].北京:中国地质大学(北京).

杨怀宇,陈世悦,郝晓良,等,2010.南盘江坳陷晚古生代隆林孤立台地沉积特征与演化阶段[J].中国地质,37(6):1638-1646.

杨江海,2012.造山带碰撞—隆升过程的碎屑沉积响应[D].武汉:中国地质大学(武汉).

姚娟,罗梅,任光明,等,2008.云南老寨湾金矿床成矿流体的特征[J].资源环境与工程(2):163-167.

姚野,刘希军,时毓,等,2015.桂西北马雄金矿地质特征及其成因探讨[J].矿物学报(S1):256.

余大龙,毛健全,1996.从纳哥金矿地质地球化学特征探讨黔西南卡林型金矿成因[J].贵金属地质,5(2):10.

余大龙,毛健全,潘年勋,等,1996.黔西南纳哥金矿地质地球化学特征及成因探讨[J].矿物岩石地球化学通报(3):4.

余勇,钱建平,袁爱平,2005.高龙金矿区高分辨率遥感线性构造分形特征及综合成矿预测[J].矿产与地质,19(2):5.

余勇,袁爱平,2005.高龙金矿区高分辨率遥感线性构造定量分析[J].广西科学,12(3):4.

苑顺发,刘建中,宋威方,等,2018.贵州兴仁县滥木厂金汞铊矿地质及构造地球化学特征[J].贵州地质,35(1):7-13.

云南省地质矿产局,1990.云南省区域地质志[M].北京:地质出版社.

曾国平,2018.黔西南矿集区西段微细浸染型金矿构造控矿作用研究[D].武汉:中国地质大学(武汉).

曾礼传,杨昌毕,杨飞祥,等,2023.滇东南曼龙沟卡林型金矿床磷灰石LA-ICP-MS U-Pb成矿年代学研究[J].矿物岩石地球化学通报 42(1):147-156.

曾允孚,陈洪德,张锦泉,等,1992.华南泥盆纪沉积盆地类型和主要特征[J].沉积学报(3):104-113.

曾允孚,刘文均,陈洪德,等,1995.华南右江复合盆地的沉积构造演化[J].地质学报(2):113-124.

张宏宾,黄映聪,赵存法,等,2010.云南省革档金矿流体包裹体地球化学特征[J].有色金属(矿山部分),62(2):25-30.

张峰,2014.东准噶尔卡拉麦里地区金铜多金属矿成矿规律与成矿预测[D].北京:中国地质大学(北京).

张静,苏蔷薇,刘学飞,等,2014.滇东南老寨湾金矿床地质及同位素特征[M].岩石学报(9),2657-2668.

张敏,黄建国,张竹如,2007.岩、矿石的显微组构研究对水银洞金矿成因的指示作用[J].黄金,28(7):12-16.

张永和,1990.板其金矿金的赋存状态[J].黄金,11(7):5.

主要参考文献

张永忠,李蘅,刘悟辉,等,2008.广西高龙微细浸染型金矿床同位素地球化学研究[J].地球学报,29(6):6.

张岳桥,董树文,李建华,等,2012.华南中生代大地构造研究新进展[J].地球学报,33(3):257-279.

张岳桥,徐先兵,贾东,等,2009.华南早中生代从印支期碰撞构造体系向燕山期俯冲构造体系转换的形变记录[J].地学前缘,16(1):234-247.

张长青,王登红,王永磊,等,2012.广西田林县高龙金矿成矿模式探讨[J].岩石学报,28(1):213-224.

张秀莲,2005.黔东南三都—丹寨地区寒武系斜坡相碳酸盐岩的储集性[J].北京大学学报,41(2):191-203.

张振贤,吴均贵,曾广海,1996.广西隆林县隆或金矿的地质特征和成因分析[J].广西地质(4):15-25.

赵德坤,陈翠华,顾雪祥,等,2012.云南老寨湾金矿床微量及稀土元素地球化学特征分析[J].矿床地质,31(S1):463-464.

赵德坤,代鸿章,魏宇,等,2019.滇东南老寨湾金矿床主微量元素迁移及稀土元素地球化学特征[J].地质找矿论丛,34(4):529-537.

赵德坤,2013.云南省广南县老寨湾金矿床地质特征及矿床成因分析[D].成都:成都理工大学.

赵晖,金自钦,刘志斌,等,2016.广南老寨湾金矿金的赋存状态研究[J].矿物岩石,36(4):31-37.

郑禄林,杨瑞东,陈军,等,2017.黔西南普安泥堡大型金矿床黄铁矿与毒砂标型特征及金的赋存状态[J].地质论评,63(5):1361-1377.

郑禄林,2017.贵州西南部泥堡金矿床成矿作用与成矿过程[D].贵阳:贵州大学.

周余国,2009.滇东南卡林型金矿地质地球化学与成矿模式[D].长沙:中南大学.

朱经经,钟宏,谢桂青,等,2016.右江盆地酸性脉岩继承锆石成因及地质意义[J].岩石学报,32(11):3269-3280.

朱赖民,段启杉,1998.贵州西南部板其卡林型金矿床成矿过程分析[J].黄金(4):8-12.

朱赖民,金景福,何明友,等,1998.黔西南微细浸染型金矿床深部物质来源的同位素地球化学研究[J].长春科技大学学报(1):39-44.

庄新国,1995.桂西北地区古地热场特征及其在微细粒浸染型金矿床形成中的作用[J].矿床地质(1):82-89.

CHEN M H,MAO J W,LI C,et al.,2015a. Re-Os isochron ages for arsenopyrite from Carlin-like gold deposits in the Yunnan-Guizhou-Guangxi "golden triangle",southwestern China[J]. Ore Geology Reviews,64:316-327.

CHEN M H,ZHANG Z Q,SANTOSH M,et al.,2015b. The Carlin-type gold deposits of the "golden triangle" of SW China:Pb and S isotopic constraints for the ore genesis[J]. Journal of Asian Earth Sciences,103:115-128.

DUAN L, MENG Q, WU G, et al., 2020. Nanpanjiang basin: A window on the tectonic development of South China during Triassic assembly of the southeastern and eastern Asia[J]. Gondwana Research, 78189-78209.

GE X, SELBY D, LIU J, et al., 2021. Genetic relationship between hydrocarbon system evolution and Carlin-type gold mineralization: Insights from Re-Os pyrobitumen and pyrite geochronology in the Nanpanjiang Basin, South China[J]. Chemical Geology, 559:119953.

GU X X, ZHANG Y M, LI B H, et al., 2012. Hydrocarbon-and ore-bearing basinal fluids: A possible link between gold mineralization and hydrocarbon accumulation in the Youjiang basin, South China[J]. Mineralium Deposita, 47(6):663-682.

HOU L, PENG H J, DING J, et al., 2016. Textures and in situ chemical and isotopic analyses of pyrite, Huijiabao trend, Youjiang basin, China: Implications for paragenesis and source of sulfur[J]. Economic Geology, 111(2):331-353.

HU R Z, CHEN W T, XU D R, et al., 2017a. Reviews and new metallogenic models of mineral deposits in South China: An introduction[J]. Journal of Asian Earth Science, 137: 1-8.

HU R Z, FU S L, HUANG Y, et al., 2017b. The giant South China Mesozoic low-temperature metallogenic domain: Reviews and a new geodynamic mode[J]. Journal of Asian Earth Sciences, 137:9-34.

HU R Z, SU W C, BI X W, et al., 2002. Geology and geochemistry of Carlin-type gold deposits in China[J]. Mineralium Deposita, 37(3-4):378-392.

JIAN P, LIU D, KRÖNER A, et al., 2009. Devonian to Permian plate tectonic cycle of the Paleo-Tethys Orogen in southwest China (Ⅱ): Insights from zircon ages of ophiolites, arc/back-arc assemblages and within-plate igneous rocks and generation of the Emeishan CFB province[J]. Lithos, 113(3-4):767-784.

JIN X Y, HOFSTRA A H, HUNT A G, et al., 2020. Noble gases fingerprint the source and evolution of ore-forming fluids of Carlin-type gold deposits in the golden triangles, South China[J]. Economic Geology, 115(2):455-469.

LAI C, MEFFRE S, CRAWFORD A J, et al., 2014. The Western Ailaoshan volcanic belts and their SE Asia connection: A new tectonic model for the Eastern Indochina Block [J]. Gondwana Research, 26(1):52-74.

LI J H, WU P, XIE Z J, et al., 2021. Alteration and paragenesis of the basalt-hosted Au deposits, southwestern Guizhou Province, China: Implications for ore genesis and exploration [J]. Ore Geology Reviews, 131:104034.

LI Z, LI X, 2007. Formation of the 1300-km-wide intracontinental orogen and postorogenic magmatic province in Mesozoic South China: A flat-slab subduction model[J]. Geology, 35(2):179-182.

LIN S, HU K, CAO J, et al., 2021. An in situ sulfur isotopic investigation of the origin of Carlin-type gold deposits in Youjiang Basin, Southwest China[J]. Ore Geology Reviews, 134:104187.

LIU J M, YE J, YING H L, et al., 2002. Sediment-hosted micro-disseminated gold mineralization constrained by basin paleo-to pographic highs in the Youjiang basin, South China[J]. Journal of Asian Earth Sciences, 20:517-533.

METCALFE I, 2013. Gondwana dispersion and Asian accretion: Tectonic and palaeogeographic evolution of eastern Tethys[J]. Journal of Asian Earth Sciences, 661:33.

PI Q H, HU R Z, XIONG B, et al., 2017. In situ SIMS U-Pb dating of hydrothermal rutile: Reliable age for the Zhesang Carlin-type gold deposit in the golden triangle region, SW China[J]. Miner Deposita, 52:1179-1190.

SONG W F, WU P, LIU J Z, et al., 2022. Genesis of the Gaolong gold deposit in Northwest Guangxi Province, South China: Insights from in situ trace elements and sulfur isotopes of pyrite[J]. Ore Geology Reviews:104782.

SU W C, DONG W D, ZHANG X C, et al., 2018. Carlin-type gold deposits in the Dian-Qian-Gui "golden triangle" of Southwest China[J]. Reviews in Economic Geology, 20:157-185.

SU W C, HEINRICH C A, PETTKE T, et al., 2009a. Sediment-hosted gold deposits in Guizhou, China: Products of wall-rock sulfidation by deep crustal fluids[J]. Economic Geology, 104 (1):73-93.

SU W C, HU R Z, XIA B, et al., 2009b. Calcite Sm-Nd isochron age of the Shuiyindong Carlin-type gold deposit, Guizhou, China[J]. Chemical Geology, 258:269-274.

SU W C, HEINRICH C A, PETTKE T, 2009. Sediment-hosted gold deposits in Guizhou, China: Products of wall-rock sulfidation by deep crustal fluids[J]. Economic Geology, 104(1):73-93.

TAN Q P, XIA Y, XIE Z J, et al., 2015. Migration paths and precipitation mechanisms of oreformation fluid at the Shuiyindong Carlin-type gold deposit, Guizhou, China[J]. Ore Geology Reviews, 69:140-156.

WANG X, METCALFE I, JIAN P, et al., 2000a. The Jinshajiang-Ailaoshan Suture Zone, China: Tectonostratigraphy, age and evolution[J]. Journal of Asian Earth Sciences, 18 (6):675-690.

WANG Z P, TAN Q P, XIA Y, et al., 2021. Sm-Nd isochron age constraints of Au and Sb mineralization in southwestern Guizhou Province, China[J]. Minerals, 11(2):100.

WANG Z P, XIA Y, SONG X Y, et al., 2013. Study on the evolution of oreformation fluids for Au-Sb ore deposits and the mechanism of Au-Sb paragenesis and differentiation in the southwestern part of Guizhou Province, China[J]. Chinese Journal of Geochemistry, 32:56-68.

XIE Z J, XIA Y, CLINE J S, et al., 2018a. Magmatic origin for sediment-hosted Au deposits, Guizhou Province, China: In situ chemistry and sulfur isotope composition of pyrites, Shuiyindong and Jinfeng deposits[J]. Economic Geology, 113: 1627-1652.

XIE Z J, XIA Y, CLINE J S, et al., 2018b. Are there Carlin-type Au deposits in China? A comparison of the Guizhou, China, deposits with Nevada, USA[J]. Reviews in Economic Geology, 20: 187-233.

XIE Z J, HUANG K J, XIA Y, et al., 2022. Heavy δ^{26}Mg values in carbonate indicate a magmatic-hydrothermal origin of Carlin-type Au deposit[J]. Geochimica et Cosmochimica Acta, 333: 166-183.

YANG L, DENG L, DAVID I G, et al., 2020. Recognition of two contrasting structural- and mineralogical-gold mineral systems in the Youjiang basin, China-Vietnam: Orogenic gold in the south and Carlin-type in the north[J]. Geoscience Frontiers, 11: 1477-1494.

YIN R S, DENG C Z, LEHMANN B, et al., 2019. Magmatic-hydrothermal origin of mercury in Carlin-style and epithermal gold deposits in China: Evidence from mercury stable isotopes[J]. ACS Earth and Space Chemistry, 3(8): 1631-1639.

ZHANG Y, XIA Y, SU W C, et al., 2010. Metallogenic model and prognosis of the Shuiyindong super-large strata-bound Carlin-type gold deposit, southwestern Guizhou Province, China[J]. Chinese Journal of Geochemistry, 29(2): 157-166.

ZHUANG H, JIA L L, 1999. Two kinds of Carlin-type gold deposite in southwestern Guizhou, China[J]. 科学通报:英文版(2): 178-182.